高等学校教材

应用随机过程

Yingyong Suiji Guocheng

韩　东　王桂兰　熊德文

高等教育出版社·北京

内容提要

本书着重从应用的角度介绍几类基本的随机过程及其理论和方法，内容主要包括概率论的一些基本知识、随机过程的基本概念、泊松过程、马尔可夫过程、鞅论、布朗运动、随机分析基础、平稳过程。全书重点突出，图文并茂，注重各类随机过程的背景与应用。

本书既可作为理工类高年级本科生和经济管理类研究生的入门教材，也可作为学生、教师、科研与工程技术人员的参考书。

图书在版编目(CIP)数据

应用随机过程/韩东，王桂兰，熊德文编.--北京：高等教育出版社，2016.8（2019.5重印）

ISBN 978-7-04-046008-7

Ⅰ.①应… Ⅱ.①韩… ②王… ③熊… Ⅲ.①随机过程-高等学校-教材 Ⅳ.①O211.6

中国版本图书馆CIP数据核字(2016)第173790号

策划编辑 胡 颖　责任编辑 胡 颖　封面设计 赵 阳　版式设计 童 丹
插图绘制 郝 林　责任校对 胡美萍　责任印制 刘思涵

出版发行 高等教育出版社
社 址 北京市西城区德外大街4号
邮政编码 100120
印 刷 天津嘉恒印务有限公司
开 本 787mm×960mm 1/16
印 张 13
字 数 230千字
购书热线 010-58581118
咨询电话 400-810-0598

网 址 http://www.hep.edu.cn
http://www.hep.com.cn
网上订购 http://www.hepmall.com.cn
http://www.hepmall.com
http://www.hepmall.cn

版 次 2016年9月第1版
印 次 2019年5月第2次印刷
定 价 27.50元

物 料 号 46008-00

引　言

通俗地讲, 随机过程就是一个或多个随机事件、随机系统或随机现象随时间发生演变的过程。如果说概率论是研究“静态”随机现象的统计规律, 那么随机过程论就是研究“动态”随机现象的统计规律。一般认为, 随机过程的研究最早起源于对物理学的研究, 如吉布斯 (Gibbs)、玻尔兹曼 (Boltzmann)、庞加莱 (Poincaré) 等人对统计力学的研究, 以及后来爱因斯坦 (Einstein)、维纳 (Wiener)、莱维 (Lévy) 等人对布朗运动的研究。1907 年前后, 马尔可夫 (Markov) 研究了有特定相依性的随机变量序列, 后人称之为马尔可夫链。随机过程一般理论的研究通常认为开始于 20 世纪 30 年代。1931 年, 柯尔莫哥洛夫 (Kolmogorov) 发表了《概率论的解析方法》, 1934 年, 辛钦 (Khinchin) 发表了《平稳过程的相关理论》, 这两篇著作奠定了马尔可夫过程与平稳过程的理论基础。1953 年, 杜布 (Doob) 的《随机过程论》一书系统地叙述了随机过程的基本理论。可以说, 柯尔莫哥洛夫和杜布奠定了随机过程的理论基础。半个多世纪以来, 随机过程的理论以其强大的生命力不断地丰富和发展, 而它的应用也广泛渗透到自然界和人类社会的各个领域。

随机过程的理论非常丰富, 我们只能有所取舍、有所侧重地来介绍。本书着重从应用的角度介绍几类基本的随机过程及其理论和方法, 主要包括: 泊松过程、马尔可夫过程、鞅论、布朗运动、随机微分方程以及平稳过程。由于金融数学的需要, 本书非常详细地介绍了布朗运动、随机积分、伊藤公式及其在金融中的应用。鉴于布朗运动、随机积分对于本科生来说有点抽象, 本书在必要的地方加了一些图像, 让学生能够直观感受到随机过程的魅力。此外, 为了让读者更多地了解课堂教学之外的知识, 我们在书中每章都加有“补充与注记”一节。本书力求做到以下几点:

(1) 着重阐明基本概念、模型和方法的实际背景和来源;

(2) 强调用概率思想和观点来阐述基本原理和方法;

(3) 着眼于理论联系实际, 通过典型的应用实例学习掌握理论和方法的要义。

尽管本书的初稿曾在研究生和高年级本科生中以讲义的形式使用过多年,

并多次修改, 但限于作者水平, 书中的内容安排、陈述方式以及文字叙述恐有不妥, 敬请读者批评指正。

作　者

2016 年 4 月

目　　录

第一章　预备知识——概率论精要 ······ 1
§1.1　概率的公理化与概率空间 ······ 1
§1.1.1　概率的公理化 ······ 1
§1.1.2　概率空间举例 ······ 1
§1.2　条件概率、独立性与概率计算 ······ 2
§1.2.1　条件概率与独立性 ······ 2
§1.2.2　概率的性质与计算 ······ 3
§1.3　随机变量、分布函数与数字特征 ······ 5
§1.3.1　随机变量 ······ 5
§1.3.2　分布函数的性质 ······ 5
§1.3.3　随机变量函数的分布函数与密度函数 ······ 7
§1.3.4　数字特征 ······ 7
§1.4　矩生成函数、特征函数与傅里叶变换 ······ 9
§1.5　条件分布与条件期望 ······ 10
§1.5.1　离散随机变量的条件期望 ······ 10
§1.5.2　连续随机变量的条件期望 ······ 11
§1.5.3　一般条件期望的定义及其性质 ······ 11
§1.5.4　多个随机变量的条件期望 ······ 13
§1.5.5　关于一般 σ -域的条件期望 ······ 14
§1.6　随机变量序列的收敛性 ······ 15
§1.7　大数定律与中心极限定理 ······ 15
*§1.8　补充与注记 ······ 17
习题一 ······ 17

第二章　随机过程的基本概念 ······ 21
§2.1　随机过程的直观背景和定义 ······ 21
§2.2　随机过程的刻画 ······ 22
§2.2.1　有限维分布函数族与随机过程的存在性 ······ 22

§2.2.2 随机过程的数字特征 …… 23
§2.3 随机过程的分类和几个重要的随机过程 …… 24
§2.4 补充与注记 …… 25
习题二 …… 25

第三章 泊松过程 …… 28
§3.1 背景及定义 …… 28
§3.2 到达时间的分布 …… 31
§3.3 到达时间间隔服从指数分布的充要条件 …… 35
§3.4 泊松过程的极限定理 …… 36
§3.5 泊松过程的推广 …… 37
§3.5.1 复合泊松过程 …… 37
§3.5.2 条件泊松过程 …… 39
§3.5.3 非时齐泊松过程 …… 39
*§3.5.4 空间泊松过程 …… 40
*§3.5.5 更新过程 …… 40
*§3.6 补充与注记 …… 42
习题三 …… 43

第四章 马尔可夫过程 …… 46
§4.1 离散时间参数马尔可夫链 …… 46
§4.1.1 离散时间参数马尔可夫链的定义 …… 46
§4.1.2 齐次马尔可夫链 …… 48
§4.1.3 齐次马尔可夫链状态的分类及性质 …… 51
§4.1.4 齐次马尔可夫链状态空间的分解 …… 55
§4.1.5 极限分布与平稳分布 …… 58
§4.1.6 f_{ij} 与 μ_{ij} 的求法 …… 64
§4.2 连续时间参数马尔可夫链 …… 65
§4.2.1 转移概率函数与转移速率矩阵 …… 65
§4.2.2 生灭过程 …… 72
§4.3 生灭过程在排队论中的应用 …… 75
§4.3.1 $M/M/1$ 损失制 …… 76

§4.3.2 $M/M/n$ 损失制 …… 76
§4.3.3 $M/M/1$ 等待制, 顾客总体为无限源 …… 77
§4.3.4 $M/M/1$ 等待制, 顾客总体为有限源 …… 79
*§4.4 一般马尔可夫过程 …… 81
*§4.5 补充与注记 …… 83
习题四 …… 85

第五章 鞅论 …… 91
§5.1 定义与举例 …… 91
§5.2 离散时间参数的上 (下) 鞅分解定理 …… 95
§5.3 鞅的停时定理 …… 96
§5.4 鞅收敛定理 …… 98
*§5.5 鞅的尾部不等式 …… 102
*§5.6 补充与注记 …… 104
习题五 …… 106

第六章 布朗运动 …… 109
§6.1 随机流动与布朗运动的定义 …… 109
§6.2 布朗运动的基本性质 …… 110
§6.2.1 布朗运动的联合密度函数 …… 110
§6.2.2 布朗运动与时齐马尔可夫过程 …… 111
§6.2.3 布朗运动与正态过程 …… 112
§6.2.4 布朗运动的 σ -域流与鞅 …… 113
*§6.3 反射原理与首达时的分布 …… 114
§6.4 布朗运动的轨道性质 …… 115
*§6.5 反射布朗运动、漂移布朗运动和几何布朗运动 …… 119
*§6.6 补充与注记 …… 120
习题六 …… 122

第七章 随机分析基础 …… 124
§7.1 L^2 空间和均方极限 …… 124
§7.1.1 L^2 空间 …… 124

§7.1.2 均方极限的性质 …… 125
§7.2 均方分析 …… 127
§7.2.1 均方连续性 …… 128
§7.2.2 均方可微性 …… 129
§7.2.3 均方可积性 …… 131
§7.3 伊藤积分 …… 134
§7.3.1 简单随机过程的随机积分 …… 135
§7.3.2 随机积分 …… 138
*§7.3.3 一般的适应过程关于 B 的伊藤积分 …… 143
*§7.3.4 随机积分过程的二次变差 …… 145
§7.4 伊藤过程与伊藤公式 …… 147
§7.5 伊藤随机微分方程 …… 153
§7.5.1 存在唯一性定理 …… 153
§7.5.2 线性随机微分方程的显示解 …… 154
§7.5.3 解的基本特性 …… 157
*§7.6 金融应用 …… 159
§7.6.1 Girsanov 定理与等价鞅测度 …… 160
§7.6.2 欧式期权定价 …… 161
*§7.7 补充与注记 …… 163
习题七 …… 165

第八章 平稳过程 …… 169
§8.1 平稳过程的定义和性质 …… 169
§8.1.1 平稳过程的定义 …… 169
§8.1.2 平稳过程的简单性质 …… 172
§8.2 ARMA 模型 …… 173
§8.3 平稳过程的谱分解定理 …… 175
§8.3.1 相关函数的谱分解定理 …… 175
§8.3.2 正交增量过程 …… 176
§8.3.3 平稳过程本身的谱分解定理 …… 178
§8.4 谱分解定理的应用 …… 179
§8.4.1 平稳过程的均方遍历性 …… 179

*§8.4.2 采样定理 ································ 182
*§8.4.3 白噪声与 ARMA(p, q) 的谱分布 ································ 183
*§8.5 线性系统中的平稳过程 ································ 185
§8.5.1 输入信号为确定性信号的情形 ································ 185
§8.5.2 输入信号为平稳过程的情形 ································ 187
*§8.6 补充与注记 ································ 189
习题八 ································ 190

参考文献 ································ 194

第一章 预备知识——概率论精要

§1.1 概率的公理化与概率空间

§1.1.1 概率的公理化

• 随机现象: 在一定条件下, 并不总是出现相同结果的现象.

• 样本空间: 随机现象所有可能的基本结果 (样本点) 组成的空间, 记为Ω.

• 随机事件: 随机现象的某些基本结果组成的集合, 或者说是样本空间的某些样本点组成的集合.

• 事件域 (σ 代数): 称 Ω 的某些子集所组成的集合类 $\mathscr{F}$ 为**事件域**, 如果它满足

$$\begin{cases} \Omega \in \mathscr{F}, \\ A \in \mathscr{F} \Longrightarrow \overline{A} \in \mathscr{F}, \\ A_k \in \mathscr{F} \Longrightarrow \bigcup A_k \in \mathscr{F}. \end{cases}$$

所谓**概率**, 通俗地讲就是一个随机事件发生的可能性大小的度量. 20 世纪 30 年代, 柯尔莫哥洛夫 (Kolmogorov) 在概率的频率极限定义、古典定义、几何定义的基础上给出了如下的概率公理化定义.

• 概率的公理化定义: 设 Ω 是一个样本空间, $\mathscr{F}$ 是 Ω 的某些子集所组成的一个事件域. 称定义在 $\mathscr{F}$ 上的一个实值函数 $P:\mathscr{F}\longrightarrow[0,1]$ 为**概率**, 如果它满足:

$$\begin{cases} (\text{非负性公理}) \quad \forall A \in \mathscr{F}, P(A) \geqslant 0, \\ (\text{正则性公理}) \quad P(\varnothing)=0, P(\Omega)=1, \\ (\text{可列可加性公理}) \quad \forall i \neq j, A_i \bigcap A_j = \varnothing, P\left(\bigcup\limits_{i=1}^{+\infty} A_i\right) = \sum\limits_{i=1}^{+\infty} P(A_i). \end{cases}$$

• 概率空间: 称 $(\Omega, \mathscr{F}, P)$ 为概率空间.

§1.1.2 概率空间举例

例 1.1.1 掷一枚均匀的骰子, $\Omega=\{\omega_1,\omega_2,\omega_3,\omega_4,\omega_5,\omega_6\}$, $\mathscr{F}=\{\Omega$ 的所有子集 $\}$

$$= \{ \varnothing, (\omega_1), \cdots, (\omega_6), (\omega_1, \omega_2), \cdots, (\omega_5, \omega_6), \cdots, (\omega_1, \omega_2, \omega_3, \omega_4, \omega_5, \omega_6) \},$$

$$|\mathscr{F}| = \mathrm{C}_6^0 + \mathrm{C}_6^1 + \mathrm{C}_6^2 + \mathrm{C}_6^3 + \mathrm{C}_6^4 + \mathrm{C}_6^5 + \mathrm{C}_6^6 = 2^6.$$

一般地, 对有限的样本空间 Ω 和其上的最大的事件域 $\mathscr{F}$, $|\mathscr{F}| = 2^{|\Omega|}$.

例 1.1.2　某电话机交换台在某一单位时间 (小时、天、$\cdots$) 可能收到的呼叫次数为 $0, 1, 2, \cdots$. 可取 $\Omega = \{0, 1, 2, \cdots\}$, $\mathscr{F} = \{\Omega$ 的所有子集$\}$. 易验证 $\mathscr{F}$ 为事件域且包含不可数无穷多个集合. 若呼叫次数服从泊松 (Poisson) 分布, 记 $A_k = \{$ 呼叫次数为 $k\}$, $B_k = \{$ 呼叫次数超过 $k\}$, 则

$$P(A_k) = \frac{\mathrm{e}^{-\lambda}\lambda^k}{k!},\ k \geqslant 0.$$

而

$$P(B_k) = \sum_{n=k+1}^{+\infty} \frac{\mathrm{e}^{-\lambda}\lambda^n}{n!}.$$

例 1.1.3　在直线段 (a, b) 上投质点, 它所有可能的落点的位置为 $\Omega = (a, b)$ 上的点, 可取 $\mathscr{F} = \mathscr{B}((a, b)) = \mathscr{B}(\Omega) = \{(a, b)$ 上所有开子区间经过可列多次交、并及逆运算所形成的子集的全体$\}$. 设 $(c, d) \in \mathscr{F}$, 则 $P((c, d)) = \dfrac{d-c}{b-a}$.

- 等可能概型: 古典概型 (有限)+ 几何概型 (无限). 如对事件 A,

$$P(A) = \frac{m(A)}{m(\Omega)},$$

其中 $m(A)$ 表示 A 的测度 (measure).

§1.2　条件概率、独立性与概率计算

§1.2.1　条件概率与独立性

- 条件概率: 设 A, B 为两个随机事件, 称

$$P(A|B) := \frac{P(BA)}{P(B)} \quad (P(B) > 0)$$

为已知事件 B 发生的条件下事件 A 发生的**条件概率**.

若 $P(B) > 0, P(A) > 0$, 则有

$$P(B)P(A|B) = P(A)P(B|A)(= P(AB)).$$

- 独立: 设 A, B 为两个随机事件, 若

$$P(BA) = P(B)P(A),$$

即 $P(A) = P(A|B)$, 则称事件 A 与 B **相互独立**, 简称 A 与 B **独立**.

§1.2.2 概率的性质与计算

- $P(\bigcup A_i) = 1 - P(\bigcap \overline{A_i})$.
- $P(A \bigcup B) = P(A) + P(B) - P(AB)$. 注: $A \bigcup B = (A - AB) + B$.
- 加法公式:

$$P\left(\bigcup_{i=1}^{n} A_i\right) = \sum_{i=1}^{n} P(A_i) - \sum_{i<j} P(A_iA_j) + \sum_{i<j<k} P(A_iA_jA_k) + \cdots + (-1)^{n-1}P(A_1A_2\cdots A_n).$$

例 1.2.1 有 N 个考签, $n(n \geqslant N)$ 个学生有放回地抽取, 问 N 个考签都被抽到的概率?

解 设 A_i 表示随机事件“第 i 个考签被抽到”, $i = 1, 2, \cdots, N, B = A_1A_2\cdots A_N$, 则

$$P(B) = 1 - P\left(\overline{A_1A_2\cdots A_N}\right) = 1 - P\left(\bigcup_{i=1}^{n} \overline{A_i}\right),$$

$$P(\overline{A_i}) = \frac{(N-1)^n}{N^n},$$

$$P\left(\overline{A_i} \bigcap \overline{A_j}\right) = \frac{(N-2)^n}{N^n}, i \neq j,$$

$$\cdots\cdots\cdots\cdots$$

$$P\left(\overline{A_1} \bigcap \overline{A_2} \cdots \bigcap \overline{A_{N-1}}\right) = \frac{1}{N^n},$$

$$P\left(\overline{A_1} \bigcap \overline{A_2} \cdots \bigcap \overline{A_N}\right) = 0,$$

$$P(B) = 1 - \sum_{k=1}^{N} \mathrm{C}_N^k (-1)^{k-1} \frac{(N-k)^n}{N^n}.$$

□

- 次可加性: $P(\bigcup A_i) \leqslant \sum P(A_i)$.
- 乘法公式: 若 $P(A_1A_2\cdots A_n) > 0$, 则

$$P(A_1A_2\cdots A_n) = P(A_1)P(A_2|A_1)P(A_3|A_2A_1)\cdots P(A_n|A_{n-1}\cdots A_1).$$

例 1.2.2 有 N 把钥匙, 只有一把能开房门, 随机不放回地抽取钥匙开房门, 求恰好第 n $(n \leqslant N)$ 次打开房门的概率.

解 设 A_n 为随机事件"恰好第 n 次打开房门", 则

$$\begin{aligned}
&P(\text{"恰好第}n\text{次打开房门"})\\
&= P(\overline{A_1}\cdots\overline{A_{n-1}}A_n)\\
&= P(\overline{A_1})P(\overline{A_2}|\overline{A_1})P(\overline{A_3}|\overline{A_2}\bigcap\overline{A_1})P(\overline{A_{n-1}}|\overline{A_{n-2}}\bigcap\cdots\bigcap\overline{A_1})\cdot\\
&\quad P(A_n|\overline{A_{n-1}}\bigcap\cdots\bigcap\overline{A_1})\\
&= \frac{N-1}{N}\frac{N-2}{N-1}\cdots\frac{N-(n-1)}{N-(n-2)}\frac{1}{N-(n-1)}\\
&= \frac{1}{N}.
\end{aligned}$$

□

- 全概率公式: 若 $\bigcup B_i \supset A, \forall i \neq j, B_i \bigcap B_j = \varnothing, P(B_i) > 0$, 则

$$P(A) = \sum_i P(B_i)P(A|B_i).$$

例 1.2.3 设某一虫类能生产虫卵的个数服从泊松分布, 即

$$P(B_n) = \frac{\mathrm{e}^{-\lambda}\lambda^n}{n!}, n = 0, 1, 2, \cdots.$$

如果有 n 个虫卵, 且 n 个虫卵恰好蜕变成 m 个幼虫的概率服从二项分布:

$$P(A_m|B_n) = \mathrm{C}_n^m p^m (1-p)^{n-m}, m = 0, 1, 2, \cdots, n,$$

求此虫类下一代恰好产生 k 个幼虫的概率.

解 由全概率公式, 有

$$\begin{aligned}
P(A_k) &= \sum_{n=0}^{+\infty} P(B_n)P(A_k|B_n) = \sum_{n=k}^{+\infty} \frac{\mathrm{e}^{-\lambda}\lambda^n}{n!}\frac{n!}{k!(n-k)!}p^k(1-p)^{n-k}\\
&= \frac{\mathrm{e}^{-\lambda}p^k\lambda^k}{k!}\sum_{n=k}^{+\infty}\frac{\lambda^{n-k}(1-p)^{n-k}}{(n-k)!} = \frac{\mathrm{e}^{-\lambda}(\lambda p)^k}{k!}\sum_{m=0}^{+\infty}\frac{[\lambda(1-p)]^m}{m!}\\
&= \frac{\mathrm{e}^{-\lambda}(\lambda p)^k}{k!}\mathrm{e}^{\lambda(1-p)} = \frac{\mathrm{e}^{-\lambda p}(\lambda p)^k}{k!}.
\end{aligned}$$

□

- 逆概率公式 (贝叶斯公式):

$$P(B_n|A) = \frac{P(B_n)P(A|B_n)}{\sum_k P(B_k)P(A|B_k)}.$$

全概率公式: 原因 ⟶ 结果; 逆概率公式: 结果 ⟶ 原因.

§1.3 随机变量、分布函数与数字特征

§1.3.1 随机变量

$X(\omega)$ 是定义在 $(\Omega,\mathscr{F},P)$ 上的实值函数, 若对于任意 $x\in(-\infty,+\infty)$, 有 $\{\omega: X(\omega)\leqslant x\}\in\mathscr{F}$, 则称 X 为 $(\Omega,\mathscr{F},P)$ 上的一个**随机变量**, 而

$$F(x)=P(\{\omega: X(\omega)\leqslant x\})=P(X\leqslant x)$$

称为随机变量 X 的**分布函数**.

n **维随机变量**: $\boldsymbol{X}=(X_1,X_2,\cdots,X_n)$ 若满足

$$\{\omega: X_1(\omega)\leqslant x_1,X_2(\omega)\leqslant x_2,\cdots,X_n(\omega)\leqslant x_n\}\in\mathscr{F},$$

则称其为 n **维随机变量**. 它具有 n 维分布函数

$$F(x_1,x_2,\cdots,x_n)=P(X_1\leqslant x_1,\cdots,X_n\leqslant x_n).$$

- 二维随机变量 (X,Y) 的边缘分布:

$$F(x,+\infty)=F_X(x),F(+\infty,y)=F_Y(y).$$

类似可以定义 n 维随机变量的边缘分布.

§1.3.2 分布函数的性质

(1) $F(+\infty,+\infty,\cdots+\infty)=1, F(x_1,\cdots,x_{i-1},-\infty,x_{i+1},\cdots,x_n)=0$;

(2) 单调增、右连续性: 固定其他变量, 关于每个变量单调增、右连续;

(3) 若 $X_k, 1\leqslant k\leqslant n$ 独立, 则 $F(x_1,\cdots,x_n)=F_{X_1}(x_1)\cdots F_{X_n}(x_n)$.

取值至多可数的随机变量称为**离散**随机变量, 常见的离散随机变量的分布有

- 0–1 分布: 若随机变量 X 的分布律是

$$P(X=1)=p,P(X=0)=1-p,0<p<1,$$

则称 X 服从以 p 为参数的 0–1 **分布**.

- 二项分布: 若随机变量 X 的分布律是

$$P(X=k)=\mathrm{C}_n^k p^k(1-p)^{n-k},\ 0\leqslant k\leqslant n,0<p<1,$$

则称 X 服从参数为 n,p 的**二项分布**, 记为 $X\sim B(n,p)$.

- 几何分布: 若随机变量 X 的分布律是

$$P(X=k)=(1-p)^{k-1}p,\ k\geqslant 1, 0<p<1,$$

则称 X 服从以 p 为参数的几何分布.

- 泊松分布: 若随机变量 X 的分布律是

$$P(X=k)=\mathrm{e}^{-\lambda}\frac{\lambda^k}{k!},\ k\geqslant 0, \lambda>0,$$

则称 X 服从参数为 λ 的**泊松分布**, 记为 $X\sim \mathrm{Poi}(\lambda)$.

如果随机变量 X 的分布函数满足

$$F(x)=\int_{-\infty}^{x} f(t)\mathrm{d}t,$$

则称 X 为**连续**随机变量,

$$F'(x)=f(x)$$

称为**密度函数**. 类似可以定义多维连续随机变量:

$$F(x_1,\cdots,x_n)=\int_{-\infty}^{x_1}\cdots\int_{-\infty}^{x_n} f(t_1,\cdots,t_n)\mathrm{d}t_1\cdots\mathrm{d}t_n,$$

$f(t_1,\cdots,t_n)$ 称为**联合密度函数**. 常见的连续随机变量的分布有

- 均匀分布: 若连续随机变量 X 具有密度函数

$$f(t)=\begin{cases}\dfrac{1}{b-a}, & a\leqslant t\leqslant b,\\ 0, & \text{其他},\end{cases}$$

则称 X 在区间 $[a,b]$ 上服从**均匀分布**, 记为 $X\sim U[a,b]$.

- 指数分布: 若连续随机变量 X 具有密度函数

$$f(t)=\begin{cases}\lambda\mathrm{e}^{-\lambda t}, & t\geqslant 0,\\ 0, & t<0\end{cases}\ (\lambda>0)\ ,$$

则称 X 服从参数为 λ 的**指数分布**, 记为 $X\sim E(\lambda)$.

- 正态分布: 若连续随机变量 X 的密度函数为

$$f(t)=\frac{1}{\sqrt{2\pi}\sigma}\mathrm{e}^{-\frac{(t-\mu)^2}{2\sigma^2}},$$

则称 X 服从参数为 $\mu,\sigma(\sigma>0)$ 的**正态分布**, 记为 $X\sim N(\mu,\sigma^2)$; 二维正态分布的联合密度函数为

$$f(t_1,t_2)=\frac{1}{2\pi\sigma_1\sigma_2\sqrt{1-\rho^2}}\mathrm{e}^{-\frac{1}{2(1-\rho^2)}\left[\frac{(t_1-\mu_1)^2}{\sigma_1^2}-2\rho\frac{(t_1-\mu_1)(t_2-\mu_2)}{\sigma_1\sigma_2}+\frac{(t_2-\mu_2)^2}{\sigma_2^2}\right]},$$

$$-\infty<t_1,t_2<+\infty,\mu_i\in\mathbb{R},\sigma_i>0,|\rho|<1,$$

记为 $(X,Y)\sim N(\mu_1,\mu_2;\sigma_1^2,\sigma_2^2,\rho)$.

§1.3.3 随机变量函数的分布函数与密度函数

♣ 随机变量 $X_1,X_2,\cdots,X_n$ 的**顺序统计量**记为 $X_{(1)},X_{(2)},\cdots,X_{(n)}$, 关于顺序统计量的分布, 有

(1) 若随机变量 $X_1,X_2,\cdots,X_n$ 独立, 记 $F_k(x)=P(X_k\leqslant x)$, 则

$$F_{(n)}(x)=P(X_{(n)}\leqslant x)=P(X_1\leqslant x,\cdots,X_n\leqslant x)=\prod_{k=1}^{n}F_k(x),$$

$$F_{(1)}(x)=P(X_{(1)}\leqslant x)=1-P(X_1>x,\cdots,X_n>x)=1-\prod_{k=1}^{n}[1-F_k(x)].$$

(2) 若随机变量 $X_1,X_2,\cdots,X_n$ 独立同分布, 密度函数为 $f(x)$, 则顺序统计量 $(X_{(1)},X_{(2)},\cdots,X_{(n)})$ 的联合密度函数 $f(y_1,y_2,\cdots,y_n)$ 为

$$f(y_1,y_2,\cdots,y_n)=\begin{cases}n!\prod\limits_{k=1}^{n}f(y_k), & 0<y_1<y_2<\cdots<y_n,\\ 0, & \text{其他}.\end{cases}$$

§1.3.4 数字特征

(1) 数学期望 (均值): 设随机变量 X 的分布函数为 $F_X(x)$, 如果 $\int_{\mathbb{R}}|x|\mathrm{d}F_X(x)<+\infty$, 则称

$$E(X):=\int_{\mathbb{R}}x\mathrm{d}F_X(x)=\begin{cases}\sum x_iP(X=x_i),\\ \int_{-\infty}^{+\infty}xf(x)\mathrm{d}x\end{cases}$$

为随机变量 X 的**数学期望**.

易知数学期望具有如下性质:

$$E(g(X))=\int_{\mathbb{R}}g(x)\mathrm{d}F_X(x);$$

$$E(g(X_1,\cdots,X_n))=\int_{\mathbb{R}^n}g(x_1,\cdots,x_n)\mathrm{d}F_X(x);$$

如果 $g(x_1,\cdots,x_n)=\sum\limits_{i=1}^{n}c_ix_i$, 则有 $E\left(\sum\limits_{i=1}^{n}c_iX_i\right)=\sum\limits_{i=1}^{n}c_iEX_i$.

(2) 方差: $D(X)=E[(X-E(X))^2]=E(X^2)-(E(X))^2$.

(3) k 阶原点矩: $E(X^k)$; k 阶中心矩: $E[(X-E(X))^k]$.

(4) 协方差: $\mathrm{cov}(X,Y)=E[(X-E(X))(Y-E(Y))]$.

(5) 相关系数: $\rho(X,Y)=\dfrac{\mathrm{cov}(X,Y)}{\sqrt{D(X)}\sqrt{D(Y)}}$.

$$\rho(X,Y)=0\Longleftrightarrow X,Y\ \text{不相关}.$$

(6) 若 $X_1,\cdots,X_n$ 两两不相关, 则

$$D\left(\sum_{i=1}^{n}c_iX_i\right)=\sum_{i=1}^{n}D(c_iX_i)=\sum_{i=1}^{n}c_i^2D(X_i).$$

(7) 施瓦茨 (Schwarz) 不等式:

$[E(XY)]^2\leqslant E(X^2)E(Y^2)$,

$\Big\{E[(X-E(X))(Y-E(Y))]\Big\}^2\leqslant E[(X-E(X))^2]E[(Y-E(Y))^2]$.

证明　只证第一个式子. 由于

$$f(t)=t^2E(X^2)-2tE(XY)+E(Y^2)=E[(tX-Y)^2]\geqslant 0$$

恒成立, 故

$$\varDelta=4[E(XY)]^2-4E(X^2)E(Y^2)\leqslant 0,$$

即

$$[E(XY)]^2\leqslant E(X^2)E(Y^2).$$

□

由 (7) 可得

$$|\rho(X,Y)|=\left|\frac{\mathrm{cov}(X,Y)}{\sqrt{D(X)}\sqrt{D(Y)}}\right|\leqslant 1.$$

若 $[E(XY)]^2=E(X^2)E(Y^2)$, 令 $t_0=\dfrac{E(XY)}{E(X^2)}$, $f(t_0)=E[(t_0X-Y)^2]=0$, 则有

$$P(t_0X-Y=0)=1,$$

从而

$$\rho(X,Y)=\begin{cases}1, & t_0>0,\\ -1, & t_0<0.\end{cases}$$

§1.4 矩生成函数、特征函数与傅里叶变换

• 矩生成函数: 设 X 为取非负整数值的随机变量, 若 $E(s^X) < +\infty$, 则称

$$\psi_X(s) := E(s^X) = \sum_k s^k P(X = k)$$

为**矩生成函数**.

• 特征函数:

$$\varphi_X(t) = E(\mathrm{e}^{\mathrm{i}tX}) = \begin{cases} \sum \mathrm{e}^{\mathrm{i}tx_k} P(X = x_k), & X\text{为离散随机变量}, \\ \displaystyle\int_{-\infty}^{+\infty} \mathrm{e}^{\mathrm{i}tx} P_X(x)\mathrm{d}x, & X\text{为连续随机变量}. \end{cases}$$

这里 i 为纯虚数, $\mathrm{i}^2=-1$. 易知:

(1) $\varphi_X^{(k)}(0) = \mathrm{i}^k E(X^k)$;

(2) 若 $X \sim N(\mu, \sigma^2)$, 则 $\varphi(t) = \mathrm{e}^{\mathrm{i}\mu t - \frac{\sigma^2 t^2}{2}}$.

重要性质: 若 $X_1, \cdots, X_n$ 独立, 则 $X_1 + \cdots + X_n$ 的特征函数等于它们各自的乘积, 即

$$\varphi_{X_1+\cdots+X_n}(t) = \prod_{i=1}^n \varphi_{X_i}(t).$$

n 维随机变量的特征函数: $\varphi(t_1, \cdots, t_n) = E(\mathrm{e}^{\mathrm{i}t_1 X_1 + \cdots + \mathrm{i}t_n X_n})$.

♦ **分布函数 (密度函数) 与特征函数可互相确定 (傅里叶变换)**: 设 X 的特征函数为 $\varphi_X(t)$, 若 $\displaystyle\int_{-\infty}^{+\infty} |\varphi_X(t)|\mathrm{d}t < +\infty$, 则 X 的密度函数为

$$f_X(x) = \frac{1}{2\pi} \int_{-\infty}^{+\infty} \mathrm{e}^{-\mathrm{i}tx} \varphi_X(t)\mathrm{d}t.$$

反之, 知道密度函数 $f_X(x)$, 也可以确定特征函数:

$$\varphi_X(t) = \int_{-\infty}^{+\infty} \mathrm{e}^{\mathrm{i}tx} f_X(x)\mathrm{d}x.$$

例 1.4.1 设随机变量 $\{X_i, i = 1, 2, 3, \cdots\}$ 独立同分布, $E(X_i) = a, D(X_i) = b > 0$, 则

$$T_n = \frac{\sum_{i=1}^n X_i - na}{\sqrt{nb}} \longrightarrow N(0, 1),$$

$$F_n(y) = P(T_n < y) \longrightarrow \int_{-\infty}^{y} \frac{1}{\sqrt{2\pi}} \mathrm{e}^{-\frac{x^2}{2}} \mathrm{d}x,$$

$$\varphi_{T_n}(t) = \prod_{i=1}^{n} \varphi_{X_i - a}\left(\frac{t}{\sqrt{nb}}\right) = \left(1 - \frac{t^2 b}{2nb} + o(t)\right)^n \longrightarrow \mathrm{e}^{-\frac{t^2}{2}}.$$

§1.5　条件分布与条件期望

§1.5.1　离散随机变量的条件期望

设 (X,Y) 为二维离散随机变量, 其**联合分布律**为

$$P(X = x_i, Y = y_j) = p_{ij}, i = 1, 2, \cdots, j = 1, 2, \cdots,$$

则已知 $Y = y_k$ 的条件下 X 的**条件分布律**为

$$P(X = x_i | Y = y_k) = \frac{P(X = x_i, Y = y_k)}{P(Y = y_k)} = \frac{p_{ik}}{p_{\cdot k}}, i = 1, 2, \cdots,$$

其中 $p_{\cdot k} = \sum\limits_{i=1}^{+\infty} p_{ik}, k = 1, 2, \cdots$. 于是, 已知 $Y = y_k$ 的条件下 X 的**条件期望**为

$$\begin{aligned} E(X|Y = y_k) &= \sum_i x_i \frac{p_{ik}}{p_{\cdot k}} \\ &= \frac{1}{p_{\cdot k}} \sum_i x_i p_{ik} (:= g(y_k)). \end{aligned}$$

定义 $E(X|Y) := g(Y)$. 易知

(1) $E(X|Y)$ 为随机变量 Y 的函数;

(2) 对任意有界函数 $h(y)$, 都有

$$E[E(X|Y)h(Y)] = E[Xh(Y)].$$

实际上,

$$\begin{aligned} E[E(X|Y)h(Y)] &= E[g(Y)h(Y)] = \sum_k g(y_k)h(y_k)p_{\cdot k} \\ &= \sum_k \sum_i x_i h(y_k) p_{ik} = E[Xh(Y)]. \end{aligned}$$

特别地, 取 $h(y) \equiv 1$, 有

$$E[E(X|Y)] = E(X).$$

§1.5.2 连续随机变量的条件期望

设 (X, Y) 为二维连续随机变量，其**联合密度函数**为 $f(x, y)$，则已知 $Y = y$ 的条件下 X 的**条件密度函数**为

$$f_X(x|Y = y) = \frac{f(x, y)}{f_Y(y)}.$$

此时，已知 $Y = y$ 的条件下 X 的**条件期望**为

$$\begin{aligned} E(X|Y = y) &= \int_{\mathbb{R}} x f_X(x|Y = y)\mathrm{d}y \\ &= \frac{\int_{\mathbb{R}} x f(x, y)\mathrm{d}x}{f_Y(y)} (:= g(y)). \end{aligned}$$

我们规定：$E(X|Y) = g(Y)$. 类似地，有

(1) $E(X|Y)$ 为随机变量 Y 的函数；

(2) 对任意有界函数 $h(y)$，都有

$$E[E(X|Y)h(Y)] = E[Xh(Y)].$$

特别地，取 $h(y) \equiv 1$，有

$$E[E(X|Y)] = E(X).$$

§1.5.3 一般条件期望的定义及其性质

定义 1.5.1 设 (X, Y) 为任意随机变量，定义条件期望 $E(X|Y)$ 为满足下面条件的唯一随机变量：

(1) $E(X|Y)$ 为随机变量 Y 的函数；

(2) 对任意有界函数 $h(y)$，都有

$$E[E(X|Y)h(Y)] = E[Xh(Y)].$$

性质 1.5.2 (1) 若 X 与 Y 独立，则 $E(Y|X) = E(Y)$；

(2) $E(X\varphi(Y)|Y) = \varphi(Y)E(X|Y)$, a.s.；

(3) 全数学期望公式：$E(g(Y)) = E[E(g(Y)|X)]$；

(4) 线性性：$E\left(\sum_{i=1}^{n} \alpha_i X_i | Y\right) = \sum_{i=1}^{n} \alpha_i E(X_i|Y)$, a.s.

证明　仅证 (2), 其余类似. 易知, $\varphi(Y)E(X|Y)$ 为随机变量 Y 的函数; 对任意有界函数 $h(Y)$, $\hat{h}(Y) := \varphi(Y)h(Y)$ 仍为随机变量 Y 的函数. 由 $E(X|Y)$ 的定义有

$$E[X\hat{h}(Y)] = E[E(X|Y)\hat{h}(Y)],$$

即

$$E[X\varphi(Y)h(Y)] = E[E(X|Y)\varphi(Y)h(Y)].$$

由 $E(X\varphi(Y)|Y)$ 的定义知

$$E(X\varphi(Y)|Y) = \varphi(Y)E(X|Y), \text{a.s.}$$ □

例 1.5.3　设 (X, Y) 为随机变量, 且 $E(|X|^2) < +\infty$, $g(y)$ 是任意有界可测函数, 则

$$E[(X - g(Y))^2] \geqslant E[(X - E(X|Y))^2].$$

证明　易知

$$\begin{aligned} E[(X - g(Y))^2] &= E[(X - E(X|Y) + E(X|Y) - g(Y))^2] \\ &= E[(X - E(X|Y))^2] + E[(E(X|Y) - g(Y))^2]+ \\ &\quad 2E[(X - E(X|Y))(E(X|Y) - g(Y))]. \end{aligned}$$

因为

$$\begin{aligned} &E[(X - E(X|Y))(E(X|Y) - g(Y))] \\ =& E\{E[(X - E(X|Y))(E(X|Y) - g(Y))|Y]\} \\ =& E[(E(X|Y) - g(Y))(E(X|Y) - E(X|Y))] \\ =& 0, \end{aligned}$$

于是

$$\begin{aligned} E[(X - g(Y))^2] &= E[(X - E(X|Y))^2] + E[(E(X|Y) - g(Y))^2] \\ &\geqslant E[(X - E(X|Y))^2]. \end{aligned}$$ □

例 1.5.4　已知某商场某日的顾客数 N 是一个随机变量, 第 i 个顾客的消费额为 X_i, $i = 1, 2, \cdots, N$. 设 $X_1, \cdots, X_N$ 独立同分布, 且与 N 独立, 求该商场这天的总消费额的数学期望.

解　易知, 总消费额为 $S = \sum\limits_{i=1}^{N} X_i$. 于是

$$E(S)=E\left(\sum_{i=1}^{N}X_i\right)=E\left[E\Big(\sum_{i=1}^{N}X_i\Big|N\Big)\right].$$

因为

$$E\Big(\sum_{i=1}^{N}X_i\Big|N=n\Big)=E\Big(\sum_{i=1}^{n}X_i\Big|N=n\Big)=E\Big(\sum_{i=1}^{n}X_i\Big)=nE(X_1),$$

从而 $E\Big(\sum_{i=1}^{N}X_i\Big|N\Big)=NE(X_1)$. 于是

$$E(S)=E(NE(X_1))=E(N)E(X_1).$$ □

§1.5.4 多个随机变量的条件期望

定义 1.5.5 设 X 为满足 $E(|X|)<+\infty$ 的随机变量, $Y_1,\cdots,Y_n$ 为任意 n 个随机变量, 定义**条件期望** $E(X|Y_1,\cdots,Y_n)$ 为满足下面条件的唯一随机变量:

(1) $E(X|Y_1,\cdots,Y_n)$ 为随机变量 $Y_1,\cdots,Y_n$ 的函数;

(2) 对任意有界函数 $h(y_1,\cdots,y_n)$, 都有

$$E[E(X|Y_1,\cdots,Y_n)h(Y_1,\cdots,Y_n)]=E[Xh(Y_1,\cdots,Y_n)].$$

与性质 1.5.2 类似, 有

性质 1.5.6 (1) 若 X 与 $Y_1,\cdots,Y_n$ 独立, 则 $E(X|Y_1,\cdots,Y_n)=E(X)$;

(2) $E(X\varphi(Y_1,\cdots,Y_n)|Y_1,\cdots,Y_n)=\varphi(Y_1,\cdots,Y_n)E(X|Y_1,\cdots,Y_n)$, a.s.;

(3) 全数学期望公式: $E[E(g(X)|Y_1,\cdots,Y_n)]=E(g(X))$;

(4) 线性性: $E\left(\sum_{i=1}^{n}\alpha_iX_i\Big|Y_1,\cdots,Y_n\right)=\sum_{i=1}^{n}\alpha_iE\left(X_i\big|Y_1,\cdots,Y_n\right)$, a.s.

性质 1.5.7(塔式法则) 对 $1\leqslant m\leqslant n$, 有

$$E[E(X|Y_1,\cdots,Y_n)|Y_1,\cdots,Y_m]=E(X|Y_1,\cdots,Y_m),\text{a.s.}$$

证明 显然, $E(X|Y_1,\cdots,Y_m)$ 是随机变量 $Y_1,\cdots,Y_m$ 的函数; 对任意有界可测函数 $h(y_1,\cdots,y_m)$, 都有

$$E(X|Y_1,\cdots,Y_n)h(Y_1,\cdots,Y_m)=E[Xh(Y_1,\cdots,Y_m)|Y_1,\cdots,Y_n].$$

两边取数学期望, 有

$$\begin{aligned} E[E(X|Y_1,\cdots,Y_n)h(Y_1,\cdots,Y_m)] &= E\{E[Xh(Y_1,\cdots,Y_m)|Y_1,\cdots,Y_n]\} \\ &= E[Xh(Y_1,\cdots,Y_m)]. \end{aligned}$$

由条件期望的定义知

$$E[E(X|Y_1,\cdots,Y_n)|Y_1,\cdots,Y_m] = E(X|Y_1,\cdots,Y_m), \text{a.s.}$$ □

§1.5.5　关于一般 σ-域的条件期望

定义 1.5.8　设 $(\Omega,\mathscr{F},P)$ 为一般的概率空间, $\mathscr{G}$ 为 $\mathscr{F}$ 的子 σ -域, X 为随机变量, 我们称 X 为 $\mathscr{G}$-**可测**的随机变量, 如果对任意 $x\in\mathbb{R}$, 有

$$\{\Omega: X(\omega)\leqslant x\}\in\mathscr{G}.$$

* **定义 1.5.9**　设 $(\Omega,\mathscr{F},P)$ 为一般的概率空间, X 为满足 $E(|X|)<+\infty$ 的随机变量, $\mathscr{G}$ 为 $\mathscr{F}$ 的子 σ- 域, 定义**条件期望** $E(X|\mathscr{G})$ 为满足下面条件的唯一随机变量:

(1) $E(X|\mathscr{G})$ 为 $\mathscr{G}$-可测的随机变量;

(2) 对任意 $\mathscr{G}$-可测的有界随机变量 Y, 都有

$$E[E(X|\mathscr{G})Y]=E(XY).$$

类似有

性质 1.5.10　(1) 若 X 与 $\mathscr{G}$ 独立, 则 $E(X|\mathscr{G})=E(X)$;

(2) 若 Y 为 $\mathscr{G}-$ 可测的有界随机变量, 则 $E(XY|\mathscr{G})=YE(X|\mathscr{G})$, a.s.;

(3) 全数学期望公式: $E[E(g(X)|\mathscr{G})]=E(g(X))$;

(4) 线性性: $E\left(\sum\limits_i^n\alpha_iX_i\Big|\mathscr{G}\right)=\sum\limits_i^n\alpha_iE\left(X_i\big|\mathscr{G}\right)$, a.s.;

(5) 塔式法则: 设 $\mathscr{H}$ 与 $\mathscr{G}$ 为 $\mathscr{F}$ 的子 σ-代数, 且 $\mathscr{H}\subset\mathscr{G}\subset\mathscr{F}$, 则

$$E[E(X|\mathscr{G})|\mathscr{H}]=E(X|\mathscr{H}).$$

§1.6 随机变量序列的收敛性

• 几乎处处 (依概率 1) 收敛: $X_n \xrightarrow{\text{a.s.}} X$, 如果 $P(\lim\limits_{n\to+\infty} X_n = X) = 1$. 它等价于下列命题:

(i) $P\left(\bigcap\limits_{k=1}^{+\infty}\bigcup\limits_{m=1}^{+\infty}\bigcap\limits_{n=m}^{+\infty}\left(|X_n - X| < \dfrac{1}{k}\right)\right) = 1$,

(ii) $P\left(\bigcup\limits_{k=1}^{+\infty}\bigcap\limits_{m=1}^{+\infty}\bigcup\limits_{n=m}^{+\infty}\left(|X_n - X| \geqslant \dfrac{1}{k}\right)\right) = 0$,

(iii) $\forall\varepsilon > 0, P\left(\bigcap\limits_{m=1}^{+\infty}\bigcup\limits_{n=m}^{+\infty}(|X_n - X| \geqslant \varepsilon)\right) = 0$.

• 依概率收敛: $\forall\varepsilon > 0$, $\lim\limits_{n\to+\infty} P(|X_n - X| \geqslant \varepsilon) = 0$, 记为 $X_n \xrightarrow{P} X$.

• 依分布收敛: $\lim\limits_{n\to+\infty} F_n(x) = F(x)$, x 为 $F(x)$ 的连续点, 记为 $X_n \xrightarrow{D} X$.

• r 阶矩收敛: $\lim\limits_{n\to+\infty} E(|X_n - X|^r) = 0$, $r > 0$, 记为 $X_n \xrightarrow{r} X$.

易知: 几乎处处收敛或 r 阶矩收敛 $\Longrightarrow$ 依概率收敛 $\Longrightarrow$ 依分布收敛.

§1.7 大数定律与中心极限定理

1. 切比雪夫不等式: $P(|X - E(X)| \geqslant \varepsilon) \leqslant \dfrac{D(X)}{\varepsilon^2}$,$\varepsilon > 0$.

2. 博雷尔 – 坎泰利 (Borel-Cantelli) 引理: 若 $\sum\limits_{n=1}^{+\infty} P(|X_n - X| \geqslant \varepsilon) < +\infty$, 则 $X_n \xrightarrow{\text{a.s.}} X$.

强大数定律: 设 $X_n, n \geqslant 1$ 独立同分布, $E(X_i) = \mu$, 则 $\dfrac{1}{n}\sum\limits_{i=1}^{n} X_i \xrightarrow{\text{a.s.}} \mu$.

可利用切比雪夫不等式和博雷尔 – 坎泰利引理证明.

中心极限定理: 设 $X_n, n \geqslant 1$ 独立同分布, $E(X_i) = \mu, D(X_i) = \sigma^2, i = 1, 2, \cdots, n$. 令

$$\xi_n = \frac{\sum\limits_{i=1}^{n} X_i - n\mu}{\sqrt{n\sigma^2}},$$

对任意 y, 有

$$\lim_{n\to+\infty} P(\xi_n \leqslant y) = \Phi(y) = \int_{-\infty}^{y} \frac{1}{\sqrt{2\pi}} \mathrm{e}^{-\frac{x^2}{2}} \mathrm{d}x.$$

证明　设 $Y_k = \dfrac{X_k - \mu}{\sigma}$, 则 $E(Y_k) = 0, D(Y_k) = 1$. 令

$$\xi_n := \frac{1}{\sqrt{n}} \sum_{k=1}^{n} Y_k,$$

因为

$$\varphi(t) = E(\mathrm{e}^{\mathrm{i}tX}) = \varphi(0) + \varphi'(0)t + \frac{1}{2}\varphi''(0)t^2 + o(t^2) = 1 - \frac{1}{2}t^2 + o(t^2),$$

于是, ξ_n 的特征函数

$$\varphi_{\xi_n}(t) = E\left[\exp\left(\frac{\mathrm{i}t}{\sqrt{n}} \sum_{k=1}^{n} Y_k\right)\right] = \left[\varphi\left(\frac{t}{\sqrt{n}}\right)\right]^n$$

$$= \left(1 - \frac{t^2}{2n} + o\left(\frac{t^2}{n}\right)\right)^n \longrightarrow \mathrm{e}^{-\frac{t^2}{2}},$$

进而 ξ_n 依分布收敛于标准正态分布. □

例 1.7.1　证明: $\lim\limits_{n\to+\infty} \mathrm{e}^{-n} \sum\limits_{k=0}^{n} \dfrac{n^k}{k!} = \dfrac{1}{2}$.

证明　设 $X_1, X_2, \cdots, X_n$ 为独立同分布的随机变量序列, 且 $X_k \sim \mathrm{Poi}(1)$, 则 $P(X_k = n) = \dfrac{\mathrm{e}^{-1}}{n!}, E(X_n) = 1, D(X_n) = 1$, 且

$$S_n = X_1 + \cdots + X_n \sim \mathrm{Poi}(n), P(S_n = k) = \mathrm{e}^{-n}\frac{n^k}{k!}.$$

由中心极限定理可知: $\dfrac{S_n - n}{\sqrt{n}} \xrightarrow{D} N(0,1)$, 故 $P\left(\dfrac{S_n - n}{\sqrt{n}} \leqslant 0\right) \longrightarrow \dfrac{1}{2}$, 从而有

$$\begin{aligned}\sum_{k=0}^{n} \mathrm{e}^{-n}\frac{n^k}{k!} &= \sum_{k=0}^{n} P(S_n = k) \\ &= P(S_n \leqslant n) = P\left(\frac{S_n - n}{\sqrt{n}} \leqslant 0\right) \longrightarrow \frac{1}{2}.\end{aligned}$$

□

*§1.8 补充与注记

上节所述极限定理都假设随机变量服从同样的分布, 下面给出分布可以不同的独立随机变量序列的极限定理.

A. **一般的强大数定律**

设随机变量序列 $\{X_n, n \geqslant 1\}$ 独立, 若 $\sum\limits_{i=1}^{+\infty} \dfrac{D(X_i)}{i^a} < +\infty, 1 \leqslant a \leqslant 2$, 则有

$$\frac{1}{n}\sum_{i=1}^{n}(X_i - E(X_i)) \xrightarrow{\text{a.s.}} 0.$$

B. **一般的中心极限定理**

设随机变量序列 $\{X_n, n \geqslant 1\}$ 独立. 若对任意的 $\varepsilon > 0$,

$$\lim_{n\to+\infty} \frac{1}{B_n^2}\sum_{i=1}^{n} E\left((X_i - E(X_i))^2 \mathbb{1}_{\{|X_i - E(X_i)| \geqslant \varepsilon B_n\}}\right) = 0,$$

其中 $\mathbb{1}_A$ 为 A 的示性函数 (下文不再说明), 则有

$$\lim_{n\to+\infty} P\left(\frac{1}{B_n}\sum_{i=1}^{n}(X_i - E(X_i)) \leqslant x\right) = \Phi(x),$$

其中, $B_n^2 = \sum\limits_{i=1}^{n} D(X_i)$.

C. **大偏差极限定理**

设随机变量序列 $\{X_n, n \geqslant 1\}$ 独立同分布, 若 $a > E(X_i)$ 且存在 $q > 0$ 使得 $h(q) = E(\mathrm{e}^{qX_i}) < +\infty$, 则有

$$\lim_{n\to+\infty} \frac{1}{n}\ln P\left(\sum_{i=1}^{n} X_i \geqslant na\right) = -I(a),$$

其中, $I(a) = aq_a - \ln h(q_a)$ 并且 q_a 满足 $a = \dfrac{h'(q_a)}{h(q_a)}$.

关于 A, B 可参见参考文献 [9], 关于 C 可参见参考文献 [4].

习 题 一

1.1 设 $A, B, C \in \mathscr{F}$, 且 $P(A) = P(B) = 1, AB \subset C$.

(1) 试用概率的公理化定义及性质, 求 $P(A\overline{B}), P(AB), P(C)$;

(2) 证明: 对任意 $D\in\mathscr{F}, A, \overline{B}, D$ 独立;$AB, \overline{C}, D$ 独立.

1.2 设事件 A, B, C 独立, 证明 $A\cup B, A-B$ 和 AB 均与 C 独立.

1.3 设随机变量 X 的分布函数 $P(X\leqslant x)=F(x)(\forall x\in\mathbb{R})$ 已知, 试用 $F(x)$ 来表示下列事件的概率:

(1) $P(a<X\leqslant b)(b>a), P(X>a), P(X=a), P(X\geqslant a)$;

(2) $P(X<a), P(a\leqslant X<b), P(a\leqslant X\leqslant b)$;

*(3) 记 $A_{2n}=\left(\dfrac{1}{4}, \dfrac{1}{2}+\dfrac{1}{2n}\right], A_{2n+1}=\left(\dfrac{1}{3}, \dfrac{1}{3}+\dfrac{1}{2n+1}\right]$ $(n\geqslant 1)$, 求:

$$P\left(\bigcap_{n=1}^{+\infty}\bigcup_{k=n}^{+\infty}A_k\right), P\left(\bigcup_{n=1}^{+\infty}\bigcap_{k=n}^{+\infty}A_k\right).$$

*1.4 设 X 及 $\{X_n, n\geqslant 1\}$ 是 $(\Omega, \mathscr{F}, P)$ 上的随机变量序列. 试证明:

(1) $\{\omega: \lim\limits_{n\to+\infty}X_n=X\}=\bigcap\limits_{m\geqslant 1}\bigcup\limits_{n\geqslant 1}\bigcap\limits_{k\geqslant n}\left\{\omega: |X_k-X|<\dfrac{1}{m}\right\}$;

(2) $P\{\omega: \lim\limits_{n\to+\infty}X_n=X\}=1$

$\Leftrightarrow \forall m\geqslant 1, \lim\limits_{n\to+\infty}P\Big\{\bigcup\limits_{k\geqslant n}\left(|X_k-X|\geqslant\dfrac{1}{m}\right)\Big\}=0.$

1.5 (1) 若 X 是一连续随机变量, 其分布函数为 $F(x)$. 证明: $Y=F(X)$ 是 $[0,1]$ 上均匀分布的随机变量;

(2) 如果 U 是 $[0,1]$ 上均匀分布的随机变量, $F(x)$ 是一给定的分布函数, 证明: $Z=F^{-1}(U)$ 的分布函数为 $F(x)$, 其中 F^{-1} 为 F 的反函数.

1.6 设 $X_1, X_2, \cdots, X_n$ 独立同分布, 且都服从 $0-1$ 分布, 即

$$P(X_n=1)=p\geqslant 0, P(X_n=0)=q\geqslant 0, p+q=1.$$

令 $A=\{X_1+X_2=0\}, B=\{X_2+X_3=2\}, C=\{X_2+X_3=1\}$. 试问 A 与 B 是否相容 (即 $A\bigcap B\neq\varnothing$)? 是否独立? A 与 C 是否相容? 说明理由, 并求

$$P\Big(\sum_{i=1}^{n}X_i=k\Big),\ 0\leqslant k\leqslant n.$$

1.7 设 N 为取值非负整数的随机变量, 证明:

$$E(N)=\sum_{n=1}^{+\infty}P(N\geqslant n)=\sum_{n=0}^{+\infty}P(N>n).$$

设 X 是非负随机变量, 具有分布函数 $F(x)$, 证明:

$$E(X)=\int_0^{+\infty}(1-F(x))\mathrm{d}x,\quad E(X^n)=\int_0^{+\infty}nx^{n-1}(1-F(x))\mathrm{d}x\ (n\geqslant 1).$$

1.8 设 $X\sim N(\mu,\sigma^2)$, 求 X 在 $X\geqslant 0$ 下的条件密度函数, 及当 $\mu=2,\sigma=1$ 时的 $E(X\mid X\geqslant 0)$.

1.9 设 $X_1,X_2,\cdots,X_n$ 独立同分布, 且 X_i 服从 $(0,t)$ 上的均匀分布, 求其顺序统计量 $X_{(1)}\leqslant X_{(2)}\leqslant\cdots\leqslant X_{(n)}$ 的联合密度函数.

1.10 设 $X_1,X_2,\cdots,X_n$ 独立, $X_i(1\leqslant i\leqslant n)$ 服从参数为 λ_i 的指数分布, $X_{(1)}\leqslant\cdots\leqslant X_{(n)}$ 为相应的顺序统计量.

(1) 求 $\lambda_i=\lambda$ 时, $(X_{(n)},X_{(1)})$ 的联合密度函数;

(2) 求 $\lambda_i=\lambda$ 时, $X_{(i)}$ $(1\leqslant i\leqslant n)$ 的密度函数;

(3) 求 X_1+X_2 的分布函数;

(4) $\forall t>0$, 证明: $P\Big(X_1<X_2\Big|\min(X_1,X_2)=t\Big)=\dfrac{\lambda_1}{\lambda_1+\lambda_2}$.

1.11 设 $X_1,X_2,\cdots,X_n,\cdots$ 独立同分布, 都服从 $0-1$ 分布, 且有 $P(X_n=1)=p=1-P(X_n=0),0<p<1$,$N$ 服从参数为 λ 的泊松分布, 且与 $\{X_n\}$ 独立. 令 $\xi=X_1+X_2+\cdots+X_N=\displaystyle\sum_{i=1}^{N}X_i$, 求 ξ 的分布、$E(\xi)$ 及 $D(\xi)$.

1.12 设 N_1,N_2,N_3 独立, N_i 服从参数为 λ_i 的泊松分布, $i=1,2,3$.

(1) 求 $P(N_1+N_2=n),n\in\mathbb{N}$;

(2) 求 $P(N_1=k\mid N_1+N_2=n),0\leqslant k\leqslant n$;

(3) 证明 N_1+N_2 与 N_3 独立;

(4) 求 $E(N_1\mid N_1+N_2=n)$ 及 $E(N_1+N_2\mid N_1=k)$.

1.13 设 X,Y 独立同分布, 均服从参数为 $\lambda=1$ 的指数分布, 令 $U=X+Y,V=\dfrac{X}{Y}$. 试求 (U,V) 的联合密度函数及其边缘密度函数.

1.14 设 X,Y 独立, $X\sim B(n,p)$ (即二项分布), $Y\sim N(\mu,\sigma^2)$. 试求 $Z=X+Y$ 的密度函数.

1.15 设 N_1,N_2,N_3 独立, 且 $N_i\sim P(\lambda_i)$, 即服从参数为 $\lambda_i(i=1,2,3)$ 的泊松分布. 记 $X=N_1+N_3,Y=N_2+N_3$. 试求 (X,Y) 的联合分布律.

*1.16 设 $\phi(t)$ 为特征函数, 证明: $h(t)=\mathrm{e}^{\phi(t)-1}$ 也为特征函数.

*1.17 (詹森 (Jensen) 不等式) 设 $f(x)$ 为连续可导的凹函数, X 为随机变量, 且 $E(|X|) < +\infty$, $E(|f(X)|) < +\infty$, 证明: $f(E(X)) \leqslant E(f(X))$.

1.18 设 X_1, X_2 独立同分布, 都服从正态分布, 证明: $Y_1 = X_1 + X_2, Y_2 = X_1 - X_2$ 独立.

第二章　随机过程的基本概念

§2.1　随机过程的直观背景和定义

我们知道, 概率论主要研究一个或有限多个随机变量, 即使在大数定律和中心极限定理中考虑了无穷多个随机变量, 但也要假设随机变量之间相互独立. 而随机过程主要是研究无穷多个相依 (不独立) 的随机变量. 通俗地说, 概率论是研究随机现象“静态” (某个时刻) 的统计规律, 而随机过程是研究随机现象“动态”变化的统计规律. 下面举例说明随机过程的实际背景.

例 2.1.1　我们在某时段 (比如说某一天) 对某一地区成人的身高和体重 (X,Y) 进行随机抽样, 可假设

$$Z=(X,Y)\sim N(\mu_1,\mu_2,\sigma_1^2,\sigma_2^2,\rho),$$

$$\mu_1=E(X),\mu_2=E(Y),\sigma_1^2=D(X),\sigma_2^2=D(Y),Z(\omega)=(X(\omega),Y(\omega)).$$

这是某时段所考查随机变量的概率分布. 假若每隔 10 年在同一地区做同样的随机抽样, 得

$$Z(\omega,0)=(X(\omega,0),Y(\omega,0))\sim N(\mu_{01},\mu_{02},\sigma_{01}^2,\sigma_{02}^2,\rho_0),$$

第 1 个 10 年: $Z(\omega,1)=(X(\omega,1),Y(\omega,1))\sim N(\mu_{11},\mu_{12},\sigma_{11}^2,\sigma_{12}^2,\rho_1)$,

第 2 个 10 年: $Z(\omega,2)=(X(\omega,2),Y(\omega,2))\sim N(\mu_{21},\mu_{22},\sigma_{21}^2,\sigma_{22}^2,\rho_2)$,

$$\cdots\cdots\cdots\cdots$$

第 t 个 10 年: $Z(\omega,t)=(X(\omega,t),Y(\omega,t))\sim N(\mu_{t1},\mu_{t2},\sigma_{t1}^2,\sigma_{t2}^2,\rho_t),t=0,1,2,\cdots$.

因此, $\{(X(t),Y(t)),t\geqslant 0\}$ 表示身高和体重这两个随机变量在不同时段的情况.

例 2.1.2　研究某一电话交换台在 $[0,t)$ 时间内收到的电话呼唤次数及其概率. 显然, 它是与 t 有关的随机变量, 而且是取正整数, 记为 $N(\omega,t)$, 因而可用 $\{N(t),t\geqslant 0\}$ 来描述这一随机事件发生和发展的过程.

例 2.1.3　考察某一湖每年某种鱼类的数量, $X(\omega,n)$ 表示第 n 年的数量, 对固定的每一个 n, 它是一个随机变量. 这样, 我们可用 $\{X(n),n\geqslant 0\}$ 的随机过程来描述此鱼类数量在未来每年随机变化的情况.

例 2.1.4　对随机相位正弦波, 如一个振荡器的输出波形为

$$X(\omega,t)=\xi(\omega)\cos(\alpha t+\eta(\omega)),$$

其中 ξ 是非负随机变量, 表示振幅, α 称为幅角 (或角频率), η 为任意随机变量, 则 $\{X(t),t\geqslant 0\}$ 就描述了一个振荡器输出的随机波形.

例 2.1.5　我们可用 $X(t),t\geqslant 0$ 来表示股票在 t 时刻的价格, 则 $\{X(t),t\geqslant 0\}$ 就可描述股票价格随时间改变而产生的随机变化.

下面给出随机过程的严格定义.

定义 2.1.6　设给定的概率空间 $(\Omega,\mathscr{F},P)$ 和时间参数 $\mathbb{T}$ $(\subset \mathbb{R}^+=[0,+\infty))$, 若对每一个 $t\in\mathbb{T}$, 都有定义在 $(\Omega,\mathscr{F},P)$ 上的随机变量 $X(t,\omega),\omega\in\Omega$, 则称依赖于参数 $t\in\mathbb{T}$ 的随机变量族 $\{X(t,\omega),t\in\mathbb{T}\}$ 为一个定义在概率空间 $(\Omega,\mathscr{F},P)$ 上的**随机过程**, 并称集合 $\mathbb{T}$ 为 (时间)**参数空间**, $X(t)(t\in\mathbb{T})$ 的所有可能取值的集合为**状态空间**, 常记为 $\mathbb{E}$. 实际上, $\mathbb{E}$ 就是随机变量族 $\{X(t)\}$ 的最大取值空间.

如取 $\mathbb{E}=\mathbb{R}=(-\infty,+\infty),\mathbb{E}=\mathbb{R}\times\mathbb{R}$. 我们也可以把随机过程看成二元函数: $X(t,\omega),(t,\omega)\in\mathbb{T}\times\Omega$.

- 对于每个固定的 t, $X(t,\cdot)$ 是 $(\Omega,\mathscr{F},P)$ 上的随机变量;
- 对于每个固定的 ω, $X(\cdot,\omega)$ 是关于 t 的函数, 常称为**样本函数**或**样本轨道**.

§2.2　随机过程的刻画

由概率论我们知道, 有限个随机变量的概率可用其联合分布函数来完整刻画. 因此, 知道了随机过程的任意有限个不同时刻的联合分布函数——有限维分布函数族, 实际上也就掌握了随机过程在任意有限个时刻的统计规律. 反过来, 如果给定一族有限维分布函数, 是否存在概率空间 $(\Omega,\mathscr{F},P)$ 和定义在其上的随机过程 $\{X(t,\omega),t\in\mathbb{T}\}$, 使其有限维联合分布函数正好就是给定的有限维分布函数? 下述的柯尔莫哥洛夫 (Kolmogorov) 定理回答了这个问题.

§2.2.1　有限维分布函数族与随机过程的存在性

设 $X_{\mathbb{T}}=\{X(t,\omega),t\in\mathbb{T}\}$ 为随机过程, 对任意 $n\geqslant 1$ 及 $t_1,\cdots,t_n\in\mathbb{T}$, 称

$$F_{t_1,\cdots,t_n}(x_1,\cdots,x_n):=P(X_{t_1}\leqslant x_1,\cdots,X_{t_n}\leqslant x_n)$$

为随机过程 $X_{\mathbb{T}}$ 的**有限维分布函数**, $\{F_{t_1,\cdots,t_n}(x_1,\cdots,x_n),n\geqslant 1,t_1,\cdots,t_n\in\mathbb{T}\}$ 称为**有限维分布函数族**. 易知, 有限维分布函数族满足对称性和相容性:

对称性: $F_{t_1,\cdots,t_n}(x_1,\cdots,x_n)=F_{t_{i_1},\cdots,t_{i_n}}(x_{i_1},\cdots,x_{i_n})$;

相容性: $F_{t_1,\cdots,t_m,\cdots,t_n}(x_1,\cdots,x_m,+\infty,\cdots,+\infty)=F_{t_1,\cdots,t_m}(x_1,\cdots,x_m)$.

定理 2.2.1(柯尔莫哥洛夫定理 (随机过程存在性定理)) 设 $\{F_{t_1,\cdots,t_n}(x_1,\cdots,x_n)\}$ 是满足对称性和相容性的有限维分布函数族, 必存在概率空间 $(\Omega,\mathscr{F},P)$ 和定义在其上的一个随机过程 $\{X(t),\,t\in\mathbb{T}\}$ 使得其任意有限维分布函数恰为 $\{F_{t_1,\cdots,t_n}(x_1,\cdots,x_n)\}$, 即对任意的 $t_k\in\mathbb{T},1\leqslant k\leqslant n$ 并且 $t_1<t_2<\cdots<t_n$, $x_k\in\mathbb{R},1\leqslant k\leqslant n$, 有

$$P(X(t_1)\leqslant x_1,X(t_2)\leqslant x_2,\cdots,X(t_n)\leqslant x_n)=F_{t_1,\cdots,t_n}(x_1,\cdots,x_n).$$

定理的证明可参见《随机过程论》(A.B. 布林斯基, A.H. 施利亚耶夫著, 李占柄译). 柯尔莫哥洛夫定理告诉我们, 有限维分布函数族可以完整地刻画随机过程的统计规律.

在实际问题中, 要想得到随机过程的任意有限维分布函数是非常困难的. 因此, 我们退而求其次, 考虑随机过程的数字特征.

§2.2.2 随机过程的数字特征

设 $\{X(t),t\in\mathbb{T}\}$ 为我们关心的随机过程, 考虑如下常用的数字特征:

均值函数: $m_X(t)=E(X(t)),t\in\mathbb{T}$;

方差函数: $D_X(t)=D(X(t))$;

相关函数: $R_X(s,t)=E(X(s)X(t))$;

协方差函数: $C_X(s,t)=\mathrm{cov}(X(s),X(t))=R_X(s,t)-m_X(s)m_X(t)$;

相关系数函数: $\rho(s,t)=\dfrac{C_X(s,t)}{\sqrt{D_X(s)D_X(t)}}$;

互协方差函数: $$\begin{aligned}C_{X,Y}(s,t)&=\mathrm{cov}(X(s),Y(t))\\&=E\{[X(s)-E(X(s))][Y(t)-E(Y(t))]\}.\end{aligned}$$

例 2.2.2 设随机相位正弦波所形成的随机过程

$$X(t)=A\cos(\theta t+X),t\geqslant 0,$$

X 服从 $[-\pi,\pi]$ 上的均匀分布, 对任意的 $t\geqslant 0$. 求:

(1) $X(t)$ 的密度函数;

(2) $X(t)$ 的数字特征.

解 (1) 设 $|x|\leqslant A$, 则

$$P(X(t)\leqslant x)=P(A\cos(\theta t+X)\leqslant x)=P\left(\cos(\theta t+X)\leqslant\frac{x}{A}\right).$$

分区间讨论 cos(·) 的单调性, 可得

$$f_{X(t)}(x)=\begin{cases}\dfrac{1}{2\pi}\dfrac{1}{A\sqrt{1-\dfrac{x^2}{A^2}}}=\dfrac{1}{2\pi}\dfrac{1}{\sqrt{A^2-x^2}}, & |x|\leqslant A,\\ 0, & |x|>A.\end{cases}$$

(2) $E(X(t))=\displaystyle\int_{-A}^{A}x\frac{1}{2\pi}\frac{\mathrm{d}x}{\sqrt{A^2-x^2}}=-\frac{1}{2\pi}\sqrt{A^2-x^2}\Big|_{-A}^{A}=0.$

也可以直接求, 即

$$E(X(t))=A\int_{-\pi}^{\pi}\frac{1}{2\pi}\cos(\theta t+x)\mathrm{d}x=\frac{A}{2\pi}\frac{\sin(\theta t+x)}{\theta}\Big|_{-\pi}^{\pi}=0.$$

$$\begin{aligned}C_X(s,t)=R_X(s,t)&=E(X(s)X(t))\\&=A^2E[\cos(\theta s+X)\cos(\theta t+X)]\\&=A^2\int_{-\pi}^{\pi}\frac{1}{2\pi}\cos(\theta s+x)\cos(\theta t+x)\mathrm{d}x\\&=\frac{A^2}{2\pi}\int_{-\pi}^{\pi}\frac{\cos[\theta(t-s)]+\cos[\theta(t+s)+2x]}{2}\mathrm{d}x\\&=\frac{A^2}{2}\cos[\theta(t-s)].\end{aligned}$$

$$D(X(t))=R_X(t,t)=\frac{A^2}{2}.$$

$$\rho(s,t)=\frac{\dfrac{A^2}{2}\cos[\theta(t-s)]}{\dfrac{A^2}{2}}=\cos[\theta(t-s)].$$ □

§2.3　随机过程的分类和几个重要的随机过程

我们知道随机过程有无穷多个, 通常可按两种方式对其进行分类.

第一种方式: 按参数空间 $\mathbb{T}$ 和状态空间 $\mathbb{E}$ 是离散的还是连续的, 可将随机过程分为四类:

- (1) 参数空间 $\mathbb{T}$ 离散, 状态空间 $\mathbb{E}$ 离散的随机过程;
- (2) 参数空间 $\mathbb{T}$ 离散, 状态空间 $\mathbb{E}$ 连续的随机过程;
- (3) 参数空间 $\mathbb{T}$ 连续, 状态空间 $\mathbb{E}$ 离散的随机过程;

• (4) 参数空间 $\mathbb{T}$ 连续, 状态空间 $\mathbb{E}$ 连续的随机过程.

通常将参数空间 $\mathbb{T}$ 离散的随机过程称为**随机序列** (**或时间序列**).

第二种方式: 按随机过程的概率结构进行分类, 可分为

• (1) 独立增量过程: 增量 $X(t_2)-X(t_1),\cdots,X(t_n)-X(t_{n-1})$ 独立, 其中 $t_1<t_2<\cdots<t_n$. 如泊松过程、更新过程等;

• (2) 马尔可夫过程;

• (3) 维纳 (Wiener) 过程 (布朗运动);

• (4) 鞅过程;

• (5) 平稳过程: 严平稳过程、宽平稳过程;

• (6) 伊藤 (Itô) 随机微分方程的解过程 (特殊的马尔可夫过程);

……

§2.4 补充与注记

A. 无穷粒子马尔可夫过程.

它起源于统计物理, 主要用于描述和分析平衡态统计物理中平稳分布、相变等一系列问题. 具体模型有伊辛 (Ising) 模型、传染病模型、选举模型以及反应扩散粒子系统 (参见"*Interacting particle systems*", T.M. Liggett, 1985 年和参考文献 [18]).

B. 随机图 (网络) 过程

这是最近几年备受关注的一类随机过程, 主要用于刻画和研究随机复杂网络的拓扑结构和统计特性. 最典型的两个模型分别是 Watts-Strogatz 的小世界网络模型和 Barabasi-Albert 的无标度网络模型 (参见参考文献 [7]).

习 题 二

2.1 利用掷均匀硬币定义如下的随机过程:

$$X(t)=\begin{cases}\sin(\pi t), & t \text{ 时刻出现正面},\\ t, & t \text{ 时刻出现反面}.\end{cases}$$

求 $t=\dfrac{1}{2}$, $t=1$ 时 $X(t)$ 的分布函数.

2.2 设 $\{\varepsilon_n, n\geqslant 1\}$ 独立同分布, $\varepsilon_n\sim N(0,\sigma^2)$, $X_0=0$, $X_n=aX_{n-1}+\varepsilon_n(n\geqslant 1, |a|<1)$. 试求:

(1) $D(X_n), \rho(n,m)(m \geqslant n)$及 $\lim\limits_{n\to+\infty} D(X_n)$;

(2) $E(X_n \mid X_1, X_2, \cdots, X_{n-1})$ 及 $E(X_4 \mid X_1, X_2)$.

2.3 设随机过程 $\{X_i(t), t \geqslant 0\}$ 分别为

(1) $X_1(t) = Y_1 + Y_2 t$, 其中 Y_1, Y_2 独立同分布, $Y_1 \sim N(0,1)$;

(2) $X_2(t) = \xi \cos(\omega t + \phi)$, 其中 $\omega > 0$ 为常数, ξ, ϕ 为独立随机变量, $\xi \sim N(0, \sigma^2), \phi \sim U[0, 2\pi]$;

(3) $X_3(t) = \sum\limits_{-\infty}^{+\infty} \xi_k \mathrm{e}^{\mathrm{i}\lambda_k t}$, 其中 $\mathrm{i} = \sqrt{-1}, \lambda_k > 0$ 为常数, ξ_k 为随机变量, 且 $E(\xi_k) = 0, E(\xi_k \xi_l) = 0 (l \neq k), E(\xi_k^2) = \sigma_k^2 > 0$.

求:

(1) $m_i(t) = E(X_i(t)), D_i(t) = D(X_i(t)), R_i(t_1, t_2) = C_i(t_1, t_2) (i = 1, 2, 3)$;

(2) $X_1(t)$ 的一维与二维分布.

2.4 设随机过程 $\{B(t), t \geqslant 0\}$ 是独立增量过程, 且 $\forall s, t \geqslant 0, B(s+t) - B(s) \sim N(0, t)$.

(1) 令 $X_1(t) = tB\left(\dfrac{1}{t}\right) \mathbb{1}_{\{t>0\}}$ ($\mathbb{1}_{\{t>0\}}$ 为**示性函数**, 即

$$\mathbb{1}_{\{t>0\}} = \begin{cases} 1, & \text{当}t > 0\text{时}, \\ 0, & \text{当}t \leqslant 0\text{时}, \end{cases}$$

下文同). 求证 $\{X_1(t), t > 0\}$ 为独立增量过程, 并求它的一维与二维分布;

(2) 令 $X_2(t) = \mathbb{1}_{\{B(t) \geqslant x\}}$ ($x \in \mathbb{R}^1$ 为给定常数), 求 $E(X_2(t))$ 与 $R_X(t_1, t_2)$.

*2.5 在一维直线整数点上质点的随机游动模型或两人竞赛模型中, 设 $\{Y_n, n \geqslant 1\}$ 独立同分布, $P(Y_n = 1) = p \geqslant 0, P(Y_n = 0) = r \geqslant 0, P(Y_n = -1) = q \geqslant 0, p + r + q = 1$. 令 $Y_0 = X_0 = 0, X_n = X_0 + \sum\limits_{k=1}^{n} Y_n, n \geqslant 1$. 记 $T = \min\{n : n \geqslant 1, X_n = 1\}$. 试用矩生成函数的方法求 T 的分布律.

2.6 设 $\xi \sim E(\lambda)$(参数为 λ 的指数分布), 令

$$X_t = \begin{cases} 1, & \xi \leqslant t, \\ 0, & \xi > t. \end{cases}$$

求:

(1) $\{X_t, t \geqslant 0\}$ 的一维分布与二维联合分布;

(2) 均值函数与协方差函数.

2.7 设 $X_{\mathbb{T}}=\{X(t),t\geqslant 0\}$ 为一零均值的随机过程, $a>0$ 为确定的常数,

$$Y(t)=X(t+a)-X(t),t\geqslant 0,$$

求 $\{Y(t),t\geqslant 0\}$ 的协方差函数 (用 $X_{\mathbb{T}}$ 的协方差函数表示).

2.8 设随机变量 ξ,η 独立同分布, 且均服从正态分布 $N(0,\sigma^2)$, $X_t=-t^2+\xi t+\eta$,

$$Y_t=\max_{u\in[0,t]}X_u,$$

求随机过程 $\{Y_t,t\geqslant 0\}$ 的均值函数.

第三章　泊 松 过 程

§3.1　背景及定义

观察某一时间段, 某总机的电话呼叫次数、某商场的顾客数、某车站的候车人数、某路口通过的汽车数等, 它们都是随时间而变化的随机变量, 可以用本章将要介绍的泊松过程来描述. 泊松过程是一个计数的随机过程, 它是由法国人泊松最先引入的, 故此得名.

例 3.1.1(引例)　下面我们来观察分析某总机在 $[0,t]$ 时间内的电话呼叫次数 $N(t)$ 的概率分布. 显然, $N(t)$ 关于 t 是单调不减的. 我们可以假定在初始时刻 $(t=0)$ 电话呼叫次数为 0, 在相同的时间间隔电话呼叫次数服从相同的概率分布; 在不相交的两个时间间隔, 电话呼叫次数相互无关; 此外, 在很短的时间内, 至多 1 次电话呼叫. 我们用数学语言来描述上述模型:

(P1)　$N(0)=0$;

(P2)　$N(t)$ 具有平稳独立增量性, 即

平稳性 (时齐性): $N(t+s)-N(s)$ 与 $N(t)-N(0)=N(t)$ 同分布;

独立增量性: $u<s<t$, 增量 $N(t)-N(s)$ 与增量 $N(s)-N(u)$ 独立;

(P3) 普适性: 在充分小的时间间隔内, 最多只有一次呼叫, 用概率表示如下:

$$P(N(\Delta t)=1)=\lambda\Delta t+o(\Delta t),\quad \frac{P(N(\Delta t)\geqslant 2)}{\Delta t}\longrightarrow 0.$$

性质 3.1.2　设 $\{N(t),t\geqslant 0\}$ 为计数过程, 满足 (P1)、(P2)、(P3), 则对任意 $t>s$, 有

$$P(N(t)-N(s)=k)=\mathrm{e}^{-\lambda(t-s)}\frac{[\lambda(t-s)]^k}{k!},\quad k=0,1,2,3,\cdots,$$

其中 $\lambda>0$ 为常数.

满足 (P1)、(P2)、(P3) 的计数过程, 我们称为**时间齐次** (简称 **时齐**) **的泊松过程**, λ 称为**强度**.

证明　由 (P1)、(P2)、(P3), 只需证明

$$P(N(t)=k)=\mathrm{e}^{-\lambda t}\frac{(\lambda t)^k}{k!},\ \ k\geqslant 0.$$

令 $P_k(t)=P(N(t)=k)$. 当 $k=0$ 时, $P_0(t)=P(N(t)=0)$, 易知

$$\begin{aligned}P_0(t+\Delta t)&=P(N(t+\Delta t)=0)\\&=P(N(t)=0,N(t+\Delta t)-N(t)=0)\\&=P_0(t)P_0(\Delta t),\end{aligned}$$

从而

$$\frac{P_0(t+\Delta t)-P_0(t)}{\Delta t}=P_0(t)\frac{P_0(\Delta t)-1}{\Delta t},$$

两边取极限, 得

$$P_0'(t)=P_0(t)\lim_{\Delta t\to 0}\frac{-P(N(\Delta t)\geqslant 1)}{\Delta t}=-\lambda P_0(t),$$

解这个常微分方程得

$$P(N(t)=0)=P_0(t)=\mathrm{e}^{-\lambda t},t\geqslant 0.$$

当 $k\geqslant 2$ 时,

$$\begin{aligned}P_k(t+\Delta t)&=P(N(t+\Delta t)=k)\\&=\sum_{l=0}^{k}P(N(t)=l,N(t+\Delta t)-N(t)=k-l)\\&=\sum_{l=0}^{k}P(N(t)=l)P(N(\Delta t)=k-l)\\&=\sum_{l=0}^{k-2}P(N(t)=l)P(N(\Delta t)=k-l)+\\&\quad P(N(t)=k-1)P(N(\Delta t)=1)+\\&\quad P(N(t)=k)P(N(\Delta t)=0),\end{aligned}$$

进而有

$$\begin{aligned}\frac{P_k(t+\Delta t)-P_k(t)}{\Delta t}&=\frac{\sum\limits_{j=0}^{k-2}P(N(t)=j)P(N(\Delta t)=k-j)}{\Delta t}+\\&\quad\frac{P(N(t)=k-1)P(N(\Delta t)=1)}{\Delta t}+\\&\quad P(N(t)=k)\frac{P(N(\Delta t)=0)-1}{\Delta t},\end{aligned}$$

令 $\Delta t\to 0$, 有如下常微分方程组:

$$P_k'(t)=\lambda P_{k-1}(t)-\lambda P_k(t),$$

$$(P_k(t)\mathrm{e}^{\lambda t})' = \lambda P_{k-1}(t)\mathrm{e}^{\lambda t}.$$

于是

$$P_k(t)\mathrm{e}^{\lambda t} = \lambda \int_0^t P_{k-1}(s)\mathrm{e}^{\lambda s}\mathrm{d}s,$$

即

$$P_k(t) = \lambda \mathrm{e}^{-\lambda t} \int_0^t P_{k-1}(s)\mathrm{e}^{\lambda s}\mathrm{d}s.$$

当 $k=1,2$ 时, 有

$$P_1(t) = \lambda \mathrm{e}^{-\lambda t} \int_0^t \mathrm{d}s = \mathrm{e}^{-\lambda t}\frac{\lambda t}{1!},$$

$$P_2(t) = \lambda^2 \mathrm{e}^{-\lambda t} \int_0^t s\mathrm{d}s = \mathrm{e}^{-\lambda t}\frac{(\lambda t)^2}{2!}.$$

由数学归纳法, 得

$$P(N(t)=k) = \mathrm{e}^{-\lambda t}\frac{(\lambda t)^k}{k!},\ k=0,1,2,3,\cdots. \qquad \square$$

为了应用方便, 我们常使用如下的时齐泊松过程的定义. 一个随机过程称为**时齐泊松过程**, 若

(1) 它是一个计数过程且$N(0)=0$;

(2) 它是一个平稳独立增量过程;

(3) 当$0<s<t$时, 增量$N(t)-N(s)$ 服从参数为$\lambda\ (t-s)$ 的泊松分布, 即

$$P(N(t)-N(s)=k) = P(N(t-s)=k) = \mathrm{e}^{-\lambda(t-s)}\frac{[\lambda(t-s)]^k}{k!},\ k \geqslant 0.$$

易验证, 此定义与前述的定义是等价的. 图 3.1 是一条$\lambda=2$的泊松过程的轨道.

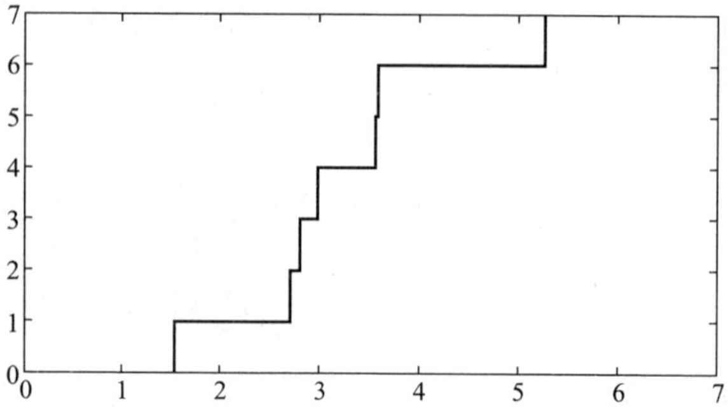

图 3.1

下面来计算泊松过程的数字特征.

- 均值函数: $E(N(t))=\lambda t$, $\dfrac{E(N(t))}{t}=\lambda$ 称为**强度**.
- 方差函数: $D(N(t))=\lambda t$.
- 协方差函数: 设 $t>s$,

$$\begin{aligned}\operatorname{cov}(N(s),N(t))&=E(N(s)N(t))-\lambda^2 st\\&=E[N(s)(N(t)-N(s))]+E(N^2(s))-\lambda^2 st\\&=E(N(s))E(N(t)-N(s))+\lambda s+\lambda^2 s^2-\lambda^2 st\\&=\lambda^2 s(t-s)+\lambda s+\lambda^2 s^2-\lambda^2 st\\&=\lambda s,\end{aligned}$$

即

$$\operatorname{cov}(N(t),N(s))=\lambda\min(s,t).$$

- 相关函数: $R_N(s,t)=\lambda^2 st+\lambda\min(s,t)$.

例 3.1.3 设一商场的顾客流为$\lambda=2$的泊松过程, 求在 5 分钟内到达的顾客数的均值、方差及至少有 1 个顾客到来的概率.

解 设$N(t)$为$[0,T]$的顾客数, 则 $N(5)\sim\text{Poi}(10)$ (参数为 10 的泊松分布), 故

$$E(N(5))=10, D(N(5))=10,$$

$$P(N(5)\geqslant 1)=1-P\{N(5)=0\}=1-\mathrm{e}^{-10}. \qquad \square$$

§3.2 到达时间的分布

令$\tau_0=0$,设$\tau_1,\cdots,\tau_n$为第 $1,\cdots,n$ 次事件到达的时刻, 首先给出 τ_n 的密度函数.

定理 3.2.1 设$\{N(t),n\geqslant 0\}$ 是强度为 λ 的泊松过程, 则其到达时刻 τ_n 服从参数为 n 和 λ 的伽马 (Gamma) 分布:

$$f_{\tau_n}(t)=\begin{cases}\lambda\mathrm{e}^{-\lambda t}\dfrac{(\lambda t)^{n-1}}{(n-1)!}, & t\geqslant 0,\\ 0, & t<0.\end{cases}$$

证明

$$F_{\tau_n}(t)=P(\tau_n\leqslant t)=P(N(t)\geqslant n)=\sum_{k=n}^{+\infty}\mathrm{e}^{-\lambda t}\frac{(\lambda t)^k}{k!},$$

$$f_{\tau_n}(t)=F'_{\tau_n}(t)=-\lambda\mathrm{e}^{-\lambda t}\sum_{k=n}^{+\infty}\frac{(\lambda t)^k}{k!}+\lambda\mathrm{e}^{-\lambda t}\sum_{k=n}^{+\infty}\frac{(\lambda t)^{k-1}}{(k-1)!},$$

即

$$f_{\tau_n}(t)=\begin{cases}\lambda e^{-\lambda t}\dfrac{(\lambda t)^{n-1}}{(n-1)!}, & t\geqslant 0,\\ 0, & t<0.\end{cases}$$

□

对于到达时刻 $(\tau_1,\tau_2,\cdots,\tau_n)$ 的联合密度函数，有如下定理：

定理 3.2.2　设$\{N(t),n\geqslant 0\}$，是强度为λ的泊松过程，则到达时刻 $(\tau_1,\tau_2,\cdots,\tau_n)$ 的联合密度函数为

$$f(t_1,t_2,\cdots,t_n)=\begin{cases}\lambda^n e^{-\lambda t_n}, & 0<t_1<t_2<\cdots<t_n,\\ 0, & 其他.\end{cases}$$

证明　(微元法) 取充分小的 $x>0$，使得

$$t_1-\frac{x}{2}<t_1<t_1+\frac{x}{2}<t_2-\frac{x}{2}<t_2<t_2+\frac{x}{2}<\cdots<t_n-\frac{x}{2}<t_n<t_n+\frac{x}{2}.$$

利用泊松过程定义中的条件 (2) 和 (3) 可得

$$\begin{aligned}&P\left(t_1-\frac{x}{2}<\tau_1<t_1+\frac{x}{2},t_2-\frac{x}{2}<\tau_2<t_2+\frac{x}{2},\cdots,t_n-\frac{x}{2}<\tau_n<t_n+\frac{x}{2}\right)\\ =&P\left(N\left(t_1-\frac{x}{2}\right)=0,N\left(t_1+\frac{x}{2}\right)-N\left(t_1-\frac{x}{2}\right)=1,\cdots,\right.\\ &\left.N\left(t_n+\frac{x}{2}\right)-N\left(t_n-\frac{x}{2}\right)=1\right)+o(x^n)\\ =&\lambda^n e^{-\lambda(t_n+\frac{x}{2})}x^n+o(x^n),\end{aligned}$$

两边同除以 x^n，且令 $x\to 0$ 即可得到定理的结论. □

在实际问题中，我们经常需要求在已知 $N(t)=n$ 的条件下，到达时刻 $\tau_1,\tau_2,\cdots,\tau_n$ 的联合密度函数，见下面定理：

定理 3.2.3　设 $\{N(t),t\geqslant 0\}$ 是强度为 λ 的泊松过程，则在已知 $N(t)=n$ 的条件下，到达时刻 ($\tau_1,\tau_2,\cdots,\tau_n$) 的联合密度函数为

$$f(t_1,t_2,\cdots,t_n|N(t)=n)=\begin{cases}\dfrac{n!}{t^n}, & 0<t_1<t_2<\cdots<t_n\leqslant t,\\ 0, & 其他.\end{cases}$$

证明　取 $t_1<t_2<\cdots<t_n\leqslant t$ 且 $t_i+h_i<t_{i+1}$，则有

$$\begin{aligned}&\frac{P(t_1<\tau_1\leqslant t_1+h_1,\cdots,t_n<\tau_n\leqslant t_n+h_n|N(t)=n)}{h_1\cdots h_n}\\ =&\frac{P(N(t_i+h_i)-N(t_i)=1,1\leqslant i\leqslant n;N(t_1)=0,N(t_{j+1})-N(t_j+h_j)=0,1\leqslant j\leqslant n)}{P(N(t)=n)h_1\cdots h_n}\\ =&\frac{n!}{t^n}h_1\cdots h_n+o(h_1\cdots h_n),\end{aligned}$$

两边同除以 $h_1\cdots h_n$, 且令 $h_1\cdots h_n\to 0$, 即可得到定理的结论. □

注 由定理 3.2.3 知, 在已知 $N(t)=n$ 的条件下, 到达时间 $(\tau_1,\tau_2,\cdots,\tau_n)$ 的分布实质上就是$(X_{(1)},X_{(2)},\cdots,X_{(n)})$ 的联合密度函数, 其中$(X_{(1)},X_{(2)},\cdots,X_{(n)})$ 为$(0,t)$ 上的独立且服从均匀分布的随机变量 $X_1,X_2,\cdots,X_n$ 的顺序统计量.

实际上, 设 $X_1,X_2,\cdots,X_n$ 是独立同分布的非负随机变量, 其密度函数为 $f(x)$, 记 $(X_{(1)},X_{(2)},\cdots,X_{(n)})$ 为 $X_1,X_2,\cdots,X_n$ 的顺序统计量, 即

$$X_{(1)}\leqslant X_{(2)}\leqslant\cdots\leqslant X_{(n)}.$$

由于

$$\begin{aligned}P\left(\bigcup_{i\neq j}\{X_i=X_j\}\right)&=\mathrm{C}_n^2P(X_1=X_2)\\&=\mathrm{C}_n^2[1-P((X_1<X_2)\cup(X_1>X_2))]\\&=\mathrm{C}_n^2[1-P(X_1<X_2)-P(X_1>X_2)]\\&=\mathrm{C}_n^2\left[1-2\int_{-\infty}^{+\infty}f(x_1)(1-F(x_1))\mathrm{d}x_1\right]\\&=\mathrm{C}_n^2\left[1+(1-F(x_1))^2\Big|_{-\infty}^{+\infty}\right]=0,\end{aligned}$$

只考虑 $X_{(1)}<X_{(2)}<\cdots<X_{(n)}$. 取 $0<x_1<x_2<\cdots<x_n$ 和充分小的 h 使得 $x_i+h<x_{i+1},i=1,\cdots,n-1$, 则

$$\begin{aligned}&\{x_1<X_{(1)}\leqslant x_1+h,x_2<X_{(2)}\leqslant x_2+h,\cdots,x_n<X_{(n)}\leqslant x_n+h\}\\=&\bigcup_{\{i_1,i_2,\cdots,i_n\}}\{x_1<X_{i_1}\leqslant x_1+h,\cdots,x_n<X_{i_n}\leqslant x_n+h\},\end{aligned}$$

注意到右边各事件互不相容, 则

$$\begin{aligned}&\frac{P\left(x_1<X_{(1)}\leqslant x_1+h,\cdots,x_n<X_{(n)}\leqslant x_n+h\right)}{h^n}\\=&\frac{n!P\left(x_1<X_{i_1}\leqslant x_1+h,\cdots,x_n<X_{i_n}\leqslant x_n+h\right)}{h^n}\\=&n!\prod_{k=1}^n\int_{x_k}^{x_k+h}\frac{f(x)\mathrm{d}x}{h^n}.\end{aligned}$$

令$h\to 0$, 有

$$f(x_1,x_2,\cdots,x_n)=\begin{cases}n!\prod\limits_{k=1}^n f(x_k), & 0<x_1<x_2<\cdots<x_n,\\0, & \text{其他}.\end{cases}$$

特别地, 当 $X_i \sim U(0,t)$, 有

$$f(x_1,x_2,\cdots,x_n)=\begin{cases}\dfrac{n!}{t^n}, & 0<x_1<x_2<\cdots<x_n\leqslant t,\\ 0, & \text{其他}.\end{cases}$$

例 3.2.4　设某火车站来到的乘客数服从强度为 λ 的泊松过程, 火车 t 时刻离开车站. 求在 $[0,t]$ 到达车站的乘客等待时间总和的期望值.

解　易知所有到t时刻为止来到的顾客等待时间总和为

$$X(t)=\sum_{k=1}^{N(t)}(t-\tau_k),$$

由全数学期望公式, 有

$$E(X(t))=E[E(X(t)|N(t))].$$

因为

$$E(X(t)|N(t)=n)=E\left[\sum_{k=1}^{n}(t-\tau_k)\Big|N(t)=n\right],$$

注意到在$N(t)=n$的条件下, $(\tau_1,\cdots,\tau_n)$ 的联合密度函数就是$[0,t]$上 n 个服从均匀分布随机变量 $(U_1,\cdots,U_n)$ 的顺序统计量$(U_{(1)},\cdots,U_{(n)})$ 的联合密度函数. 因此

$$\begin{aligned}E\left[\sum_{k=1}^{n}(t-\tau_k)\Big|N(t)=n\right]&=E\left[\sum_{k=1}^{n}(t-U_{(k)})\right]\\&=tn-E\left(\sum_{k=1}^{n}U_{(k)}\right)\\&=tn-E\left(\sum_{k=1}^{n}U_k\right)\\&=tn-\frac{nt}{2}=\frac{nt}{2},\end{aligned}$$

从而

$$E(X(t)|N(t))=\frac{N(t)t}{2},$$

故

$$E(X(t))=\frac{t}{2}E(N(t))=\frac{\lambda t^2}{2}.$$

□

§3.3 到达时间间隔服从指数分布的充要条件

我们可用 $T_n = \tau_n - \tau_{n-1}, n = 1, 2, \cdots$ 表示到达时间的间隔. 显然, $\tau_n = \sum_{k=1}^{n} T_k$. 关于到达时间间隔 $\{T_n, n \geqslant 1\}$ 的分布律, 有如下定理:

定理 3.3.1 设 $\{N(t), t \geqslant 0\}$ 是强度为 λ 的泊松过程, 则 $\{T_n, n \geqslant 1\}$ 是独立同分布且均服从参数为 λ 的指数分布的随机变量序列.

证明 首先注意到 $\{T_1 > t\}$ 等价于 $\{N(t) = 0\}$, 从而

$$P(T_1 > t) = P(N(t) = 0) = \mathrm{e}^{-\lambda t},$$

表明 T_1 服从参数为 λ 的指数分布. 对于 T_2, 注意到在 $(s, s+t)$ 内事件发生的次数与起点 s 无关, 则有

$$\begin{aligned} P(T_2 > t | T_1 = s) &= P(N(s+t) - N(s) = 0 | T_1 = s) \\ &= P(N(t) = 0) = \mathrm{e}^{-\lambda t} \\ &= P(T_2 > t). \end{aligned}$$

这不仅说明 T_2 与 T_1 独立, 而且 T_2 也服从参数为 λ 的指数分布. 重复同样的步骤, 即可得定理的结论. □

既然泊松过程的到达时间间隔相互独立且均服从指数分布, 那么一个计数过程如果其到达时间间隔相互独立且均服从指数分布, 它是否是泊松过程? 下面的定理给出回答.

定理 3.3.2 计数过程 $\{N(t), t \geqslant 0\}$ 是强度为 λ 的泊松过程的充要条件是: 其计数的时间间隔 $\{T_n, n \geqslant 1\}$ 独立且均服从参数为 λ 的指数分布.

证明 (必要性) 见定理 3.3.1.

(充分性) 由 $(T_1, \cdots, T_n)$ 的联合密度函数

$$f(x_1, \cdots, x_n) = \prod_{k=1}^{n} \lambda \mathrm{e}^{-\lambda x_k},$$

知 $(\tau_1, \cdots, \tau_n)$ 的联合密度函数为

$$f(t_1, \cdots, t_n) = \begin{cases} \lambda^n \mathrm{e}^{-\lambda t_n}, & 0 \leqslant t_1 < \cdots < t_n, \\ 0, & \text{其他}. \end{cases}$$

故 τ_n 的分布函数为

$$P(\tau_n \leqslant t) = P(N(t) \geqslant n) = 1 - \mathrm{e}^{-\lambda t}\left[1 + \lambda t + \cdots + \frac{(\lambda t)^{n-1}}{(n-1)!}\right],$$

从而

$$P(N(t) = n) = P(\tau_n \leqslant t < \tau_{n+1}) = P(\tau_n \leqslant t) - P(\tau_{n+1} \leqslant t) = \frac{(\lambda t)^n}{n!}\mathrm{e}^{-\lambda t}.$$

τ_n的密度函数为

$$g_{\tau_n}(t) = \mathrm{e}^{-\lambda t}\frac{(\lambda t)^{n-1}}{(n-1)!}, t \geqslant 0.$$

又对任意 $s, t \geqslant 0$,

$$\begin{aligned}
&P(N(s) = m, N(s+t) - N(s) \geqslant k)\\
&= P(\tau_m \leqslant s < \tau_{m+1} < \cdots < \tau_{m+k} \leqslant s+t)\\
&= \int_{0<t_1<\cdots<t_m<s<t_{m+1}<\cdots<t_{m+k}\leqslant t} \lambda^{m+k}\mathrm{e}^{-\lambda t_{m+k}}\mathrm{d}t_1\cdots\mathrm{d}t_{m+k}\\
&= \lambda^m \mathrm{e}^{-\lambda s}\int_{0<t_1<\cdots<t_m<s}\mathrm{d}t_1\cdots\mathrm{d}t_m\cdot\\
&\quad \int_{0<y_{m+1}<\cdots<y_{m+k}\leqslant t}\lambda^k\mathrm{e}^{-\lambda y_{m+k}}\mathrm{d}y_{m+1}\cdots\mathrm{d}y_{m+k}\\
&= \frac{(\lambda s)^m}{m!}\mathrm{e}^{-\lambda s}\int_0^t g_{\tau_k}(u)\mathrm{d}u \quad \left(\text{令} y_{m+l} := t_{m+l} - s, l = 1, 2, \cdots, k\right)\\
&= \frac{(\lambda s)^m}{m!}\mathrm{e}^{-\lambda s}P(\tau_k \leqslant t),
\end{aligned}$$

于是, $N(s)$ 与 $N(s+t) - N(s)$ 独立, 且

$$P(N(s+t) - N(s) \geqslant k) = P(\tau_k \leqslant t).$$

因此,

$$P(N(s+t) - N(s) = k) = P(\tau_k \leqslant t) - P(\tau_{k+1} \leqslant t) = \frac{(\lambda t)^k}{k!}\mathrm{e}^{-\lambda t}. \quad \square$$

§3.4　泊松过程的极限定理

对于强度为 λ 的泊松过程, 有 $\dfrac{E(N(t))}{t} = \lambda$. 那么 $\dfrac{N(t)}{t}$ 是否几乎处处收敛于 λ ?

定理 3.4.1　设 $\{N(t), n \geqslant 0\}$ 是强度为 λ 的泊松过程, 则

$$\lim_{t\to+\infty}\frac{N(t)}{t} = \lambda, \quad \text{a.e.}$$

证明　由于时间间隔 $T_k = \tau_k - \tau_{k-1}$, $k \geqslant 1$ 独立同分布, 且 $\tau_n = \sum_{k=1}^n T_k$, $E(T_k) = \dfrac{1}{\lambda}$, 则根据强大数定律, 有

$$\lim_{n\to+\infty}\frac{\tau_n}{n} = \lim_{n\to+\infty}\frac{1}{n}\sum_{k=1}^n T_k = \frac{1}{\lambda}, \quad \text{a.e.}$$

另一方面, 易验证:

$$\lim_{n\to+\infty}\tau_n=+\infty,\quad \lim_{t\to+\infty}N(t)=+\infty,\quad \text{a.e.}$$

注意到: $\tau_{N(t)}\leqslant t<\tau_{N(t)+1}$, 因此

$$\frac{1}{\lambda}=\lim_{t\to+\infty}\frac{\tau_{N(t)}}{N(t)}\leqslant\lim_{t\to+\infty}\frac{t}{N(t)}\leqslant\lim_{t\to+\infty}\frac{\tau_{N(t)+1}}{N(t)}=\frac{1}{\lambda},\quad \text{a.e.}$$ □

推论 3.4.2 设 $\{N(t), t\geqslant 0\}$ 是强度为 λ 的泊松过程, $\{X_k, k\geqslant 1\}$ 独立同分布, 记 $E(X_k)=\mu$. 则有

$$\lim_{t\to+\infty}\frac{1}{t}\sum_{k=1}^{N(t)}X_k=\lambda\mu,\quad \text{a.e.}$$

例 3.4.3 设某保险公司 t 时刻的盈余为

$$U(t)=u+\sum_{k=1}^{N_a(t)}X_k-\sum_{j=1}^{N_b(t)}Y_j,$$

其中, u 是初始 $(t=0)$ 资本, $N_a(t)$ 和 $N_b(t)$ 分别表示在 $(0,t]$ 时间内交保险费和索赔的人数, 且分别服从强度为 λ 和 β 的泊松过程; X_k 和 Y_j 分别表示第 k 个人所交的保险费和第 j 个人的索赔金额. 假设 $\{X_k, k\geqslant 1\}$ 与 $\{Y_j, j\geqslant 1\}$ 都是独立同分布的随机变量序列, 令 $E(X_k)=\mu, E(Y_j)=\nu$. 则当 t 充分大时, 保险公司的盈余可近似地表示为

$$U(t)\approx u+t(\lambda\mu-\beta\nu).$$

利用推论 3.4.2 即可得此结论.

§3.5 泊松过程的推广

§3.5.1 复合泊松过程

设 $\{N(t), t\geqslant 0\}$ 为泊松过程, $\{X_i, i\geqslant 1\}$ 独立同分布且与 $\{N(t), t\geqslant 0\}$ 独立, 定义

$$X(t)=\sum_{i=1}^{N(t)}X_i,$$

则称 $\{X(t), t\geqslant 0\}$ 为**复合泊松过程**.

容易计算

$$m(t)=E(X(t))=E(X)E(N(t)),$$
$$\text{cov}(X(s),X(t))=E(X(s)X(t))-(E(X))^2E(N(t))E(N(s)), s>t.$$

因为

$$\begin{aligned}E(X(s)X(t)|N(t)=n)&=E\Big[\Big(\sum_{k=1}^{n}X_k+\sum_{k=n+1}^{N(s)}X_k\Big)\Big(\sum_{i=1}^{n}X_i\Big)\Big|N(t)=n\Big]\\&=E\Big[\Big(\sum_{k=1}^{n}X_k\Big)^2\Big|N(t)=n\Big]+\\&\quad E\Big(\sum_{k=n+1}^{N(s)}X_k\sum_{k=1}^{n}X_k\Big|N(t)=n\Big)\\&=E\Big[\Big(\sum_{k=1}^{n}X_k\Big)^2\Big]+E\Big(\sum_{k'=1}^{N(s)-N(t)}X_{k'}\sum_{k=1}^{n}X_k\Big|N(t)=n\Big)\\&=nD(X)+n^2(E(X))^2+E\Big(\sum_{k'=1}^{N(s)-N(t)}X_{k'}\Big)E\Big(\sum_{k=1}^{n}X_k\Big)\\&=nD(X)+n^2(E(X))^2+n(E(X))^2E[N(s-t)],\end{aligned}$$

从而

$$\begin{aligned}&E(X(s)X(t)|N(t))\\=&N(t)D(X)+(N(t))^2(E(X))^2+N(t)(E(X))^2E[N(s-t)],\end{aligned}$$

由全数学期望公式, 有

$$\begin{aligned}E(X(s)X(t))&=E(N(t))D(X)+E[(N(t))^2](E(X))^2+\\&\quad E(N(t))(E(X))^2E[N(s-t)]\\&=D(X)\lambda t+(E(X))^2(\lambda t+\lambda^2t^2)+(E(X))^2\lambda^2t(s-t)\\&=D(X)\lambda t+(E(X))^2(\lambda t+\lambda^2ts),\end{aligned}$$

即

$$\begin{aligned}\operatorname{cov}(X(s),X(t))&=D(X)\lambda t+(E(X))^2(\lambda t+\lambda^2ts)-(E(X))^2\lambda^2ts\\&=\lambda t[D(X)+(E(X))^2]\\&=\lambda(s\wedge t)[D(X)+(E(X))^2].\end{aligned}$$

例 3.5.1 设某商场的顾客数 $\{N(t),t\geqslant 0\}$ 服从强度为 $\lambda=5$ 的泊松过程, 若来到商场的第 i 个人消费金额为 X_i, 并假设 $\{X_i\}$ 独立同分布, $X_i\sim N(\mu,\sigma^2)$, 且 $\{X_i\}$ 与泊松过程 $\{N(t),t\geqslant 0\}$ 独立.$S(t)$ 表示 $[0,t]$ 的总销售额, 求此商场在 $[0,t]$ 的平均销售额 $E(S_t)$ 和 $\operatorname{cov}(S(t),\ S(s))$.

解 总销售额为

$$S(t)=\sum_{i=0}^{N(t)}X_i, X_0=0,$$

易知 $\{S(t), t \geqslant 0\}$ 为复合泊松过程. 由前面可知

$$E(S(t)) = E(X_i)E(N(t)) = 5\mu t,$$

协方差为

$$\operatorname{cov}(S(t), S(s)) = 5(s \wedge t)(\sigma^2 + \mu^2).$$ □

其中 $s \wedge t$ 表示取 s, t 中较小的那个值.

§3.5.2 条件泊松过程

设 $\{N(t), t \geqslant 0\}$ 是个计数过程, Λ 是取正值的且具有概率分布 $F_\Lambda(.)$ 的随机变量. 若在已知 $\Lambda = \lambda$ 的条件下 $\{N(t), t \geqslant 0\}$ 是参数为 λ 的泊松过程, 即

$$P(N(t+s) - N(s) = k | \Lambda = \lambda) = \mathrm{e}^{-\lambda t}\frac{(\lambda t)^k}{k!},\ k \geqslant 0,$$

则称 $\{N(t), t \geqslant 0\}$ 为**条件泊松过程**. 不难计算

$$P(N(t+s) - N(s) = k) = \int_0^{+\infty} \mathrm{e}^{-\lambda t}\frac{(\lambda t)^k}{k!}\mathrm{d}F_\Lambda(\lambda),\ k \geqslant 0,$$

并且

$$P(\Lambda \leqslant x | N(t) = k) = \frac{\displaystyle\int_0^x \mathrm{e}^{-\lambda t}(\lambda t)^k \mathrm{d}F_\Lambda(\lambda)}{\displaystyle\int_0^{+\infty} \mathrm{e}^{-\lambda t}(\lambda t)^k \mathrm{d}F_\Lambda(\lambda)},\ x > 0,\ k \geqslant 0.$$

§3.5.3 非时齐泊松过程

若某个计数过程满足:

(1) $N(0) = 0$;

(2) $N(t)$ 是独立增量;

(3) $P(N(t+\Delta t) - N(t) = 1) = \lambda(t)\Delta t + o(\Delta t)$,

$P(N(t+\Delta t) - N(t) \geqslant 2) = o(\Delta t)$,

则称它为具有强度函数 $\{\lambda(t), t \geqslant 0\}$ 的**非时齐泊松过程**.

可类似证明:

$$P(N(t) - N(s) = k) = \mathrm{e}^{-(m(t)-m(s))\frac{[m(t)-m(s)]^k}{k!}},$$

其中, $m(t) = \displaystyle\int_0^t \lambda(s)\mathrm{d}s$ 为**累积强度**. 特别, 若 $\lambda(s) \equiv \lambda$, 则 $m(t) = \lambda t$.

例 3.5.2 某家电商场星期六 9:00— 21:00 营业, 9:00— 12:00 平均到达顾客数为每小时 6 人; 12:00— 15:00 平均顾客到达率呈线性增长, 15:00 达高

峰, 为每小时 30 人, 持续到下午 18:00; 之后线性下降, 到 21:00 顾客到达率为 0. 求这一天该商场的总顾客数的数学期望和方差.

解　从 9:00 开始计时, $t \in [0,12]$, 由题意知顾客数的强度函数为

$$\lambda(t)=\begin{cases}6, & t\in[0,3],\\ 6+8(t-3), & t\in(3,6],\\ 30, & t\in(6,9],\\ 30-10(t-9), & t\in(9,12].\end{cases}$$

累积强度为

$$m(12)=\int_0^{12}\lambda(t)\mathrm{d}t=18+54+90+45=207,$$

故这一天的顾客总数 $N(12)\sim\mathrm{Poi}(207)$, 从而

$$E(N(12))=207,\ D(N(12))=207.$$ □

思考: 在例 3.5.2 中, 第 100 位顾客的到达时刻服从什么分布?

*§3.5.4　空间泊松过程

在天文学中常常把宇宙空间中星星的分布看成三维泊松过程. 因此, 我们可将时间（正半直线）上的泊松过程推广到空间上. 设 $\mathfrak{A}$ 为 n 维空间中的子集所组成的集合. 称随机过程 $\{N(A), A\in\mathfrak{A}\}$ 是强度为 λ 的**空间时齐泊松过程**, 如果

(1) $N(\varnothing)=0$;

(2) 对任何 $\mathfrak{A}$ 中不交的集合 $A_1, A_2, \cdots, A_n$, 随机变量 $N(A_1), N(A_2), \cdots, N(A_n)$ 独立;

(3) 对每个 A, $N(A)$ 服从参数为 $\lambda|A|$ 的泊松分布, 即

$$P(N(A)=k)=\mathrm{e}^{-\lambda|A|}\frac{(\lambda|A|)^k}{k!},\ k\geqslant 0.$$

*§3.5.5　更新过程

定义 3.5.3　$\{T_k\}$ 为非负独立同分布随机变量序列, 记 $\tau_0=0, \tau_n=\sum\limits_{k=1}^{n}T_k$, 令

$$N(t)=\max\{n:\tau_n\leqslant t\},$$

或等价地,

$$N(t)=\sum_{n=1}^{+\infty}\mathbb{1}_{\{\tau_n\leqslant t\}},$$

称 $\{N(t), t \geqslant 0\}$ 为**更新过程**.

由 $P\left(\frac{\tau_n}{n} \longrightarrow \mu\right) = 1, E(T_i) = \mu$ 可证明:

定理 3.5.4(基本更新定理)

$$\lim_{t \longrightarrow +\infty} \frac{E[N(t)]}{t} = \frac{1}{\mu},$$

其中, 取 $\frac{1}{+\infty} = 0$.

证明 先设 $\mu < +\infty$, 由 $\tau_{N(t)+1} > t$ 得 $\mu[E(N(t)) + 1] > t$, 从而

$$\lim_{t \longrightarrow +\infty} \inf \frac{E(N(t))}{t} \geqslant \frac{1}{\mu}.$$

我们只需证明

$$\lim_{t \longrightarrow +\infty} \sup \frac{E(N(t))}{t} \leqslant \frac{1}{\mu}.$$

为此, 设 $\overline{T}_n = \min(T_n, M)$, 其中 M 为任意给定的常数. 由 $\overline{\tau}_n = \sum_{k=1}^{n} \overline{T}_n$, 可定义 $\overline{N}(t) = \sup\{n : n \geqslant 0, \overline{\tau}_n \leqslant t\}$. 再由 $\overline{\tau}_{N(t)+1} \leqslant \overline{\tau}_{\overline{N}(t)+1} \leqslant t + M$ 可得

$$[E(N(t)) + 1]E(\overline{X}_1(M)) \leqslant t + M,$$

从而

$$\lim_{t \longrightarrow +\infty} \sup \frac{E(N(t))}{t} \leqslant \frac{1}{E(\overline{T}_1(M))}.$$

由于 $E(\overline{T}_1(M)) = \int_0^M [1 - F(x)]\mathrm{d}x$, 所以

$$\lim_{M \longrightarrow +\infty} E(\overline{T}_1(M)) = \int_0^{+\infty} [1 - F(x)]\mathrm{d}x = E(T_1) = \mu,$$

于是

$$\lim_{t \longrightarrow +\infty} \sup \frac{E(N(t))}{t} \leqslant \frac{1}{\mu}.$$

再看 $\mu = +\infty$ 的情形: 由

$$\lim_{t \longrightarrow +\infty} \sup \frac{E(N(t))}{t} \leqslant \lim_{t \longrightarrow +\infty} \sup \frac{E(\overline{N}(t))}{t} = \frac{1}{E(T_1(M))},$$

得 $$\lim_{t \longrightarrow +\infty} \sup \frac{E(N(t))}{t} \leqslant \lim_{M \longrightarrow +\infty} \frac{1}{E[T_1(M)]} = 0.$$ □

*§3.6　补充与注记

A. 泊松过程的检验

给定一个计数过程 $\{N(t), t \geqslant 0\}$, 要检验它是否是泊松过程, 最常用的方法就是检验在 $N(T)=n$ 的条件下, 事件相继发生时刻 $\tau_1, \tau_2 \cdots, \tau_n$ 的条件分布是否与 $[0,T]$ 上 n 个独立均匀分布的顺序统计量的分布相同. 具体检验方法如下:

原假设 H_0: $\{N(t), t \geqslant 0\}$ 是泊松过程;

备择假设 H_1: $\{N(t), t \geqslant 0\}$ 不是泊松过程.

设 $X_k, 1 \leqslant k \leqslant n$ 独立同分布, 均服从 $[0,T]$ 上的均匀分布, $X_{(k)}, 1 \leqslant k \leqslant n$ 是其顺序统计量. 在原假设下, 根据定理 3.2.3, 有

$$E\left(\sum_{k=1}^{n} \tau_k \Big| N(T)=n\right) = E\left(\sum_{k=1}^{n} X_{(k)}\right) = E\left(\sum_{k=1}^{n} X_k\right) = \frac{nT}{2},$$

$$D\left(\sum_{k=1}^{n} \tau_k \Big| N(T)=n\right) = D\left(\sum_{k=1}^{n} X_{(k)}\right) = D\left(\sum_{k=1}^{n} X_k\right) = \frac{nT^2}{12}.$$

再利用中心极限定理可得

$$\begin{aligned}&\lim_{n\to+\infty} P\left(\frac{1}{T\sqrt{n/12}} \sum_{k=1}^{n}\left(\tau_k - \frac{nT}{2}\right) \leqslant x \Big| N(T)=n\right)\\ =& \lim_{n\to+\infty} P\left(\frac{1}{T\sqrt{n/12}} \sum_{k=1}^{n}\left(X_k - \frac{nT}{2}\right) \leqslant x\right) = \Phi(x),\end{aligned}$$

其中 $\Phi(x)$ 是标准正态分布函数. 因而, 当 n 充分大时,

$$P\left(\frac{1}{T}\sum_{k=1}^{n} \tau_k \leqslant \frac{1}{2}\left(n + x\sqrt{\frac{n}{3}}\right) \Big| N(T)=n\right) \approx \Phi(x).$$

给定置信水平 $\alpha = 0.05$, 若

$$\frac{1}{T}\sum_{k=1}^{n} \tau_k \in \left[\frac{1}{2}\left(n - x\sqrt{\frac{n}{3}}\right),\ \frac{1}{2}\left(n + x\sqrt{\frac{n}{3}}\right)\right],$$

则接受原假设 H_0, 否则就拒绝原假设 H_0 或接受备择假设 H_1.

B. 强度 λ 的参数估计

在检验了一个计数过程是泊松过程后, 如果我们还需进一步确定它是什么样的泊松过程, 这就等价于确定它的强度参数 λ. 通常的办法, 就是利用数据对强度参数 λ 进行估计, 这包括参数的点估计和区间估计.

对于复合泊松过程, 我们有等式: $E(X(t)) = E(X_1)E(N(t))$, 这里假设 $\{X_k, k \geqslant 1\}$ 与 $N(t)$ 独立. 事实上, 不需要这个假设, 也有类似的结论. 这就是下述的瓦尔德 (Wald) 等式.

C. **瓦尔德等式**

设 $X_k, k \geqslant 1$ 独立同分布且 $E(X_1) < +\infty$, T 是关于 $\{X_k, k \geqslant 1\}$ 的停时 (或称马尔可夫停时) 且 $E(T) < +\infty$. 则有

$$E\left(\sum_{k=1}^{T} X_k\right) = E(X_1)E(T).$$

所谓 T 为停时是指: T 为取非负整数值的随机变量, 且对任意的 $n \geqslant 0$, 事件 $\{T = n\}$ 仅依赖于 $X_1, \cdots, X_n$, 而与 $X_{n+1}, X_{n+2}, \cdots$ 独立.

证明 设

$$I_k = \begin{cases} 0, & T < k, \\ 1, & T \geqslant k, \end{cases}$$

则

$$\sum_{k=1}^{T} X_k = \sum_{k=1}^{+\infty} X_k I_k.$$

由于 I_k 与 X_k 独立, 有

$$E\left(\sum_{k=1}^{T} X_k\right) = \sum_{k=1}^{+\infty} E(X_k)E(I_k) = E(X_1)\sum_{k=1}^{+\infty} P(T \geqslant k) = E(X_1)E(T).$$

□

习 题 三

3.1 设 $\{N(t), t \geqslant 0\}$ 为泊松过程, 任给 $0 \leqslant s < t$, 求条件概率 $P(N(s) = k | N(t) = n)$.

3.2 设 $\{N(t), t \geqslant 0\}$ 为泊松过程, 参数为 λ.

(1) 求 $E[N(t)N(s+t)]$;

(2) 求 $E[N(t) \mid N(s+t)]$ 与 $E[N(s+t) \mid N(s)]$ 的分布律;

(3) 证明: 任给 $0 \leqslant s \leqslant t$, 有 $P(N(s) \leqslant N(t)) = 1$;

(4) 证明: 任给 $0 \leqslant s \leqslant t, \varepsilon > 0$, 有 $\lim\limits_{t \to s} P(N(t) - N(s) > \varepsilon) = 0$.

3.3 设 $\{N(t), t \geqslant 0\}$ 是参数为 λ 的泊松过程, 求: $E(\tau_k \mid N(t) = n) \quad (k \leqslant n)$.

3.4　在 $N(t)=n$ 的条件下, 求 $\tau_k(k<n)$ 的条件密度函数.

3.5　设在某公路上, 汽车运输流构成一泊松流, 其强度等于每分钟 30 辆 (强度即参数 λ), 试求 n 辆汽车通过观察站的时间多于 x 秒的概率.

3.6　设 $\{N(t),t\geqslant 0\}$ 为条件泊松过程, $\Lambda\sim G(\lambda)$.

(1) $\{N(t)=n\}$ 给定条件下, 求 t 时刻后首次事件发生时间的条件分布;

(2) 计算 $\lim\limits_{h\to 0}\dfrac{P(N(h)\geqslant 1)}{h}$;

(3) 求 $\lim\limits_{h\to 0}\dfrac{P(N(t+h)-N(t)=1\mid N(t)=n)}{h}$.

*3.7　考虑一个单服务员银行, 顾客到达按照速率为 λ 的泊松过程, 服务员为每一位顾客服务的时间是随机变量, 分布函数为 $G(x)$, 顾客到达门口后只有当服务员空闲时才准进来. 求:

(1) 顾客进银行的速率是多少?

(2) 顾客进银行占多大比例?

(3) 服务员工作的时间占多大比例?

*3.8　汽车到达大门, 每辆汽车的长度为 X, 其分布为 $F(x)$, 第一辆汽车到达, 靠着大门停放; 每一辆后到的汽车停在前一辆车后面, 其间距 Y 是一个 $[0,1]$ 上均匀分布的随机变量.N_x 表示离大门距离 x 内停在一条线的车数, 求 $\lim\limits_{x\to+\infty}\dfrac{E(N_x)}{x}$ (其中 $F(x)=1-\mathrm{e}^{-x},x\geqslant 0$).

*3.9　设 $\{X(n),n\geqslant 1\}$ 独立同分布, X_n 的密度函数为

$$f(x)=\begin{cases}\rho\mathrm{e}^{\rho(x-\delta)}, & x>\delta,\\ 0, & x\leqslant\delta,\end{cases}$$

其中 $\delta>0$ 给定. 求更新过程中的概率 $P(N(t)\geqslant k)$.

3.10　求泊松过程中, 全寿命 $\beta_t=\tau_{N(t)+1}-\tau_{N(t)}$ 的密度函数.

*3.11　考虑一个分布函数为 F 的更新过程, 假设每一个事件以概率 $1-q$ 被抹掉, 以比例因子 $\dfrac{1}{q}$ 扩大时间尺度. 证明事件流构成一更新过程, 其中事件之间的时间间隔分布函数是

$$F(x;q)=\sum_{n=1}^{+\infty}(1-q)^{n-1}qF_n\left(\frac{x}{q}\right),$$

其中 F_n 为 F 的 n 重卷积.

3.12　设 n 个零件的寿命 $X_1,X_2,\cdots,X_n$ 独立且均服从参数为 λ 的指数分布. 该 n 个零件从 $t=0$ 开始工作, 记 $X_{(1)}\leqslant X_{(2)}\leqslant\cdots\leqslant X_{(r)}\leqslant\cdots\leqslant X_{(n)}$

为相继失效的时刻，试求 $X_{(1)}, X_{(2)}, \cdots, X_{(r)}(1 \leqslant r \leqslant n)$ 的联合密度函数.

3.13 在上题中，如果令 $Y_1 = X_{(1)}$, $Y_i = X_{(i)} - X_{(i-1)}, 2 \leqslant i \leqslant n$. 试问 $Y_1, Y_2, \cdots, Y_n$ 是否独立？是否同分布？并证明你的猜想.

3.14 设 $\{N(t), t \geqslant 0\}$ 为时齐泊松过程，$\tau_1, \tau_2, \cdots, \tau_n, \cdots$ 为事件相继发生的时刻.

(1) 给定 $N(t) = n$, 试问 $\tau_1, \tau_2 - \tau_1, \cdots, \tau_n - \tau_{n-1}$ 是否条件独立？是否同分布？试证明你的猜想；

(2) 求 $E[\tau_1 \mid N(t)]$ 的分布律；

(3) 利用 (1) 及 (2), 求 $E[\tau_k \mid N(t)]$ 的分布律；

(4) 求在 $N(t) = n$ 下 τ_i 与 $\tau_k(1 \leqslant i < k \leqslant n)$ 的条件密度函数.

3.15 设 $\{N(t), t \geqslant 0\}$ 是参数为 λ 的时齐泊松过程，$\tau_0 = 0, \tau_n$ 为第 n 个事件发生的时刻. 求：

(1) (τ_2, τ_5) 的联合密度函数；

(2) $E(\tau_1 \mid N(t) \geqslant 1)$;

(3) (τ_1, τ_2) 在 $N(t) = 1$ 下的条件密度函数.

3.16 假设某商场的顾客流 $\{N(t), t \geqslant 0\}$ 是强度为 λ 的时齐泊松过程，且每一个到达商场的顾客是男性还是女性的概率分别为 p 和 q （$p + q = 1$）. 设 $N_1(t)$ 与 $N_2(t)$ 分别为 $[0, t)$ 内到达的男女顾客数，求 $N_1(t)$ 与 $N_2(t)$ 的分布，并证明它们独立.

3.17 假设在 $[0, t)$ 内男女顾客到达某商场的人数分别独立地服从 1 人 /min 与 2 人 /min 的泊松过程.

(1) 求时间 $[0, t)$ 到达商场的总顾客数的分布；

(2) 在已知 $[0, t)$ 已有 60 人到达商场的条件下，求其中有 40 人是女性的概率，以及平均有多少女性顾客？

3.18 设有 A, B, C 三路公交车，分别以强度为 λ_A, λ_B, λ_C 的泊松过程到达某公交车站，并设它们是独立的过程.

(1) 把三路公交车到达该车站统一看成一个随机过程，求两辆公交车之间的时间间隔的密度函数；

(2) 若在 t_0 时刻 A 路车到站，求下一辆是 B 路车到站的概率.

3.19 设某公司的客户流 $\{N(t), t \geqslant 0\}$ 是具有强度为 $\{\lambda(s) > 0, s \geqslant 0\}$ 的非时齐的泊松过程，τ_k 为第 k 个客户到达时刻，求已知 $N(t) = 1$ 的条件下 τ_1 的条件分布（用强度函数表示）.

第四章　马尔可夫过程

实际中常常碰到具有下列性质的运动体系 Σ: 在已知它在 $t=n$ 时的状态的条件下, 它在 n 时以前所处的状态的“历史”知识, 对预言 Σ 在 n 时以后所处的状态不起任何作用. 或者说, 在已知“现在”的条件下, “将来”与“过去”是独立的. 这种性质, 就是直观意义上的**“马尔可夫 (Markov) 性”** (简称**“马氏性”**) 或称**“无后效性”**. 具有马尔可夫性的随机过程称为**马尔可夫过程**, 简称**马氏过程**

马尔可夫过程在理论上和实际应用中都十分重要, 在工程、统计、物理、生物学、数字计算方法、经济管理和市场预测等领域中都有十分重要的作用和广泛应用.

我们把马尔可夫过程 $\{X(t), t\in\mathbb{T}\}$ 中 $X(t)$ 的取值 x 称为**状态**, 而将过程所有取值的全体 $\mathbb{E}$ 称为**状态空间**. 马尔可夫过程按时间参数空间 $\mathbb{T}$ 是离散的或连续的, 可分为**离散**时间参数马尔可夫过程 ($\mathbb{T}=\{0,1,2,\cdots\}$) 与**连续**时间参数马尔可夫过程 ($\mathbb{T}=\{t, t\geqslant 0\}$); 如果马尔可夫过程的状态空间 $\mathbb{E}$ 为离散的 (只取有限个或可列个值) , 则称马尔可夫过程为**马尔可夫链**, 简称**马氏链**.

§4.1　离散时间参数马尔可夫链

§4.1.1　离散时间参数马尔可夫链的定义

例 4.1.1(引例)　设有一赌徒参加赌博, 每一次他可能赢一元钱, 也有可能输一元钱, 且每一次的输赢情况都独立. 又设 $X(n)$ 表示他 n 次赌博后的总钱数, 站在赌徒的角度, 关心的是随机过程 $\{X(n), n=0,1,2,\cdots\}$. 这类过程有一个特点: 在知道“现在” X_n 的条件下, “将来” $X(n+1)$ 只与第 n 次赌博的输赢情况有关, 而与“过去”的历史 $X(0), X(1),\cdots, X(n-1)$ 无关. 这类过程称为马尔可夫链.

为了应用方便, 我们假定状态空间为 $\mathbb{E}=\{0,1,2,\cdots\}$, 其严格定义如下:

定义 4.1.2　设 $\{X(n), n=0,1,2,\cdots\}$ 为随机序列, 状态空间为 $\mathbb{E}=\{0,1,2,\cdots\}$, 如果对于任意非负整数 k 及 $n_1<n_2<\cdots<n_l<m$, 以及 $i_{n_1}, i_{n_2},\cdots, i_{n_l}, i_m, i_{m+k}\in\mathbb{E}$, 有

$$
\begin{aligned}
&P(X(m+k)=i_{m+k}|X(n_1)=i_1,\cdots,X(n_l)=i_l,X(m)=i_m)\\
=&P(X(m+k)=i_{m+k}|X(m)=i_m)
\end{aligned}
$$

成立, 则称 $\{X(n), n=0,1,2,\cdots\}$ 为**离散时间参数马尔可夫链**.

称条件概率 $p_{ij}^{(k)}(m)=P(X(m+k)=j|X(m)=i)$ 为马尔可夫链 m 时从 i 出发的 k **步转移概率**.

称矩阵 $\boldsymbol{P}^{(k)}(m)=(p_{ij}^{(k)}(m))_{i,j\in\mathbb{E}}$ 为 k **步转移概率矩阵**.

当 k=1 时, 1 步转移概率记为 $p_{ij}(m):=p_{ij}^{(1)}(m)$, 1 步转移概率矩阵记为 $\boldsymbol{P}(m):=\boldsymbol{P}^{(1)}(m)$.

易知, k 步转移概率矩阵 $\boldsymbol{P}^{(k)}(m)$ 满足:

(1) $\forall\ i,j, p_{ij}^{(k)}(m)\geqslant 0$;

(2) $\forall\ i, \sum\limits_{j\in\mathbb{E}} p_{ij}^{(k)}(m)=1$.

我们称满足 (1) , (2) 的矩阵为**随机矩阵**. 马尔可夫链的 k 步转移概率之间的关系由以下定理给出:

定理 4.1.3(查普曼 – 柯尔莫哥洛夫 (Chapman-Kolmogorov) 方程) 对任意 $k=1,2,\cdots$, 设 $\boldsymbol{P}^{(k)}(m)=(p_{ij}^{(k)}(m))_{i,j\in\mathbb{E}}$ 为 k 步转移概率矩阵, $\forall k,l$, 则有如下查普曼 – 柯尔莫哥洛夫方程:

$$
p_{ij}^{(k+l)}(m)=\sum_{r\in\mathbb{E}} p_{ir}^{(k)}(m)p_{rj}^{(l)}(m+k),\quad \forall i,j\in\mathbb{E},
$$

即

$$
\boldsymbol{P}^{(k+l)}(m)=\boldsymbol{P}^{(k)}(m)\boldsymbol{P}^{(l)}(m+k).
$$

证明 由全概率公式和马尔可夫性,

$$
\begin{aligned}
&\sum_{r\in\mathbb{E}} p_{ir}^{(k)}(m)p_{rj}^{(l)}(m+k)\\
=&\sum_{r\in\mathbb{E}} P(X(m+k)=r|X(m)=i)P(X(m+k+l)=j|X(m+k)=r)\\
=&\sum_{r\in\mathbb{E}} \frac{P(X(m+k)=r,X(m)=i)}{P(X(m)=i)}\cdot\\
&\frac{P(X(m+k+l)=j,X(m+k)=r,X(m)=i)}{P(X(m+k)=r,X(m)=i)},
\end{aligned}
$$

于是

$$\begin{aligned}&\sum_{r\in\mathbb{E}}p_{ir}^{(k)}(m)p_{rj}^{(l)}(m+k)\\=&\frac{1}{P(X(m)=i)}\sum_{r\in\mathbb{E}}P(X(m+k+l)=j,X(m+k)=r,X(m)=i)\\=&\frac{P(X(m+k+l)=j,X(m)=i)}{P(X(m)=i)}=P(X(m+k+l)=j|X(m)=i).\end{aligned}$$

□

注 查普曼 – 柯尔莫哥洛夫方程简称 **C-K 方程**. 由 C-K 方程可得

$$\boldsymbol{P}^{(k)}(m)=\boldsymbol{P}(m)\boldsymbol{P}^{(k-1)}(m+1)=\boldsymbol{P}(m)\boldsymbol{P}(m+1)\cdots\boldsymbol{P}(m+k-1),$$

即: k 步转移矩阵由 1 步转移概率矩阵决定.

注 设 $P(X(0)=j)=p_j$, 易知 $p_j\geqslant 0,\sum\limits_{j\in\mathbb{E}}p_j=1$, 称 $\{p_j\}_{j\in\mathbb{E}}$ 为马尔可夫链的**初始分布**. 令 $p_j^{(n)}=P(X(n)=j)$, 易知 $p_j^{(n)}\geqslant 0,\sum\limits_{j}p_j^{(n)}=1$, 称 $\{p_j^{(n)}\}_{j\in\mathbb{E}}$ 为 n 时刻的**绝对概率分布**, 由

$$p_j^{(n+1)}=P\{X(n+1)=j\}=\sum_k P\{X(n+1)=j|X(0)=k\}P\{X(0)=k\}$$

知

$$p_j^{(n+1)}=\sum_{k\in\mathbb{E}}p_k p_{kj}^{(n+1)}(0),$$

即: 绝对概率分布完全由初始分布及转移概率矩阵唯一决定.

进一步, 关于离散时间参数马尔可夫链的有限维联合概率分布, 有以下结果:

性质 4.1.4 $\forall j_1<j_2<\cdots<j_k$,

$$\begin{aligned}&P\{X(j_1)=i_1,X(j_2)=i_2,\cdots,X(j_k)=i_k\}\\=&p_{i_1}^{(j_1)}p_{i_1i_2}^{(j_2-j_1)}(j_1)\cdots p_{i_{k-1}i_k}^{j_k-j_{k-1}}(j_{k-1})\end{aligned}$$

证明可由马尔可夫链的定义及乘法公式得到.

§4.1.2 齐次马尔可夫链

如果马尔可夫链的转移概率与初始时间无关, 称为时间齐次的, 即:

定义 4.1.5 如果马尔可夫链的转移概率满足:

$$P(X(m+k)=j|X(m)=i)=P(X(k)=j|X(0)=i)$$
$$=p_{ij}^{(k)} \quad (\text{不依赖 } m),$$

则称该马尔可夫链为 **(时间) 齐次马尔可夫链**.

从定义知, 齐次马尔可夫链的 k 步转移概率矩阵为 $\boldsymbol{P}^{(k)}=(p_{ij}^{(k)})_{i,j\in\mathbb{E}}$, 由 C-K 方程, $\boldsymbol{P}^{(k+l)}=\boldsymbol{P}^{(k)}\boldsymbol{P}^{(l)}$, 并且

$$\boldsymbol{P}^{(n)}=\boldsymbol{P}^{(n-1)}\boldsymbol{P}=\cdots=\boldsymbol{P}^{n},$$

其中 $\boldsymbol{P}=\boldsymbol{P}^{(1)}$ 为 1 步转移概率矩阵. 以后若无特别声明, 本章都假设马尔可夫链为齐次的, 并且简记 $p_{ij}=p_{ij}^{(1)}$.

例 4.1.6 随机游动: 假设有一质点在数轴上的整数点上运动, 以概率 p 右移一步, 以概率 q 左移一步, 且 $p+q=1$, 若以 $X(n)$ 表示时刻 n 质点所处的位置, 因此 $\{X(n),n=0,1,2,\cdots\}$ 为一齐次马尔可夫链.

(1) 无限制 (自由) 随机游动 (徘徊) .

状态空间 $\mathbb{E}=\{\cdots,-2,-1,0,1,2,\cdots\}$,

$$p_{i,i+1}=p,\ p_{i,i-1}=q,\ p_{ij}=0, \text{对} j\neq i-1,i+1,$$

$$\boldsymbol{P}=\begin{array}{c} \\ \vdots \\ -1 \\ 0 \\ 1 \\ \vdots \end{array}\begin{array}{c} \cdots\ -3\ \ -2\ \ -1\ \ \ 0\ \ \ 1\ \ \ 2\ \ \ 3\ \ \cdots \\ \left(\begin{array}{ccccccccc} & \vdots & \vdots & \vdots & \vdots & \vdots & \vdots & \vdots & \\ \cdots & 0 & q & 0 & p & 0 & 0 & 0 & \cdots \\ \cdots & 0 & 0 & q & 0 & p & 0 & 0 & \cdots \\ \cdots & 0 & 0 & 0 & q & 0 & p & 0 & \cdots \\ & \vdots & \vdots & \vdots & \vdots & \vdots & \vdots & \vdots & \end{array}\right)\end{array},$$

当 $p=q=\dfrac{1}{2}$ 时, 称为**对称随机游动**;

(2) 有一个吸收壁的随机游动.

如果 $\mathbb{E}=\{0,1,2,\cdots\}$, 质点一旦到达 0, 就永远停留在 0 状态, 即 $p_{00}=1$, 就称 0 为**吸收壁**. 转移概率矩阵为

$$\boldsymbol{P}=\begin{array}{c} \\ 0 \\ 1 \\ 2 \\ \vdots \end{array}\begin{array}{c} 0\ \ \ 1\ \ \ 2\ \ \ 3\ \ \cdots \\ \left(\begin{array}{ccccc} 1 & 0 & 0 & 0 & \cdots \\ q & 0 & p & 0 & \cdots \\ 0 & q & 0 & p & \cdots \\ \vdots & \vdots & \vdots & \vdots & \end{array}\right)\end{array};$$

(3) 有一个弹性壁的随机游动.

如果 $\mathbb{E}=\{0,1,2,\cdots\}$. 质点一旦进入 0 后, 以 p 右移一步, 以 q 停留在原处, 即: $p_{00}=q, p_{01}=p$, 就称 0 为**弹性壁**. 转移概率矩阵为

$$\boldsymbol{P}=\begin{array}{c} \\ 0 \\ 1 \\ 2 \\ \vdots \end{array}\begin{array}{c} \begin{array}{ccccc} 0 & 1 & 2 & 3 & \cdots \end{array} \\ \left(\begin{array}{ccccc} q & p & 0 & 0 & \cdots \\ q & 0 & p & 0 & \cdots \\ 0 & q & 0 & p & \cdots \\ \vdots & \vdots & \vdots & \vdots & \end{array}\right) \end{array};$$

(4) 有一个反射壁的随机游动.

如果在 (3) 中, 质点一旦进入 0 后, 就立刻以概率 1 反射到 1, 即: $p_{00}=0$, $p_{01}=1$, 就称 0 为**反射壁**;

(5) 允许停留的随机游动.

如果 $p_{i,i+1}=p, p_{i,i-1}=q, p_{ii}=r$, 而 $p+q+r=1$, 则称为**允许停留的随机游动**.

例 4.1.7　设甲、乙两人比赛, 每局甲赢的概率为 p, 输的概率为 q, 和的概率为 r, $p+q+r=1$. 设每局赢者获 1 分, 负者得 -1 分, 平局得 0 分, 比赛至其中一方得 3 分截止. 设 X_n 表示从开始到第 n 局时甲获得的分数, 则 $\{X_n, n=1,2,3,\cdots\}$ 为**时齐马尔可夫链**, 其转移概率矩阵为

$$\boldsymbol{P}=\begin{array}{c} -3 \\ -2 \\ -1 \\ 0 \\ 1 \\ 2 \\ 3 \end{array}\left(\begin{array}{ccccccc} 1 & 0 & 0 & 0 & 0 & 0 & 0 \\ q & r & p & 0 & 0 & 0 & 0 \\ 0 & q & r & p & 0 & 0 & 0 \\ 0 & 0 & q & r & p & 0 & 0 \\ 0 & 0 & 0 & q & r & p & 0 \\ 0 & 0 & 0 & 0 & q & r & p \\ 0 & 0 & 0 & 0 & 0 & 0 & 1 \end{array}\right).$$

例 4.1.8 ($M/G/1$ 排队系统)　假设顾客依照强度为 λ 的泊松过程来到只有一名服务员的服务站, 来客若发现服务员空闲就会立刻得到服务, 否则排队等待直到轮到他. 设每名顾客接受服务的时间是独立的随机变量, 有共同的分布 G, 并且与来到过程独立. 这个系统称为 $M/G/1$ 排队系统, 其中 M 表示顾客来到的时间间隔服从指数分布, G 代表服务时间所服从的分布, 数字 1 表示只有一名服务员. 以 X_n 表示第 n 个顾客走后, 剩下的顾客数, $n \geqslant 1$; 以 Y_n 表示第 $n+1$ 个顾客服务期间来到的顾客数. 则

$$X_{n+1}=\begin{cases} X_n-1+Y_n, & X_n>0,\\ Y_n, & X_n=0.\end{cases}$$

由于泊松过程为独立增量过程, 所以 Y_n 独立, 且

$$P(Y_n=j)=\int_0^{+\infty}\mathrm{e}^{-\lambda t}\frac{(\lambda t)^j}{j!}\mathrm{d}G(t),\quad j=0,1,2,\cdots,$$

故 Y_n 同分布. 从而 $\{X_n,n=1,2,\cdots\}$ 为马尔可夫链, 转移概率为

$$\begin{cases} p_{0j}=\displaystyle\int_0^{+\infty}\mathrm{e}^{-\lambda t}\frac{(\lambda t)^j}{j!}\mathrm{d}G(t), & j\geqslant 0,\\ p_{ij}=\displaystyle\int_0^{+\infty}\mathrm{e}^{-\lambda t}\frac{(\lambda t)^{j-i+1}}{(j-i+1)!}\mathrm{d}G(t), & j\geqslant i-1,i\geqslant 1,\\ p_{ij}=0, & \text{其他},\end{cases}$$

即 $\{X_n\}$ 为时齐马尔可夫链.

§4.1.3 齐次马尔可夫链状态的分类及性质

人们常说, 物以类聚, “进朱者赤, 近墨者黑”. 对马尔可夫链是否也有同类型的状态具有相同的性质? 我们现在就来考虑这个问题.

定义 4.1.9 如果存在某个 $n\geqslant 0$, 使得 $p_{ij}^{(n)}>0,i,j\in\mathbb{E}$, 则称马尔可夫链自状态 i **可达** 状态 j, 记为 $i\to j$; 否则称状态 i **不能到达** 状态 j, 记为 $i\not\to j$.

定义 4.1.10 如果 $i\to j$ 且 $j\to i$, 则称状态 i 和 j **互通**, 记为 $i\leftrightarrow j$.

定理 4.1.11 互通关系具有以下性质:

(1) 自反性 $i\leftrightarrow i$;

(2) 对称性 若 $i\leftrightarrow j$, 则 $j\leftrightarrow i$;

(3) 传递性 若 $i\leftrightarrow k$ 且 $k\leftrightarrow j$, 则 $i\leftrightarrow j$.

证明 只需证传递性. 若 $i\to k,k\to j$, 存在 $m\geqslant 1$ 及 $n\geqslant 1$, 使得 $p_{ik}^{(m)}>0,p_{kj}^{(n)}>0$, 由 C-K 方程, 得

$$p_{ij}^{(m+n)}\geqslant p_{ik}^{(m)}p_{kj}^{(n)}>0,$$

故 $i\to j$. 同理可证另一边. □

定义 4.1.12　自状态 i 出发经过 n 步首次到达状态 j 的概率

$$f_{ij}^{(n)} = P\big(X(n)=j, X(m)\neq j, m=1,2,\cdots,n-1\big|X(0)=i\big)$$

称为**首达概率**.

定义 4.1.13　自状态 i 出发迟早到达状态 j 的概率定义为

$$f_{ij} = \sum_{n=1}^{+\infty} f_{ij}^{(n)}.$$

$f_{ii}^{(n)}$ 表示从状态 i 出发经过 n 步首次返回 i 的概率, f_{ii} 表示从 i 出发迟早返回 i 的概率, 规定 $f_{ij}^{(0)}=0$.

性质 4.1.14　$\forall i,j\in E, n\geqslant 1$, 有

$$p_{ij}^{(n)} = \sum_{l=1}^{n} f_{ij}^{(l)} p_{jj}^{(n-l)}.$$

证明　由全概率公式, 运用马尔可夫性, 有

$$\begin{aligned}
p_{ij}^{(n)} &= P\big(X(n)=j\big|X(0)=i\big)\\
&= \sum_{l=1}^{n} P\big(X(n)=j, X(l)=j, X(m)\neq j, \text{对 } m<l\big|X(0)=i\big)\\
&= \sum_{l=1}^{n} P\big(X(n)=j\big|X(l)=j, X(m)\neq j, \text{对 } m<l\big)\cdot\\
&\quad\ P\big(X(l)=j, X(m)\neq j, \text{对 } m<l\big|X(0)=i\big)\\
&= \sum_{l=1}^{n} p_{jj}^{(n-l)} f_{ij}^{(l)}.
\end{aligned}$$

□

推论 4.1.15　$f_{ij}>0 \Leftrightarrow i\to j$.

定义 4.1.16　如果 $f_{ii}=1$, 称 i 为**常返状态**, 否则称为**非常返状态**.

定义 4.1.17　如果 i 为常返状态, 定义 i 的**平均返回时间** 为

$$\mu_i := \sum_{n=1}^{+\infty} n f_{ii}^{(n)}.$$

若 $\mu_i<+\infty$, 则称 i 为**正常返状态**, 否则称为**零常返状态**.

在自然界中, 许多现象呈现出一定的周期性. 对马尔可夫链来说有以下定义:

定义 4.1.18　如果 $\{n: p_{ii}^{(n)}>0\}$ 的最大公约数为 t, 则称 i 的**周期**为 t. 如果 $t=1$, 称状态 i 为**非周期的**.

定义 4.1.19 如 j 为正常返且非周期状态, 则称 j 为**遍历状态**.

下面我们给出常返性的判别法则:

定理 4.1.20 以下条件等价:

(1) i 为常返状态;

(2) $\sum\limits_{n=1}^{+\infty} f_{ii}^{(n)} = 1$;

(3) $\sum\limits_{n=0}^{+\infty} p_{ii}^{(n)} = +\infty$.

证明 (1) 与 (2) 的等价性直接由常返状态的定义得到, 这里只证明 (1) 与 (3) 的等价性. 由性质 4.1.14, 有

$$\begin{aligned}\sum_{n=0}^{+\infty} p_{ii}^{(n)} &= p_{ii}^{(0)} + \sum_{n=1}^{+\infty} p_{ii}^{(n)} \\ &= 1 + \sum_{n=1}^{+\infty}\left(\sum_{l=1}^{n} f_{ii}^{(l)} p_{ii}^{(n-l)}\right) \\ &= 1 + \sum_{l=1}^{+\infty} f_{ii}^{(l)} \sum_{n=l}^{+\infty} p_{ii}^{(n-l)} \\ &= 1 + \sum_{l=1}^{+\infty} f_{ii}^{(l)} \left(\sum_{m=0}^{+\infty} p_{ii}^{(m)}\right),\end{aligned}$$

从而,

$$\sum_{n=0}^{+\infty} p_{ii}^{(n)} = \frac{1}{1-f_{ii}}.$$

所以, $f_{ii} = 1 \ \Leftrightarrow \ \sum\limits_{n=0}^{+\infty} p_{ii}^{(n)} = +\infty$. □

下面解释 $\sum\limits_{n=0}^{+\infty} p_{ii}^{(n)}$ 的意义: 定义

$$Y_n = \begin{cases} 1, & 如\ X(n) = i, \\ 0, & 如\ X(n) \neq i, \end{cases}$$

则 $Y = \sum\limits_{n=0}^{+\infty} Y_n$ 表示系统到达状态 i 的次数. 有

$$E(Y|X(0)=i) = \sum_{n=0}^{+\infty} E\big(Y(n)\big|X(0)=i\big) = \sum_{n=0}^{+\infty} p_{ii}^{(n)},$$

上式左边表示从 i 出发返回 i 的**平均次数**. 因此, 当 i 为常返状态时, 系统返回 i 的平均次数为无穷多次.

对零常返及正常返状态, 有以下结果:

定理 4.1.21　如果 i 为常返状态, 则 i 为零常返状态 $\Leftrightarrow \lim\limits_{n\to+\infty} p_{ii}^{(n)}=0$; 如果 i 是周期为 t 的正常返状态, 则 $\lim\limits_{n\to+\infty} p_{ii}^{(nt)}=\dfrac{t}{\mu_i}$.

注　由定理 4.1.20 与定理 4.1.21 知

$$i\text{ 为非常返状态}\Longleftrightarrow \sum_{n=0}^{+\infty} p_{ii}^{(n)}<+\infty;$$

$$i\text{ 为零常返状态}\Longleftrightarrow \sum_{n=0}^{+\infty} p_{ii}^{(n)}=+\infty\text{ 且 }\lim_{n\to+\infty} p_{ii}^{(n)}=0;$$

$$i\text{ 为正常返状态}\Longleftrightarrow \sum_{n=0}^{+\infty} p_{ii}^{(n)}=+\infty\text{ 且 }\varlimsup_{n\to+\infty} p_{ii}^{(n)}>0.$$

性质 4.1.22　若 $i\leftrightarrow j$, 则它们属于相同的类 (要么同为常返或非常返状态, 零常返或正常返状态) .

证明　由 $i\leftrightarrow j$ 知, 存在 $m\geqslant 1, n\geqslant 1$, 使 $p_{ij}^{(m)}>0, p_{ji}^{(n)}>0$. 对任意 $k\geqslant 1$, 有

$$p_{ii}^{(m+k+n)}\geqslant p_{ij}^{(m)}p_{jj}^{(k)}p_{ji}^{(n)},$$

$$p_{jj}^{(m+k+n)}\geqslant p_{ji}^{(n)}p_{ii}^{(k)}p_{ij}^{(m)},$$

再由定理 4.1.20 及定理 4.1.21 可得证. □

性质 4.1.23　若 $i\leftrightarrow j$, 则它们有相同的周期.

证明　由 $i\leftrightarrow j$, 存在 m 及 $n\geqslant 1$ 使 $p_{ij}^{(m)}>0, p_{ji}^{(n)}>0$. 设 i 的周期为 d, j 的周期为 t. 易知

$$p_{ii}^{(m+n)}>0\Longrightarrow d|m+n.$$

取 $k>0$, 使 $p_{jj}^{(k)}>0$, 则

$$p_{ii}^{(m+k+n)}\geqslant p_{ij}^{(m)}p_{jj}^{(k)}p_{ji}^{(n)}>0,$$

从而 $d|m+n+k$, 故 $d|k$. 而 j 的周期为 t, t 为最大公约数, 所以 $d\leqslant t$.

同理: $t\leqslant d$, 从而 $d=t$. □

例 4.1.24 (直线上无限制的随机游动)　已知 $\mathbb{E}=\{\cdots,-2,-1,0,1,2,\cdots\}$, $p_{i,i+1}=p, p_{i,i-1}=q$. 试判断各状态的属性 (是否为常返状态、周期) .

解　先求 $p_{ij}^{(n)}$:

从 i 出发经 n 步转移到 j

$\Longleftrightarrow n$ 次转移中向右的次数 α 与向左的次数 β 有以下关系:

$$\begin{cases} \alpha-\beta=j-i, \\ \alpha+\beta=n, \end{cases}$$

得

$$\begin{cases} \alpha=\dfrac{n+j-i}{2}, \\ \beta=\dfrac{n-j+i}{2}. \end{cases}$$

故

$$p_{ij}^{(n)}=\begin{cases} \mathrm{C}_n^{\frac{n+j-i}{2}} p^{\frac{n+j-i}{2}} q^{\frac{n-j+i}{2}}, & \text{当 } n+j-i \text{ 为偶数}, \\ 0, & \text{当 } n+j-i \text{ 为奇数}. \end{cases}$$

所以所有状态都互通, 只需要考虑 “0” 状态.

因为 $p_{00}^{(2n)}=\mathrm{C}_{2n}^n(pq)^n=\dfrac{(2n)!}{n!n!}(pq)^n$, 由斯特林 (Stirling) 公式, 当 n 充分大时, $n!\approx\left(\dfrac{n}{\mathrm{e}}\right)^n\sqrt{2\pi n}$. 故

$$p_{00}^{(2n)} \approx \frac{(4pq)^n}{\sqrt{\pi n}}, \quad p_{00}^{(2n+1)}=0.$$

又因 $p+q=1$, 故 $4pq\leqslant 1$ 且

$$4pq=1 \Leftrightarrow p=q=\frac{1}{2},$$

从而

(1) 当 $p=q=\dfrac{1}{2}$ 时, $\displaystyle\sum_{n=0}^{+\infty} p_{00}^{(2n)}=+\infty$, 所以“0”为常返状态;

(2) 当 $p\neq q$ 时, $\displaystyle\sum_{n=0}^{+\infty} p_{00}^{(2n)}<+\infty$, “0”为非常返状态.

所有状态的周期为 2. □

§4.1.4 齐次马尔可夫链状态空间的分解

对状态进行分类后, 我们就可以按等价类对状态空间进行分解.

定义 4.1.25 称 $\mathbb{E}$ 的子集 C 为**闭集**, 如果对任意的 $i\in C, j\notin C$, 有 $p_{ij}=0$, 即

$$\sum_{j\in C} p_{ij}=1, \forall i\in C.$$

如果 $\mathbb{E}$ 不含真的闭子集, 则马尔可夫链称为**不可约的**.

性质 4.1.26　C 是闭集 $\Leftrightarrow$ $\forall i \in C, j \notin C$ 都有 $p_{ij}^{(n)} = 0,\ \forall n \geqslant 1$.

证明　充分性显然. 下证必要性:

$$p_{ij}^{(2)} = \sum_{k \in C} p_{ik} p_{kj} + \sum_{k \notin C} p_{ik} p_{kj} = 0,$$

再由归纳法得证. □

由性质 4.1.26 可知, 如果 C 为闭集, 则

$$\sum_{j \in C} p_{ij}^{(n)} = 1, \forall i \in C,$$

即: $(p_{ij}^{(n)})_{i,j \in C}$ 为随机矩阵. 从而我们可以将以 C 为状态空间, 以 $\{p_{ij}^{(n)}\}_{i,j \in C}$ 为转移概率矩阵的马尔可夫链看作原马尔可夫链的子马尔可夫链.

对由常返状态出发的马尔可夫链, 有

定理 4.1.27　已知 i 为常返状态, 若 $i \to j$, 则 j 必为常返状态且 $f_{ji} = 1$, 从而 $i \leftrightarrow j$.

证明　记 ${}_i f_{ij}^{(n)}$ 表示从 i 出发中间不经过 i 在 n 时刻首次到达 j 的概率. 由 $i \to j$, 存在 N 使

$${}_i f_{ij}^{(N)} > 0,$$

从而 $1 - f_{ii} \geqslant {}_i f_{ij}^{(N)} (1 - f_{ji}) \geqslant 0$. 于是,

$$\begin{aligned} i \text{ 为常返状态 } &\Rightarrow 1 - f_{ii} = 0 \\ &\Rightarrow 1 - f_{ji} = 0 \\ &\Rightarrow i \leftrightarrow j \\ &\Rightarrow j \text{ 为常返状态.} \end{aligned}$$

□

由定理 4.1.27 知, 自常返状态出发只能到达常返状态, 所有常返状态构成一个闭集, 它是最大的闭集. 从而对不可约马尔可夫链来说, 要么全是常返状态, 要么全是非常返状态.

设 i_0 为常返状态, 令 $H = \{i \in \mathbb{E} | i \leftrightarrow i_0\}$, 则 $i_0 \in H$, 且从 H 中的状态出发, 一定能经有限时间到达 i_0, 永不可能到达 H 外的状态. 即: 一个马尔可夫链一旦到达某个常返类, 就必须永远停留在此常返类中, 并且将跑遍此常返类中的全部状态.

定理 4.1.28(分解定理)　状态空间 $\mathbb{E}$ 可分解为

$$\mathbb{E} = U + C_1 + C_2 + \cdots,$$

其中 $C_i,\ i=1,2,\cdots$ 为互通的基本常返闭集, U 为全体非常返状态组成的集合 (不一定是闭集), "+" 为集合的不相交并 (下文同).

例 4.1.29 设齐次马尔可夫链的状态空间 $\mathbb{E}=\{1,2,3,4\}$, 转移概率矩阵为

$$\boldsymbol{P}=\begin{pmatrix}\frac{1}{2} & \frac{1}{2} & 0 & 0\\ 1 & 0 & 0 & 0\\ \frac{1}{2} & 0 & 0 & \frac{1}{2}\\ 0 & \frac{1}{3} & 0 & \frac{2}{3}\end{pmatrix}.$$

试将该马尔可夫链分解, 并判断各状态的属性. (是否正常返? 是否非常返? 周期?)

解 考虑状态 "3", $\forall n, f_{33}^{(n)}=0$, 故 $f_{33}=0$, 所以状态 "3" 为非常返状态.

对于状态 "4", $f_{44}^{(1)}=\frac{2}{3}, f_{44}^{(n)}=0,\ n\geqslant 2$, 故 $f_{44}=\frac{2}{3}<1$, 所以状态 "4" 为非常返状态.

由于 $f_{11}^{(1)}=\frac{1}{2}, f_{11}^{(2)}=\frac{1}{2}, f_{11}^{(n)}=0,\ n\geqslant 3$, 故 $f_{11}=1$. $\mu_1=\sum\limits_{n=1}^{+\infty}nf_{11}^{(n)}=\frac{3}{2}<+\infty$, 因此状态 "1" 为正常返状态.

由于状态 "1" 和 "2" 互通, 所以状态 "2" 也为正常返状态.

因为 $p_{11}=\frac{1}{2}>0$, 所以状态 "1" 和 "2" 的周期为 1, 即非周期, 从而为遍历状态.

$\mathbb{E}$ 可分解为 $\mathbb{E}=\{1,2\}+\{3,4\}$.

□

例 4.1.30 设齐次马尔可夫链的状态空间 $\mathbb{E}=\{0,1,2,\cdots\}$,

$$p_{i,i+1}=\frac{1}{2},\quad p_{i0}=\frac{1}{2},\quad i\in\mathbb{E},$$

试判断各状态的属性.

解 转移概率矩阵为

$$\boldsymbol{P}=\begin{pmatrix}\frac{1}{2} & \frac{1}{2} & 0 & 0 & \cdots\\ \frac{1}{2} & 0 & \frac{1}{2} & 0 & \cdots\\ \vdots & \vdots & \vdots & \vdots & \end{pmatrix}.$$

易知, 所有状态互通, 所以马尔可夫链不可约. 因为 $p_{00}=\dfrac{1}{2}>0$, 所以为非周期的.

$$f_{00}^{(1)}=\frac{1}{2}, f_{00}^{(2)}=\frac{1}{2^2}, \cdots, f_{00}^{(n)}=\frac{1}{2^n},$$

故　$f_{00}=1$.

$$\mu_0=\sum_{n=1}^{+\infty} n f_{00}^{(n)}=\sum_{n=1}^{+\infty} n\frac{1}{2^n}=2<+\infty,$$

从而状态 "0" 为正常返状态, 即遍历状态. 故此马尔可夫链为不可约遍历链.

□

§4.1.5　极限分布与平稳分布

在本小节中, 我们考虑当 $n\to+\infty$ 时, $p_{ij}^{(n)}$ 的极限是否存在, 若存在, 是否与 i 有关? 有以下结果:

性质 4.1.31　如 j 为非常返或零常返状态, 则 $\lim\limits_{n\to+\infty} p_{ij}^{(n)}=0$.

证明　由定理 4.1.20 与定理 4.1.21 知, 如 j 为非常返或零常返状态, 则 $\lim\limits_{n\to+\infty} p_{jj}^{(n)}=0$. 由于 $\sum\limits_{l=1}^{+\infty} f_{ij}^{(l)}\leqslant 1$,

$$\lim_{m\to+\infty}\sum_{l=m}^{+\infty} f_{ij}^{(l)}=0,$$

故对任意 $\varepsilon>0$, $\exists N$, 当 $n>N$ 时, $\sum\limits_{l=N}^{n} f_{ij}^{(l)}<\varepsilon$. 对 $n>N$,

$$\begin{aligned}
p_{ij}^{(n)} &= \sum_{l=1}^{n} f_{ij}^{(l)} p_{jj}^{(n-l)} \\
&= \sum_{l=1}^{N} f_{ij}^{(l)} p_{jj}^{(n-l)} + \sum_{l=N}^{n} f_{ij}^{(l)} p_{jj}^{(n-l)} \\
&\leqslant \sum_{l=1}^{N} f_{ij}^{(l)} p_{jj}^{(n-l)} + \sum_{l=N}^{n} f_{ij}^{(l)} \\
&< \sum_{l=1}^{N} f_{ij}^{(l)} p_{jj}^{(n-l)} + \varepsilon,
\end{aligned}$$

从而

$$\varlimsup_{n\to+\infty} p_{ij}^{(n)} \leqslant \sum_{l=1}^{N} f_{ij}^{(l)} \varlimsup_{n\to+\infty} p_{jj}^{(n-l)} + \varepsilon = \varepsilon.$$

由 ε 的任意性知 $\varlimsup_{n\to+\infty} p_{ij}^{(n)} \leqslant 0 \Longrightarrow \lim_{n\to+\infty} p_{ij}^{(n)} = 0.$ □

推论 4.1.32 有限齐次马尔可夫链没有零常返状态.

证明 反证法: 如果存在零常返状态 i_0, 令 $H = \{i \in E | i \leftrightarrow i_0\}$, 则 H 为零常返状态构成的有限闭集, 从而

$$\sum_{j\in H} p_{ij}^{(n)} = 1,$$

当 $n \to +\infty$ 时,

$$1 = \sum_{j\in H} \lim p_{ij}^{(n)} = 0,$$

出现矛盾. □

性质 4.1.33 如 j 为正常返状态, 周期为 t, 则对 $\forall i$ 及 $r = 0, 1, 2, \cdots, t-1$, 有

$$\lim_{n\to+\infty} p_{ij}^{(nt+r)} = f_{ij}(r)\frac{t}{\mu_j},$$

其中 $f_{ij}(r) = \sum_{m=0}^{+\infty} f_{ij}^{(mt+r)}, \quad r = 0, 1, 2, \cdots, t-1.$

证明比较繁, 略去.

由性质 4.1.33 知, 如果 j 为非周期的正常返状态, 则对任意 $i \in \mathbb{E}$, 都有

$$\lim_{n\to+\infty} p_{ij}^{(n)} = \frac{f_{ij}}{\mu_j}.$$

特别地, 如果整个马尔可夫链为不可约的, j 为遍历状态, 则

$$\lim_{n\to+\infty} p_{ij}^{(n)} = \frac{1}{\mu_j},$$

我们发现 $\lim_{n\to+\infty} p_{ij}^{(n)}$ 与 i 无关! 更一般地, 有如下定义:

定义 4.1.34 设 $\{X(n)\}$ 为齐次马尔可夫链, 如果对一切状态 i 和 j, 存在与 i 无关的极限:

$$\lim_{n\to+\infty} p_{ij}^{(n)} = \pi_j > 0, \tag{4.1}$$

则称此马尔可夫链具有**遍历性**. 即当 n 充分大时, 马尔可夫链位于状态 j 的概率与初始位置 (状态) 无关.

♣ 如果 (4.1) 中的 π_j 满足 $\sum_{j\in\mathbb{E}}\pi_j = 1$, 则称 $\{\pi_j, j\in\mathbb{E}\}$ 为齐次马尔可夫链 $\{X(n)\}$ 的**极限分布**, 记为 $\pi = \{\pi_j, j\in\mathbb{E}\}$.

定理 4.1.35 设齐次马尔可夫链的状态空间 $\mathbb{E} = \{1, 2, \cdots, N\}$ 有限, 若存在正整数 n_0, 使得对任意 $i, j\in\mathbb{E}$, 有 $p_{ij}^{(n_0)} > 0$, 则此链是遍历的, 且极限分布是方程组

$$\pi_j = \sum_{i=1}^{N}\pi_i p_{ij} \quad (j = 1, 2, \cdots, N)$$

在条件 $\pi_j > 0, \sum_{j=1}^{N}\pi_j = 1$ 下的唯一解.

证明 易知, 所有的状态都互通, 因而为不可约链, 所有的状态要么都为非常返状态, 要么都为正常返状态. 如果都为非常返状态, 与推论 4.1.32 类似, 出现矛盾. 因而所有状态都为非周期的正常返状态, 由性质 4.1.31 知其为遍历的, 即 $\lim_{n} p_{ij}^{(n)} = \pi_j > 0$. 由 C-K 方程,

$$p_{ij}^{(n)} = \sum_{k=1}^{N} p_{ik}^{(n-1)} p_{kj}.$$

当 $n\to+\infty$,

$$\pi_j = \lim_{n\to+\infty} p_{ij}^{(n)} = \sum_{k=1}^{N}\lim_{n\to+\infty} p_{ik}^{(n-1)} p_{kj} = \sum_{k=1}^{N}\pi_k p_{kj}.$$

同理, 由 $\sum_{j=1}^{N} p_{ij}^{(n)} = 1$ 取极限得 $\sum_{j=1}^{N}\pi_j = 1$.

唯一性: 设还有另一组解 $\{\hat{\pi}_i\}$, 则对 $j = 1, 2, \cdots, N$,

$$\hat{\pi}_j = \sum_{i=1}^{N}\hat{\pi}_i p_{ij} = \sum_{i=1}^{N}\hat{\pi}_i p_{ij}^{(n)}.$$

令 $n\to+\infty$, 有 $\hat{\pi}_j = \sum_{i=1}^{N}\hat{\pi}_i \lim_{n\to+\infty} p_{ij}^{(n)} = \sum_{i=1}^{N}\hat{\pi}_i\pi_j = \pi_j$. □

推论 4.1.36 设状态空间有限的齐次马尔可夫链是遍历的, 设 $\{p_j^{(n)}\}_{j\in\mathbb{E}}$ 为任意初始分布出发的 n 时刻的绝对概率分布, 即 $p_j^{(n)} := P(X_n = j)$, 则

$$\lim_{n\to+\infty} p_j^{(n)} = \pi_j \quad (j\in\mathbb{E}).$$

证明 由于 $p_j^{(n)} = \sum\limits_{i\in\mathbb{E}} p_i p_{ij}^{(n)}$, 其中 $p_i = P(X(0) = i)$. 所以

$$\lim_{n\to+\infty} p_j^{(n)} = \sum_{i\in\mathbb{E}} p_i \cdot \lim_{n\to+\infty} p_{ij}^{(n)} = \sum_{i\in\mathbb{E}} p_i\pi_j = \pi_j. \qquad \square$$

为了求极限分布, 我们引入

定义 4.1.37 设马尔可夫链的 1 步转移概率为 p_{ij}, 如果存在 $\{\nu_j, j\in\mathbb{E}\}$ 满足下列条件:

(1) $\nu_j \geqslant 0 \quad j\in\mathbb{E}$;

(2) $\sum\limits_{j\in\mathbb{E}} \nu_j = 1$;

(3) $\nu_j = \sum\limits_{i\in\mathbb{E}} \nu_i p_{ij}$,

则称 $\{\nu_j, j\in\mathbb{E}\}$ 为该马尔可夫链的**平稳分布**.

记 $V = \{\nu_j, j\in\mathbb{E}\}$, 则 $V = V\boldsymbol{P}$, V 又称为 $\boldsymbol{P}$ 的**不变概率**.

性质 4.1.38 设 V 为平稳分布, 则 $V = V\boldsymbol{P}^n$.

证明 因为 $\nu_j = \sum\limits_{i\in\mathbb{E}} \nu_i p_{ij} = \sum\limits_{i\in\mathbb{E}} \Big(\sum\limits_{k\in\mathbb{E}} \nu_k p_{ki}\Big) p_{ij}$

$$= \sum_{k\in\mathbb{E}} \nu_k \sum_{i\in\mathbb{E}} p_{ki} p_{ij} = \sum_{k\in\mathbb{E}} \nu_k p_{kj}^{(2)},$$

即: $V = V\boldsymbol{P}^2$, 从而由归纳法得证. $\square$

性质 4.1.39 如果马尔可夫链的初始分布 $p_i = P(X(0) = i)$ 为平稳分布, 则 $\{X(n)\}$ 为严平稳过程, 即对任意 n, 有

$$P\{X(n) = j_0, X(n+1) = j_1, \cdots, X(n+m) = j_m\}$$

$$= P\{X(0) = j_0, X(1) = j_1, \cdots, X(m) = j_m\}$$

(详见第八章).

证明 由

$$P(X(n) = j) = \sum_{i=0}^{+\infty} P(X(0) = i) P(X(n) = j | X(0) = i)$$
$$= \sum_{i=0}^{+\infty} p_i p_{ij}^{(n)} = p_j = P(X(0) = j)$$

及

$$P(X(n) = j_0, X(n+1) = j_1, \cdots, X(n+m) = j_m)$$

$$= P(X(n) = j_0)p_{j_0j_1}p_{j_1j_2}\cdots p_{j_{m-1}j_m}$$
$$= P(X(0) = j_0, X(1) = j_1, \cdots, X(m) = j_m)$$

知 $\{X(n)\}$ 为严平稳过程. □

性质 4.1.40　遍历的齐次马尔可夫链的极限分布为平稳分布.

证明　只对状态空间有限情形证明.

由遍历性知: $\lim\limits_{n\to+\infty} p_{ij}(n) = \pi_j$, 从而 $\pi_j \geqslant 0$ 且 $\sum\limits_{j\in\mathbb{E}} \pi_j = 1$. 又由 $p_{ij}(n+1) = \sum\limits_{k\in\mathbb{E}} p_{ir}(n)p_{rj}$, 取极限得

$$\pi_j = \sum_{r\in\mathbb{E}} \pi_r p_{rj},$$

得证. □

例 4.1.41　在传递数字 0 和 1 的通讯系统中, 每一传递数字必须经过若干级. 设传递正确的概率为 p, $X(0)$ 表示进入系统第一级的数字, $X(n)$ 表示离开系统第 n 级的数字. $\{X(n), n = 0, 1, 2, \cdots\}$ 是状态空间 $E = \{0, 1\}$ 的齐次马尔可夫链.1 步转移概率矩阵为

$$\boldsymbol{P} = \begin{pmatrix} p & q \\ q & p \end{pmatrix}.$$

由于 $p_{ij} > 0, \forall i, j$, 故马尔可夫链遍历, 极限分布为平稳分布. 由 $\pi = \pi\boldsymbol{P}$ 及 $\pi_0 + \pi_1 = 1$ 得: $(\pi_0, \pi_1) = \left(\dfrac{1}{2}, \dfrac{1}{2}\right)$.

例 4.1.42　设齐次马尔可夫链 $X(n)$ 的状态空间为 $\mathbb{E} = \{1, 2, 3\}$, 初始分布为

$X(0)$	1	2	3
P	$\dfrac{1}{2}$	$\dfrac{1}{4}$	$\dfrac{1}{4}$

1 步转移概率矩阵为

$$\boldsymbol{P} = \begin{pmatrix} \dfrac{1}{4} & \dfrac{3}{4} & 0 \\ \dfrac{1}{3} & \dfrac{1}{3} & \dfrac{1}{3} \\ 0 & \dfrac{1}{4} & \dfrac{3}{4} \end{pmatrix}.$$

求:

(1) $P(X(0)=1,X(1)=1,X(2)=2)$;

(2) $P(X(2)=3)$;

(3) $P(X(2)=1,X(3)=2|X(1)=1)$;

(4) 此链是否遍历, 如遍历, 求极限分布.

解 (1) 由乘法公式易知

$$\begin{aligned}P(X(0)=1,X(1)=1,X(2)=2)&=p_{12}\cdot p_{11}\cdot P(X(0)=1)\\&=\frac{3}{4}\times\frac{1}{4}\times\frac{1}{2}\\&=\frac{3}{32}.\end{aligned}$$

(2) $$\boldsymbol{P}^{(2)}=\boldsymbol{P}^2=\begin{pmatrix}\frac{5}{16}&\frac{7}{16}&\frac{1}{4}\\ \frac{7}{36}&\frac{4}{9}&\frac{13}{36}\\ \frac{1}{12}&\frac{13}{48}&\frac{31}{48}\end{pmatrix},$$

$$\begin{aligned}P(X(2)=3)&=\sum_{i=1}^{3}P(X(2)=3|X(0)=i)P(X(0)=i)\\&=\frac{1}{4}\times\frac{1}{2}+\frac{13}{36}\times\frac{1}{4}+\frac{31}{48}\times\frac{1}{4}\\&=\frac{217}{576}.\end{aligned}$$

(3) $P(X(2)=1,X(3)=2|X(1)=1)=p_{12}\cdot p_{11}=\dfrac{3}{4}\times\dfrac{1}{4}=\dfrac{3}{16}$.

(4) 因为 $\forall\, i,j,p_{ij}^{(2)}>0$, 所以马尔可夫链遍历, 极限分布即为平稳分布. 由 $\pi\boldsymbol{P}=\pi$ 及 $\sum\limits_{i=1}^{3}\pi_i=1$, 得

$$\pi_1=\frac{4}{25},\quad \pi_2=\frac{9}{25},\quad \pi_3=\frac{12}{25}.$$

所以极限分布为: $\left(\dfrac{4}{25},\dfrac{9}{25},\dfrac{12}{25}\right)$. □

§4.1.6　f_{ij} 与 μ_{ij} 的求法

设 $\{X_n, n=0,1,2,\cdots\}$ 为齐次马尔可夫链, 我们来求 f_{ij} 与 μ_{ij}. 由

$$f_{ij}^{(n+1)} = \sum_{k\in\mathbb{E}\setminus\{j\}} p_{ik} f_{kj}^{(n)}, \tag{4.2}$$

两边关于 n 求和, 知 $\{f_{ij}, i,j\in\mathbb{E}\}$ 满足如下线性方程组:

$$f_{ij} = f_{ij}^{(1)} + \sum_{k\in\mathbb{E}\setminus\{j\}} p_{ik} f_{kj}, \tag{4.3}$$

写成矩阵的形式:

$$\boldsymbol{f} = \boldsymbol{f}^{(1)} + \boldsymbol{P}\boldsymbol{f},$$

其中 $\boldsymbol{f} := (f_{ij})_{i,j\in\mathbb{E}}$, $\boldsymbol{P}$ 为 1 步转移概率矩阵.

令

$$\mu_{ij} := \sum_{n=1}^{+\infty} n f_{ij}^{(n)},$$

表示从 i 出发首次到达 j 的平均步长, 则

$$\begin{aligned}
\mu_{ij} &= f_{ij}^{(1)} + \sum_{n=1}^{+\infty}(n+1) f_{ij}^{(n+1)} \\
&= f_{ij}^{(1)} + \sum_{n=1}^{+\infty}(n+1) \sum_{k\in\mathbb{E}\setminus\{j\}} p_{ik} f_{kj}^{(n)} \\
&= f_{ij}^{(1)} + \sum_{k\in\mathbb{E}\setminus\{j\}} p_{ik} \sum_{n=1}^{+\infty}(n+1) f_{kj}^{(n)} \\
&= f_{ij}^{(1)} + \sum_{k\in\mathbb{E}\setminus\{j\}} p_{ik} \sum_{n=1}^{+\infty} f_{kj}^{(n)} + \sum_{k\in\mathbb{E}\setminus\{j\}} p_{ik} \sum_{n=1}^{+\infty} n f_{kj}^{(n)} \\
&= f_{ij}^{(1)} + \sum_{k\in\mathbb{E}\setminus\{j\}} p_{ik} f_{kj} + \sum_{k\in\mathbb{E}\setminus\{j\}} p_{ik} \mu_{kj}.
\end{aligned}$$

再由 (4.3) 可得, $\{\mu_{ij}, i,j\in\mathbb{E}\}$ 满足如下线性方程组:

$$\mu_{ij} = f_{ij} + \sum_{k\in\mathbb{E}\setminus\{j\}} p_{ik}\mu_{kj}.$$

§4.2 连续时间参数马尔可夫链

§4.2.1 转移概率函数与转移速率矩阵

设时间参数空间为 $\mathbb{T}=[0,+\infty)$, 连续时间参数马尔可夫链的定义与离散时间参数类似, 这里略去. 对连续时间参数马尔可夫链, 其相应的转移概率函数定义为

定义 4.2.1 设 $\{X(t), t\geqslant 0\}$ 为连续时间参数马尔可夫链, 状态空间 $\mathbb{E}=\{0,1,2,\cdots\}$, 对任意的 $i,j\in\mathbb{E}$, 任意的非负实数 s,t, 条件概率 $p_{ij}(s,s+t)=P(X(s+t)=j|X(s)=i)$ 称为马尔可夫链的**转移概率函数**.

如果 $\forall s>0, p_{ij}(s,s+t)=p_{ij}(0,t)\doteq p_{ij}(t)$, 称该马尔可夫链为**时齐**的, 以下只考虑时齐马尔可夫链.

易知, 转移概率函数 $\{p_{ij}(t)\}_{i,j\in\mathbb{E}}$ 满足:

(1) $0\leqslant p_{ij}(t)\leqslant 1 \quad \forall i,j\in\mathbb{E}$;

(2) $\displaystyle\sum_{j\in\mathbb{E}} p_{ij}(t)=1$;

(3) C-K 方程成立: $p_{ij}(s+t)=\displaystyle\sum_{r} p_{ir}(s)p_{rj}(t)$.

♣ 约定 $p_{ij}(0)=\delta_{ij}=\begin{cases}1, & 如 i=j,\\ 0, & 否则.\end{cases}$

♣ 记 $p_i=P(X(0)=i)$ 为初始分布, $p_j(t)=P(X(t)=j)$ 为 t 时刻的绝对概率分布.

在离散时间参数马尔可夫链中, n 步转移概率可以由 1 步转移概率算得, 而 1 步转移概率可由直观方法求出. 在连续时间参数马尔可夫链中, 如何求 $p_{ij}(t)$? 能否找到一个类似于 1 步转移概率矩阵的某矩阵, 使得转移函数可由它表示. 为此, 我们假设转移函数满足以下的连续性条件:

$$\lim_{t\to 0^+} p_{ij}(t)=\delta_{ij}$$

并称满足该连续性条件的过程为**随机连续**的马尔可夫过程.

定理 4.2.2 对随机连续的连续时间参数马尔可夫链, 有

$$\lim_{t\to 0^+}\frac{p_{ij}(t)-\delta_{ij}}{t}=q_{ij},\quad i,j\in\mathbb{E},$$

其中, 当 $i\neq j$ 时, q_{ij} 存在且有限; q_{ii} 存在但可能为 $-\infty$.

♣ q_{ij} 称为该马尔可夫链的**转移速率**, $\boldsymbol{Q}=(q_{ij})_{i,j\in\mathbb{E}}$ 称为转移概率矩阵 $\boldsymbol{P}(t)=(p_{ij}(t))_{i,j\in\mathbb{E}}$ 的**转移速率矩阵**, 简称为 Q **矩阵**.

证明 (证明不作要求) 先证

$$\lim_{t\to 0^+}\frac{1-p_{ii}(t)}{t}=q_i=-q_{ii},\quad i\in\mathbb{E}$$

存在, 但可能为 $+\infty$: 令 $\phi(s)=-\ln(p_{ii}(s))$, 由 C-K 方程知

$$\phi(s+t)\leqslant\phi(s)+\phi(t),\forall s,t\geqslant 0.$$

令 $q_i:=\sup\limits_{t>0}\dfrac{\phi(t)}{t}$, 易知 $q_i\in[0,+\infty]$. 易证:

$$q_i=\lim_{t\to 0}\frac{\phi(t)}{t},$$

于是,

$$\lim_{t\to 0}\frac{1-p_{ii}(t)}{t}=\lim_{t\to 0}\frac{1-\mathrm{e}^{-\phi(t)}}{\phi(t)}\frac{\phi(t)}{t}=q_i.$$

再证对任意 $i,j,\ i\neq j$, 都有极限

$$\lim_{t\to 0^+}\frac{p_{ij}(t)}{t}=q_{ij}$$

存在且有限.$\forall\varepsilon>0$, 存在 $\delta>0$, 使得 $\forall t\in[0,\delta]$,

$$\begin{aligned}1-p_{ii}(t)<\varepsilon,\\ 1-p_{jj}(t)<\varepsilon.\end{aligned}$$

对任意 $0\leqslant h<t$, 我们可以证明如下不等式:

$$p_{ij}(h)\leqslant\frac{p_{ij}(t)}{n}\frac{1}{1-3\varepsilon},$$

其中 $n=\left[\dfrac{t}{h}\right]$. 于是,

$$\frac{p_{ij}(h)}{h}<\frac{p_{ij}(t)}{t-h}\frac{1}{1-3\varepsilon},$$

令 $h\downarrow 0$,

$$\overline{\lim_{h\to 0}}\frac{p_{ij}(h)}{h}\leqslant\frac{p_{ij}(t)}{t}\frac{1}{1-3\varepsilon}(<+\infty),$$

令 $\varepsilon \downarrow 0$,

$$\overline{\lim_{h\to 0}}\frac{p_{ij}(h)}{h}\leqslant\frac{p_{ij}(t)}{t},$$

于是,

$$\overline{\lim_{h\to 0}}\frac{p_{ij}(h)}{h}\leqslant\underline{\lim_{t\to 0}}\frac{p_{ij}(t)}{t},$$

从而极限 $\lim\limits_{t\to 0^+}\dfrac{p_{ij}(t)}{t}$ 存在且有限. □

性质 4.2.3 设 $\boldsymbol{Q}=(q_{ij})_{i,j\in\mathbb{E}}$, 则

(1) $0\leqslant q_{ij}<+\infty$, $q_{ii}\leqslant 0$;

(2) $\sum\limits_{j\neq i}q_{ij}+q_{ii}\leqslant 0$.

证明 (1) 显然, 仅证 (2) . 由 $\sum\limits_{j\in\mathbb{E}}p_{ij}(t)=1$ 知

$$\sum_{j\neq i}\frac{p_{ij}}{t}=-\frac{p_{ii}(t)-1}{t},$$

由法图 (Fatou) 引理知

$$\begin{aligned}-q_{ii}=-\lim_{t\to 0^+}\frac{p_{ii}(t)-1}{t}&=\lim_{t\to 0^+}\sum_{j\neq i}\frac{p_{ij}}{t}\\&\geqslant\sum_{j\neq i}\lim_{t\to 0^+}\frac{p_{ij}}{t}=\sum_{j\neq i}q_{ij},\end{aligned}$$

从而得证. □

♣ 如果一个 Q 矩阵满足 $\sum\limits_{j\neq i}q_{ij}+q_{ii}=0$, $\forall i$, 则称其为**保守**的 Q 矩阵. 有限状态的马尔可夫链的 Q 矩阵总是保守的.

一般来说,$\boldsymbol{P}(t)$ 不能直接由测量得到, 但 $\boldsymbol{Q}$ 却可通过实验手段测得. 它们之间的关系由柯尔莫哥洛夫向前与向后方程给出.

定理 4.2.4 对于有限状态的马尔可夫链, 有如下柯尔莫哥洛夫向前、向后方程: $\forall i,j\in\mathbb{E}=\{0,1,\cdots,N\}$,

$$\frac{\mathrm{d}p_{ij}(t)}{\mathrm{d}t}=\sum_{k=0}^{N}p_{ik}(t)q_{kj},$$

即:
$$\boldsymbol{P}'(t)=\boldsymbol{P}(t)\boldsymbol{Q}\quad(\text{向前方程}),$$
$$\frac{\mathrm{d}p_{ij}(t)}{\mathrm{d}t}=\sum_{k=0}^{N}q_{ik}p_{kj}(t),$$
即:
$$\boldsymbol{P}'(t)=\boldsymbol{Q}\boldsymbol{P}(t)\quad(\text{向后方程}).$$

$\boldsymbol{P}(t)$ 可以写成如下形式:

$$\boldsymbol{P}(t)=\mathrm{e}^{\boldsymbol{Q}t}=\sum_{k=0}^{+\infty}\frac{t^k\boldsymbol{Q}^k}{k!},$$

其中 $\boldsymbol{Q}^0=\boldsymbol{I}$ 为单位矩阵.

证明　只证向前方程.

$$\begin{aligned}\frac{p_{ij}(t+\Delta t)-p_{ij}(t)}{\Delta t}&=\frac{\sum\limits_{k=0}^{N}p_{ik}(t)p_{kj}(\Delta t)-p_{ij}(t)}{\Delta t}\\&=\sum_{k=0}^{N}p_{ik}(t)\frac{p_{kj}(\Delta t)-\delta_{kj}}{\Delta t},\end{aligned}$$

令 $\Delta t\to 0$, 取极限得

$$\frac{\mathrm{d}p_{ij}(t)}{\mathrm{d}t}=\sum_{k=0}^{N}p_{ik}(t)q_{kj}.$$

□

注　对于状态空间无限, 向前方程与向后方程不一定成立, 当满足保守条件: $\sum\limits_{j\in\mathbb{E}}q_{ij}=0$, q_{ii} 有界时, 向后方程一定成立.

例 4.2.5　某种股票, 每个时刻有两种状态: “熊市”和“牛市”, 分别用 0 与 1 表示. 我们用 X_t 表示 t 时刻的状态, 为了简单起见, 设 $\{X_t,t\geqslant 0\}$ 为齐次马尔可夫过程, 根据以往的统计规律知

$$\begin{aligned}p_{01}(h)&=\lambda h+o(h),\\p_{10}(h)&=\mu h+o(h),\end{aligned}$$

求 Q 矩阵 $\boldsymbol{Q}$ 与转移概率矩阵 $\boldsymbol{P}(t)$.

解　易知

$$\boldsymbol{Q}=\begin{pmatrix} -\lambda & \lambda \\ \mu & -\mu \end{pmatrix},$$

由向前方程得

$$\frac{\mathrm{d}p_{00}(t)}{\mathrm{d}t}=-\lambda p_{00}(t)+\mu p_{01}(t), \tag{4.4}$$

$$\frac{\mathrm{d}p_{10}(t)}{\mathrm{d}t}=-\lambda p_{10}(t)+\mu p_{11}(t), \tag{4.5}$$

我们先来解 (4.4)：由于 $p_{00}(t)+p_{01}(t)=1$, 从而

$$\frac{\mathrm{d}p_{00}(t)}{\mathrm{d}t}=\mu-(\lambda+\mu)p_{00}(t).$$

由 $p_{00}(0)=1$, 由常微分方程的知识知

$$p_{00}(t)=\frac{\mu}{\lambda+\mu}+\frac{\lambda}{\lambda+\mu}\mathrm{e}^{-(\lambda+\mu)t},$$

$$p_{01}(t)=1-p_{00}(t)=\frac{\lambda}{\lambda+\mu}-\frac{\lambda}{\lambda+\mu}\mathrm{e}^{-(\lambda+\mu)t}.$$

同理,

$$p_{10}(t)=\frac{\mu}{\lambda+\mu}-\frac{\mu}{\lambda+\mu}\mathrm{e}^{-(\lambda+\mu)t},$$

$$p_{11}(t)=\frac{\lambda}{\lambda+\mu}-\frac{\mu}{\lambda+\mu}\mathrm{e}^{-(\lambda+\mu)t}.$$

□

推论 4.2.6 当向前方程成立时, 绝对概率满足福克尔 – 普朗克 (Fokker–Planck) 方程:

$$p_j^{'}(t)=p_j(t)q_{jj}+\sum_{k\neq j}p_k(t)q_{kj}.$$

证明 由向前方程, 两边同乘 $p_i=P(X(0)=i)$, 对 i 求和得

$$\sum_i p_{ij}^{'}(t)p_i=\sum_i\sum_{k\in\mathbb{E}}p_{ik}(t)q_{kj}p_i=\sum_{k\in\mathbb{E}}\sum_i p_ip_{ik}(t)q_{kj},$$

即

$$p_j^{'}(t)=\sum_{k\in\mathbb{E}}p_k(t)q_{kj}.$$

□

在实际问题中, 我们需要对 Q 矩阵中的元素进行估计, 因此需要知道 Q 矩阵的概率意义. 这一点由下面的定理给出:

定理 4.2.7 设 $X(t)$ 的轨迹右连续 (即 $P\big(\lim\limits_{t_0\to 0^+}X(t+t_0)=X(t)\big)=1$), 令 $\tau=\inf\{t:t>0,X(t)\neq X(0)\}$, 即 τ 为首次离开初始状态的时刻, 则

(1) $P(\tau > t|X(0)=i) = \mathrm{e}^{-q_i t}$, 其中 $q_i = -q_{ii}$, $E(\tau|X(0)=i) = \dfrac{1}{q_i}$;

(2) $P(\tau \leqslant t, X(\tau)=j|X(0)=i) = \dfrac{q_{ij}}{q_i}(1-\mathrm{e}^{-q_i t})$,

$$P\{X(\tau)=j|X(0)=i\} = \frac{q_{ij}}{q_i},$$

即在 $X(0)=i$ 的条件下, τ 与 $X(\tau)$ 独立.

证明 (证明不作要求) 将 $[0,t]$ 等分成 2^n 个小区间, 再令 $n \to +\infty$.

(1) $P(\tau > t|X(0)=i) = P(X(u) \equiv i, \forall u \in (0,t] \Big| X(0)=i)$

$$= \lim_{n\to+\infty} P\Big(X\Big(\frac{k}{2^n}t\Big) = i, k=1,\cdots,2^n \Big| X(0)=i\Big)$$

$$= \lim_{n\to+\infty} \prod_{k=1}^{2^n} P\Big(X\Big(\frac{k}{2^n}t\Big) = i \Big| X\Big(\frac{k-1}{2^n}t\Big) = i\Big)$$

$$= \lim_{n\to+\infty} \Big[p_{ii}\Big(\frac{t}{2^n}\Big)\Big]^{2^n}$$

$$= \lim_{n\to+\infty} \exp\left[\frac{\ln p_{ii}\Big(\dfrac{t}{2^n}\Big)}{\dfrac{t}{2^n}} t\right]$$

$$= \mathrm{e}^{-q_i t}.$$

(2) $P(\tau \leqslant t, X(\tau)=j|X(0)=i)$

$$= \lim_{n\to+\infty} \sum_{k=1}^{2^n} P\Big(X(u)\text{在第 } k \text{ 个小区间发生跳跃, 且跳到} j \Big| X(0)=i\Big)$$

$$= \lim_{n\to+\infty} \sum_{k=1}^{2^n} P\Big(X\Big(\frac{l}{2^n}t\Big) = i, l \leqslant k-1, X\Big(\frac{k}{2^n}t\Big) = j \Big| X(0)=i\Big)$$

$$= \lim_{n\to+\infty} \sum_{k=1}^{2^n} \Big[p_{ii}\Big(\frac{t}{2^n}\Big)\Big]^{k-1} p_{ij}\Big(\frac{t}{2^n}\Big)$$

$$= \lim_{n\to+\infty} \frac{1 - p_{ii}\Big(\dfrac{t}{2^n}\Big)^{2^n}}{1 - p_{ii}\Big(\dfrac{t}{2^n}\Big)} p_{ij}\Big(\frac{t}{2^n}\Big)$$

$$= \lim_{n\to+\infty} \Big[1 - p_{ii}\Big(\frac{t}{2^n}\Big)^{2^n}\Big] \frac{p_{ij}\Big(\dfrac{t}{2^n}\Big)}{1 - p_{ii}\Big(\dfrac{t}{2^n}\Big)}$$

$$= (1 - \mathrm{e}^{-q_i t})\frac{q_{ij}}{q_i}.$$ □

类似于离散时间参数马尔可夫链, 对于连续时间参数马尔可夫链, 有

定义 4.2.8 如果存在 $t \geqslant 0$, 使得 $P_{ij}(t) > 0, i, j \in \mathbb{E}$, 则称马尔可夫链自状态 i **可达**状态 j, 记为 $i \to j$; 否则称状态 i **不能到达**状态 j, 记为 $i \nrightarrow j$.

定义 4.2.9 如果 $i \to j$ 且 $j \to i$, 则称状态 i 和 j **互通**, 记为 $i \leftrightarrow j$. 如果所有的状态都互通, 则称该马尔可夫链**不可约**.

定义 4.2.10 设马尔可夫链的转移概率函数为 $p_{ij}(t)$, 如果存在 $\{\pi_j, j \in \mathbb{E}\}$ 满足下列条件:

(1) $\pi_j \geqslant 0, j \in \mathbb{E}$;

(2) $\displaystyle\sum_{j\in\mathbb{E}} \pi_j = 1$;

(3) $\displaystyle\pi_j = \sum_{i\in\mathbb{E}} \pi_i p_{ij}(t)$, 对每个 t,

则称 $\{\pi_j, j \in \mathbb{E}\}$ 为该马尔可夫链的**平稳分布**.

性质 4.2.11 设 $\{\pi_j, j \in \mathbb{E}\}$ 为有限马尔可夫链的平稳分布, 则

$$\begin{cases} \pi \boldsymbol{Q} = \boldsymbol{0}, \\ \displaystyle\sum_{i\in\mathbb{E}} \pi_i = 1. \end{cases}$$

证明 由定义,

$$\pi_j = \sum_{i\in\mathbb{E}} \pi_i p_{ij}(t).$$

两边关于 t 求导数得

$$\begin{aligned} 0 &= \sum_{i\in\mathbb{E}} \pi_i p_{ij}^{'}(t) \\ &= \sum_{i\in\mathbb{E}} \pi_i \left(\sum_{k\in\mathbb{E}} p_{ik}(t) q_{kj} \right) \quad \text{(向前方程)} \\ &= \sum_{k\in\mathbb{E}} \left(\sum_{i\in\mathbb{E}} \pi_i p_{ik}(t) \right) q_{kj} \\ &= \sum_{k\in\mathbb{E}} \pi_k q_{kj}, \end{aligned}$$

从而得证. □

性质 4.2.12　不可约的保守的连续时间参数马尔可夫链存在极限分布, 极限分布为平稳分布.

§4.2.2　生灭过程

定义 4.2.13　设 $\{X(t), t \geqslant 0\}$ 是连续时间参数齐次马尔可夫链, $\mathbb{E} = \{0, 1, \cdots\}$, 如果 $X(t)$ 的转移概率函数 $p_{ij}(t)$ 具有以下特点:

$$\begin{cases} p_{i,i+1}(h) = \lambda_i h + o(h), \lambda_i > 0, \\ p_{i,i-1}(h) = \mu_i h + o(h), \mu_i > 0, \mu_0 = 0, \\ p_{ii}(h) = 1 - (\lambda_i + \mu_i)h + o(h), \\ \displaystyle\sum_{|j-i| \geqslant 2} p_{ij}(h) = o(h), \end{cases}$$

称 $X(t)$ 为**生灭过程**, λ_i 称为**出生率**, μ_i 称为**死亡率**.

如果 $\mu_i = 0 (i \geqslant 1)$, 称为**纯生过程**; 如果 $\lambda_i = 0 (i \geqslant 0)$, 称为**纯灭过程**.

对生灭过程 $X(t)$, 其 Q 矩阵为

$$\boldsymbol{Q} = \begin{pmatrix} -\lambda_0 & \lambda_0 & 0 & 0 & \cdots \\ \mu_1 & -(\lambda_1 + \mu_1) & \lambda_1 & 0 & \cdots \\ 0 & \mu_2 & -(\lambda_2 + \mu_2) & \lambda_2 & \cdots \\ \vdots & \vdots & \vdots & \vdots & \end{pmatrix}.$$

显然该 Q 矩阵为保守的. 与定理 4.2.4 类似, 易证柯尔莫哥洛夫向前和向后方程均成立. 且存在极限分布 $\pi = \{\pi_j, j \in \mathbb{E}\}$ 满足: $\pi \boldsymbol{Q} = \boldsymbol{0}$, 得

$$\begin{cases} \pi_1 = \dfrac{\lambda_0}{\mu_1} \pi_0, \\ \pi_2 = \dfrac{\lambda_0 \lambda_1}{\mu_1 \mu_2} \pi_0, \\ \cdots\cdots\cdots\cdots \\ \pi_k = \dfrac{\lambda_0 \lambda_1 \cdots \lambda_{k-1}}{\mu_1 \mu_2 \cdots \mu_k} \pi_0, \\ \cdots\cdots\cdots\cdots \end{cases}$$

再由 $\displaystyle\sum_{i=0}^{+\infty} \pi_i = 1$ 得

$$\pi_0 = \left(1 + \sum_{k=1}^{+\infty} \frac{\lambda_0 \lambda_1 \cdots \lambda_{k-1}}{\mu_1 \mu_2 \cdots \mu_k} \right)^{-1}.$$

例 4.2.14(泊松过程) $X(t)$ 表示直到 t 时刻为止某电话交换台收到的呼唤数, 假设:

(1) 在时间 $(a, a+t]$ 内收到的呼唤数 $X(a+t)-X(a)$ 的概率分布与 a 无关, 其中 $a \geqslant 0$;

(2) 在互不相交的时间区间内收到的呼唤数是独立的;

(3) 在很短的间隔长为 Δt 时间内收到多于 1 次呼唤的概率为 $o(\Delta t)$.

试求 Q 矩阵和 $p_{ij}(t)$.

解 设 $X(0)=0, X(t)$ 为马尔可夫链, 且对 $j>i$, 有

$$P(X(a+t)=j|X(a)=i)=P(X(a+t)-X(a)=j-i),$$

只与 t 有关, 与 a 无关, 因此 $X(t)$ 为时齐的. 令 λ 表示单位时间内收到的平均呼唤次数, 则

$$P(X(t+\Delta t)-X(t)=1)=\lambda \Delta t+o(\Delta t),$$

由

$$\begin{aligned} p_{ij}(\Delta t) &= P\{X(t+\Delta t)=j|X(t)=i\} \\ &= \begin{cases} 0, & j<i, \\ 1-\lambda \Delta t+o(\Delta t), & j=i, \\ \lambda \Delta t+o(\Delta t), & j=i+1, \\ o(\Delta t), & j>i+1 \end{cases} \end{aligned}$$

知

$$q_{ij}=\begin{cases} 0, & j<i \quad \text{或} j>i+1, \\ -\lambda, & j=i, \\ \lambda, & j=i+1. \end{cases}$$

故其 Q 矩阵为

$$\boldsymbol{Q}=\begin{pmatrix} -\lambda & \lambda & 0 & 0 & \cdots \\ 0 & -\lambda & \lambda & 0 & \cdots \\ \vdots & \vdots & \vdots & \vdots & \end{pmatrix},$$

从中可以看出矩阵 $\boldsymbol{Q}$ 满足保守条件, 由向后方程得

$$\begin{cases} \dfrac{\mathrm{d} p_{ij}(t)}{\mathrm{d} t}=-\lambda p_{ij}(t)+\lambda p_{i+1, j}(t), j \geqslant i, \\ \\ \dfrac{\mathrm{d} p_{ii}(t)}{\mathrm{d} t}=-\lambda p_{ii}(t). \end{cases}$$

由初始条件: $p_{ij}(0)=\delta_{ij}$ 解得

$$p_{ij}(t)=\frac{(\lambda t)^{j-i}}{(j-i)!}\mathrm{e}^{-\lambda t}, j=i,i+1,\cdots. \qquad \square$$

例 4.2.15(线性纯生过程, 尤尔 (Yule) 过程) 考察一种初等生物群体的繁殖过程模型, 假设每个生物体与其他生物体的繁殖相互独立且均服从强度为 λ 的泊松过程, 每个生物体分别繁殖后代, 且不会死亡 (可以理解为转变为另一种形式保存下来). 记 N_t 表示 t 时刻群体中的总数目. 由于泊松过程具有可加性, 即 n 个独立的泊松过程之和仍为泊松过程, 参数为它们的参数之和. 状态空间 $\mathbb{E}=\{0,1,2,\cdots\}$. 试求 $p_n(t):=P(N_t=n)$ 和 $p_{ij}(t)$.

解 易知

$$p_n(t+h)=P(N_{t+h}=n)=p_n(t)(1-n\lambda h)+p_{n-1}(t)(n-1)\lambda h+o(h),$$

故

$$\frac{\mathrm{d}}{\mathrm{d}t}p_n(t)=-n\lambda p_n(t)+(n-1)\lambda p_{n-1}(t).$$

设开始时有 n_0 个个体, 即 $N_0=n_0$, 则

$$p_{n_0}(0)=1,\ p_n(0)=0\quad(n\neq n_0).$$

当 $n<n_0$ 时, $\forall t\geqslant 0,\ p_n(t)=0$.

当 $n=n_0$ 时, 由 $\frac{\mathrm{d}}{\mathrm{d}t}p_{n_0}(t)=-n_0\lambda p_{n_0}(t)$, 得: $p_{n_0}(t)=\mathrm{e}^{-n_0\lambda t}$.

当 $n\geqslant n_0+1$ 时, 由 $p_n(t)$ 及 $p_{n-1}(t)$ 的上述递推方程可得

$$p_n(t)=\frac{(n-1)!}{(n-n_0)!(n_0-1)!}(\mathrm{e}^{-\lambda t})^{n_0}(1-\mathrm{e}^{-\lambda t})^{n-n_0}.$$

从而, N_t 作为连续时间参数马尔可夫链, 具有转移概率函数

$$p_{ij}(t)=\mathrm{C}_{j-1}^{i-1}(\mathrm{e}^{-\lambda t})^{i}(1-\mathrm{e}^{-\lambda t})^{j-i}, j\geqslant i.$$

另一方面, 我们也可由 Q 矩阵推出 $p_{ij}(t)$, 如下:

$$P(N(t+\Delta t)-N(t)=1|N(t)=k)=k\lambda\Delta t+o(\Delta t),$$

$$P(N(t+\Delta t)-N(t)=0|N(t)=k)=1-k\lambda\Delta t+o(\Delta t),$$

$$P(N(t+\Delta t)-N(t)\geqslant 2|N(t)=k)=o(\Delta t),$$

$$P(N(t+\Delta t)-N(t)<0|N(t)=k)=0,$$

从而

$$p_{ij}(\Delta t)=\begin{cases}0, & j<i,\\ 1-i\lambda\Delta t+o(\Delta t), & j=i,\\ i\lambda\Delta t+o(\Delta t), & j=i+1,\\ o(\Delta t), & j>i+1.\end{cases}$$

所以,

$$\boldsymbol{Q}=\begin{pmatrix}0 & 0 & 0 & 0 & 0 & \cdots\\ 0 & -\lambda & \lambda & 0 & 0 & \cdots\\ 0 & 0 & -2\lambda & 2\lambda & 0 & \cdots\\ 0 & 0 & 0 & -3\lambda & 3\lambda & \cdots\\ \vdots & \vdots & \vdots & \vdots & \vdots & \end{pmatrix}$$

满足保守条件, 由向前方程得

$$\begin{cases}\dfrac{\mathrm{d}p_{ij}(t)}{\mathrm{d}t}=(j-1)\lambda p_{i,j-1}(t)-j\lambda p_{ij}(t), \ j>i,\\ \\ \dfrac{\mathrm{d}p_{ii}(t)}{\mathrm{d}t}=-\lambda i p_{ii}(t).\end{cases}$$

满足初始条件: $p_{ij}(0)=\delta_{ij}$, 递推得

$$p_{ij}(t)=\mathrm{C}_{j-1}^{i-1}(\mathrm{e}^{-\lambda t})^i(1-\mathrm{e}^{-\lambda t})^{j-i}, j\geqslant i.$$

□

§4.3 生灭过程在排队论中的应用

排队模型是非常复杂的概率模型. 排队系统总是由输入过程、排队过程及输出过程构成, 这三个过程的不同情况组合成多个模型. 我们只考虑几个最简单的排队模型以说明生灭过程的应用.

在本节中, 只考虑 M/M 服务系统, 第一个字母 M 表示顾客按泊松过程到达, 即顾客到达的时间间隔独立同分布且服从参数为 λ 的指数分布; 第二个字母 M 表示每个顾客接受服务的时间长度也独立同分布且服从参数为 μ 的指数分布, 并且与到达过程独立; 假定先到先服务.

§4.3.1　$M/M/1$ 损失制

在该模型中, 只有 1 个服务员; 服务规则是当顾客来到服务系统时, 若服务台已被占用, 顾客立即离开系统, 所以是损失制.

设 $X(t)$ 表示 t 时刻服务系统的顾客数, $X(t)$ 为生灭过程, 状态空间 $\mathbb{E}=\{0,1\}$, 由于服务时间服从参数为 μ 的指数分布, 所以

$$\begin{aligned}P(\Delta t\text{内服务完毕}) &= P(\text{服务时间} < \Delta t)\\ &= 1-\mathrm{e}^{-\mu\Delta t}\\ &= \mu\Delta t+o(\Delta t),\end{aligned}$$

所以

$$p_{00}(\Delta t)=1-\lambda\Delta t+o(\Delta t),\quad p_{01}(\Delta t)=\lambda\Delta t+o(\Delta t),$$

$$p_{10}(\Delta t)=\mu\Delta t+o(\Delta t),\quad p_{11}(\Delta t)=1-\mu\Delta t+o(\Delta t).$$

从而

$$\boldsymbol{Q}=\begin{pmatrix}-\lambda & \lambda\\ \mu & -\mu\end{pmatrix}.$$

平稳分布为

$$\pi_0=\frac{\mu}{\mu+\lambda},\quad \pi_1=\frac{\lambda}{\mu+\lambda},$$

服务台空台的概率为

$$\pi_{\text{闲}}=\pi_0=\frac{\mu}{\mu+\lambda},$$

服务台被占用 (顾客损失) 的概率为

$$\pi_{\text{损}}=\pi_1=\frac{\lambda}{\mu+\lambda}.$$

§4.3.2　$M/M/n$ 损失制

该模型与上一模型的不同之处在于有 n 个服务员.X_t 表示时刻 t 服务系统的顾客数, 状态空间 $\mathbb{E}=\{0,1,2,\cdots,n\}$, X_t 为生灭过程.

$$\begin{aligned}&p_{i,i-1}(\Delta t)=i(\mu\Delta t+o(\Delta t)),\quad p_{i,i+1}(\Delta t)=\lambda\Delta t+o(\Delta t),\\ &p_{ii}(\Delta t)=1-(\lambda+i\mu)\Delta t+o(\Delta t),\quad p_{nn}(\Delta t)=1-n\mu\Delta t+o(\Delta t),\end{aligned}$$

从而

$$Q=\begin{pmatrix}-\lambda & \lambda & 0 & \cdots & 0 & 0\\ \mu & -(\lambda+\mu) & \lambda & \cdots & 0 & 0\\ 0 & 2\mu & -(\lambda+2\mu) & \cdots & 0 & 0\\ \vdots & \vdots & \vdots & & \vdots & \vdots\\ \cdots & \cdots & \cdots & \cdots & n\mu & -n\mu\end{pmatrix}.$$

平稳分布为

$$\pi_k=\frac{1}{k!}\left(\frac{\lambda}{\mu}\right)^k\pi_0,\quad k=1,2,\cdots,n.$$

由 $\sum_{k=0}^{n}\pi_k=1$ 得 $$\pi_0=\left[1+\sum_{k=1}^{n}\frac{1}{k!}\left(\frac{\lambda}{\mu}\right)^k\right]^{-1}.$$

例 4.3.1 电话总机有 3 条中继线, 设电话呼叫按泊松过程到达, 平均每分钟 1.5 次 ($\lambda=1.5$), 通话时间服从指数分布, 平均每次通话 2 分钟 $\left(\frac{1}{\mu}=2\right)$, 通话与呼叫相互独立, 顾客在线路占满时, 不再等待而离去. 设 $X(t)$ 表示 t 时刻占用的电话线路数, 状态空间 $\mathbb{E}=\{0,1,2,3\}$,

$$Q=\begin{pmatrix}-\lambda & \lambda & 0 & 0\\ \mu & -(\lambda+\mu) & \lambda & 0\\ 0 & 2\mu & -(\lambda+2\mu) & \lambda\\ 0 & 0 & 3\mu & -3\mu\end{pmatrix}.$$

由 $\lambda=\frac{3}{2}$, $\mu=\frac{1}{2}$, 得平稳分布为

$$(\pi_0,\pi_1,\pi_2,\pi_3)=\left(\frac{1}{13},\frac{3}{13},\frac{9}{26},\frac{9}{26}\right).$$

电话总机空闲的概率为: $\pi_0=\frac{1}{13}$, 系统的损失率为: $\pi_3=\frac{9}{26}$, 平均通话线路数为: $\sum_{k=1}^{3}k\pi_k=\frac{51}{26}\approx 2$(条).

§4.3.3 $M/M/1$ 等待制, 顾客总体为无限源

在该模型中, 当顾客来到系统时, 若服务台已被占用, 顾客就排队等待.$X(t)$ 表示 t 时刻系统中的人数, 由于顾客总体为无限源, 所以状态空间为

$\mathbb{E}=\{0,1,2,\cdots\}$. 由

$$\begin{aligned}&p_{i,i-1}(\Delta t)=\mu\Delta t+o(\Delta t),\quad p_{i,i+1}(\Delta t)=\lambda\Delta t+o(\Delta t),\\&p_{ii}(\Delta t)=1-(\lambda+\mu)\Delta t+o(\Delta t),\quad p_{00}(\Delta t)=1-\lambda\Delta t+o(\Delta t),\end{aligned}$$

可得

$$\boldsymbol{Q}=\begin{pmatrix}-\lambda & \lambda & 0 & 0 & \cdots\\ \mu & -(\lambda+\mu) & \lambda & 0 & \cdots\\ 0 & \mu & -(\lambda+\mu) & \lambda & \cdots\\ \vdots & \vdots & \vdots & \vdots & \end{pmatrix}.$$

平稳分布

$$\begin{cases}\pi_0=\left[\sum\limits_{k=0}^{+\infty}\left(\dfrac{\lambda}{\mu}\right)^k\right]^{-1}=1-\rho\ \left(\rho=\dfrac{\lambda}{\mu}\right),\\[2ex] \pi_k=\left(\dfrac{\lambda}{\mu}\right)^k\pi_0=\rho^k(1-\rho),\ k=1,2,\cdots.\end{cases}$$

ρ 称为系统的**负荷率**. 如果 $\rho>1$, 则 $\lambda>\mu,\pi_0=0$. 所以一般假定 $\rho<1$. 在实际应用中有几个重要的指标, 为了介绍它们, 先给出 Little 公式:

当系统达到统计平稳状态后, 系统内顾客的平均数 L 和系统内顾客所花费时间的平均值 ω 之间有重要关系:

$$L=\lambda_e\omega \text{ 或 } \omega=\frac{L}{\lambda_e},$$

其中 λ_e 表示单位时间内进入的顾客数. 如果有一些顾客到达时, 发现排队位置已满, 就不再等候而立即离去, 这部分顾客在系统内花费的时间为零, 我们也把这些顾客计算在内, 此时 $\lambda_e=\lambda$; 否则, 由于顾客到达服务系统时, 以概率 p 不进入系统排队, 而以概率 $1-p$ 进入系统, 此时 $\lambda_e=\lambda(1-p)$.

下面给出等待系统的几个有关运行指标:

(1) 系统空闲的概率和系统忙期的概率.

系统空闲的概率为: $\pi_{闲}=\pi_0=1-\rho$;

系统忙期的概率为: $\pi_{忙}=1-\pi_{闲}=1-\pi_0=\rho$.

(2) 顾客在系统逗留的平均数 L_s.

顾客在系统的逗留数, 包括等待服务和正在接受服务的人数, 所以

$$L_s=\sum_{k=1}^{+\infty}k\pi_k=\sum_{k=1}^{+\infty}k\rho^k(1-\rho)=\frac{\rho}{1-\rho}=\frac{\lambda}{\mu-\lambda}.$$

(3) 顾客在系统内排队等待的平均数 L_q.

$$L_q=\sum_{k=1}^{+\infty}(k-1)\pi_k=\sum_{k=1}^{+\infty}k\pi_k-\sum_{k=1}^{+\infty}\pi_k=L_s-(1-\pi_0)=\frac{\lambda^2}{\mu(\mu-\lambda)}.$$

(4) 顾客在系统中平均逗留时间 W_s.

由 Little 公式知顾客在系统中平均逗留时间等于顾客在系统内平均逗留数 L_s 除以单位时间内进入的顾客数 λ, 即

$$W_s=\frac{L_s}{\lambda}=\frac{1}{\mu-\lambda}.$$

(5) 顾客在系统中平均等待时间 W_q.

由 Little 公式知顾客在系统中平均等待时间等于顾客在系统中排队等待的平均数 L_q 除以单位时间内来到的顾客数 λ, 即

$$W_q=\frac{L_q}{\lambda}=\frac{\lambda}{\mu(\mu-\lambda)}.$$

$M/M/n$ 等待制类似讨论, 这里略去.

§4.3.4 $M/M/1$ 等待制, 顾客总体为有限源

该模型中, 设顾客总数为 m, $X(t)$ 表示系统内 t 时刻的顾客总数, 状态空间 $\mathbb{E}=\{0,1,2,\cdots,m\}$, 此时顾客各自独立以平均速率 λ 来到系统.

$$\begin{aligned}
&p_{00}(\Delta t)=[1-\lambda\Delta t+o(\Delta t)]^m=1-m\lambda\Delta t+o(\Delta t),\\
&p_{01}(\Delta t)=m[\lambda t+o(\Delta t)]=m\lambda\Delta t+o(\Delta t),\\
&p_{i,i-1}(\Delta t)=\mu\Delta t+o(\Delta t),\\
&p_{i,i+1}(\Delta t)=(m-i)\lambda\Delta t+o(\Delta t),\\
&p_{ii}(\Delta t)=1-[\mu+(m-i)\lambda]\Delta t+o(\Delta t),\\
&p_{m,m-1}(\Delta t)=\mu\Delta t+o(\Delta t),\\
&p_{mm}(\Delta t)=1-\mu\Delta t+o(\Delta t),
\end{aligned}$$

从而

$$\boldsymbol{Q}=\begin{pmatrix}
-m\lambda & m\lambda & 0 & 0 & \cdots & 0 & 0\\
\mu & -[\mu+(m-1)\lambda] & (m-1)\lambda & 0 & \cdots & 0 & 0\\
0 & \mu & -[\mu+(m-2)\lambda] & (m-2)\lambda & \cdots & 0 & 0\\
\vdots & \vdots & \vdots & \vdots & & \vdots & \vdots\\
0 & 0 & 0 & 0 & \cdots & \mu & -\mu
\end{pmatrix}.$$

同样, 我们可以给出平稳分布及其他相关指标, 这里就不再评述了.

另外, 我们有时还会碰到有限等待空间排队系统, 即系统中能容纳顾客排队的最大数为 N, 当顾客来到系统时, 若排队顾客已经等于 N, 则自动离去, 另求服务. 对该模型, 我们用一个具体例子加以说明.

例 4.3.2　某加油站只有一个加油泵, 最多能停放 4 辆汽车 (包括正在加油的一辆) . 设汽车到达间隔和加油时间都服从指数分布, 平均每 2 min 到达一辆汽车, 每辆汽车加油平均需要 2 min.

令 $X(t)$ 表示 t 时刻加油站内的汽车总数, $X(t)$ 为一生灭过程, 状态空间为 $\mathbb{E}=\{0,1,2,3,4\}$, 该模型为 $M/M/1$ 有限等待空间系统. 转移速率矩阵为

$$\boldsymbol{Q}=\begin{pmatrix} -\lambda & \lambda & 0 & 0 & 0 \\ \mu & -(\lambda+\mu) & \lambda & 0 & 0 \\ 0 & \mu & -(\lambda+\mu) & \lambda & 0 \\ 0 & 0 & \mu & -(\lambda+\mu) & \lambda \\ 0 & 0 & 0 & \mu & -\mu \end{pmatrix},$$

$$\lambda=\frac{60}{2}=30(\text{辆 / 时}),\ \mu=30(\text{辆 / 时}).$$

平均分布为

$$(\pi_0,\pi_1,\pi_2,\pi_3,\pi_4)=\left(\frac{1}{5},\frac{1}{5},\frac{1}{5},\frac{1}{5},\frac{1}{5}\right),$$

则

(1) 来加油的汽车到达加油站时能立即加油的概率为

$$\pi_0=\frac{1}{5};$$

(2) 加油站场地有空的概率为

$$1-\pi_4=\frac{4}{5};$$

(3) 实际加油的汽车在加油站逗留的平均数为

$$L_s=\sum_{k=1}^{4}k\pi_k=2(\text{辆});$$

(4) 实际加油的汽车在加油站平均逗留的时间为

$$2\times 2=4(\text{min})$$

或

$$W_s=\frac{L_s}{\lambda}=\frac{2}{30}(\text{h})=4(\text{min}).$$

*§4.4 一般马尔可夫过程

设 $\mathbb{T}$ 为一个时间参数空间, 给定概率空间 $(\Omega,\mathscr{F},P)$, $\mathbb{F}:=\{\mathscr{F}_t,t\in\mathbb{T}\}$ 为单增 σ-域流 (信息流). 一个随机过程 $X_{\mathbb{T}}=\{X_t,t\in\mathbb{T}\}$ 称为 **$\mathbb{F}$-适应过程**, 如果对任意 $t\in\mathbb{T}$, X_t 关于 $\mathscr{F}_t$-可测.

定义 4.4.1 设随机过程 $\{X_t,t\in\mathbb{T}\}$ 为实值 $\mathbb{F}$-适应过程, 如果对于 $s<t$ 及任意的博雷尔 (Borel) 可测集 $B\in\mathscr{B}$, 有

$$P(X_t\in B|\mathscr{F}_s)=P(X_t\in B|X_s), \tag{4.6}$$

则称随机过程 $\{X_t,t\in\mathbb{T}\}$ 为 **$\mathbb{F}$-马尔可夫过程** , 简称**马氏过程**.具有 (4.6) 式的性质称为具有**马尔可夫性**或**无后效性**. 如果 $\mathscr{F}_t=\sigma\{X_u,u\in[0,t]\}$, 称 $\{X_t,t\in\mathbb{T}\}$ 为 $(\Omega,\mathscr{F},P)$ **上的马尔可夫过程**.

记

$$p(s,x;t,B):=P(X_t\in B|X_s=x),$$

称 $p(s,x;t,B)$ 为马尔可夫过程 $\{X_t,t\in\mathbb{T}\}$ 的**转移概率测度**. 易知转移概率测度具有如下性质:

(1) 对固定的 s,x,t, $p(s,x;t,B)$ 为 $(\mathbb{R},\mathscr{B})$ 上的概率测度;

(2) 对固定的 s,t,B, $p(s,\cdot;t,B)$ 为博雷尔 (Borel) 可测函数;

(3) C-K 方程: 对任意 $s<r<t$, 有

$$p(s,x;t,B)=\int_{\mathbb{R}}p(s,x;r,\mathrm{d}y)p(r,y;t,B).$$

令

$$\mathbb{B}(\mathbb{R})=\{f(x):f(x)\text{为有界博雷尔可测函数}\},$$

对 $f\in\mathbb{B}(\mathbb{R})$, 定义范数:

$$\|f\|:=\sup_{x\in\mathbb{R}}|f(x)|.$$

定义一族算子:

$$P_{s,t}:f(x)\longrightarrow P_{s,t}f(x),$$

其中

$$P_{s,t}f(x):=E(f(X_t)|X_s=x)(:=E_{s,x}(f(X_t)).$$

性质 4.4.2 算子族 $\{P_{s,t},s<t\}$ 具有如下性质:

(1) $P_{s,t}$ 是线性算子;

(2) $P_{s,t}$ 是压缩的正算子: $\|P_{s,t}\|\leqslant 1$ 且 $P_{s,t}f\geqslant 0$, $\forall f\geqslant 0$;

(3) $P_{s,t}1 = 1$;

(4) $P_{s,s} = I$ (恒同算子);

(5) 对任意 $s < r < t$ 有 $P_{s,t} = P_{s,r}P_{r,t}$.

算子族 $\{P_{s,t}; s < t\}$ 构成算子半群.

证明 仅证 (5). 由 C-K 方程可知

$$\begin{aligned}
P_{s,t}f(x) &= \int_{\mathbb{R}} p(s,x;t,\mathrm{d}z)f(z) \\
&= \int_{\mathbb{R}}\int_{\mathbb{R}} p(s,x;r,\mathrm{d}y)p(r,y;t,\mathrm{d}z)f(z) \\
&= \int_{\mathbb{R}} p(s,x;r,\mathrm{d}y)\Big(\int_{\mathbb{R}} p(r,y;t,\mathrm{d}z)f(z)\Big) \\
&= \int_{\mathbb{R}} p(s,x;r,\mathrm{d}y)\Big(P_{r,t}f\Big)(y) \\
&= P_{s,r}\Big(P_{r,t}f\Big)(x).
\end{aligned}$$

□

对于时齐马尔可夫过程,

$$\begin{aligned}
P_{s,t}f(x) &= \int_{\mathbb{R}} p(s,x;t,\mathrm{d}y)f(y) \\
&= \int_{\mathbb{R}} p(0,x;t-s,\mathrm{d}y)f(y) \\
&= P_{0,t-s}f(x) \\
&:= P_{t-s}f(x).
\end{aligned}$$

我们考察

$$\mathscr{A}f = \lim_{t\downarrow 0}\frac{P_tf - f}{t} \qquad (\text{按} \ \|\cdot\| \ \text{意义下收敛}),$$

如果上述极限存在, 我们称 $\mathscr{A}$ 为该马尔可夫过程的**无穷小生成元**, 简称**生成元**.

例 4.4.3 设 $\{X_t, t \geqslant 0\}$ 为有限状态的、Q 矩阵为 $\boldsymbol{Q} = (q_{ij})$ 的 Q 过程, 则

$$P_tf(i) = E(f(X_t)|X_0 = i) = \sum_j f(j)p_{ij}(t),$$

$$\Longrightarrow \frac{P_tf-f}{t}(i)=\frac{\displaystyle\sum_j f(j)p_{ij}(t)-f(i)}{t}$$
$$=\sum_{j\neq i} f(j)\frac{p_{ij}(t)}{t}+f(i)\frac{p_{ii}(t)-p_{ii}(0)}{t},$$

令 $t\to 0$,

$$\begin{aligned}\mathscr{A}f(i)&=\lim_{t\downarrow 0}\frac{P_tf-f}{t}(i)\\&=\sum_{j\neq i} f(j)\lim_{t\downarrow 0}\frac{p_{ij}(t)}{t}+f(i)\lim_{t\downarrow 0}\frac{p_{ii}(t)-p_{ii}(0)}{t}\\&=\sum_{j\neq i} f(j)q_{ij}+f(i)q_{ii}\\&=\sum_j f(j)q_{ij}.\end{aligned}$$

*§4.5 补充与注记

A. 齐次马尔可夫链的遍历定理

定理 4.5.1 设 $\{X_n, n=0,1,2,\cdots\}$ 为不可约的齐次马尔可夫链, μ_i 为状态 i 的平均返回时间, $\pi_i=\dfrac{1}{\mu_i}$, $\{\pi_i, i\in\mathbb{E}\}$ 为平稳分布.

(1) 若 f 是其状态空间 $\mathbb{E}$ 上的有界实值函数且满足

$$\sum_{i\in\mathbb{E}}|f(i)|\pi_i<+\infty,$$

则

$$\frac{f(X_1)+f(X_2)+\cdots+f(X_n)}{n}\longrightarrow\sum_{i\in\mathbb{E}}f(i)\pi_i,\text{ a.s.}$$

(2) 若 f 是其状态空间 $\mathbb{E}$ 上的二元实值函数且满足

$$\sum_{i\in\mathbb{E}}\pi_i|f(i,j)|p_{ij}<+\infty,$$

则

$$\frac{f(X_1,X_2)+f(X_2,X_3)+\cdots+f(X_{n-1},X_n)}{n}\longrightarrow\sum_{i\in\mathbb{E}}\pi_if(i,j)p_{ij},\text{ a.s.}$$

特别地, 取示性函数

$$f(x) = \mathbb{1}_i(x) = \begin{cases} 1, & x = i, \\ 0, & x \neq i, \end{cases}$$

有

$$\frac{S_n^i}{n} := \frac{\mathbb{1}_i(X_1) + \cdots + \mathbb{1}_i(X_n)}{n} \longrightarrow \frac{1}{\mu_i}, \text{a.s.},$$

从而

$$\mu_i \approx \frac{n}{\mathbb{1}_i(X_1) + \cdots + \mathbb{1}_i(X_n)}.$$

我们常用此法估计平均返回时间, 进而求得平稳分布.

我们还可以取示性函数

$$f(x,y) = \mathbb{1}_{(i,j)}(x,y) = \begin{cases} 1, & x = i, y = j, \\ 0, & \text{其他}, \end{cases}$$

则

$$\frac{\mathbb{1}_{(i,j)}(X_1, X_2) + \cdots + \mathbb{1}_{(i,j)}(X_{n-1}, X_n)}{n} \longrightarrow \frac{p_{i,j}}{\mu_i}, \text{a.s.},$$

$$p_{ij} \approx \frac{\mathbb{1}_{(i,j)}(X_1, X_2) + \cdots + \mathbb{1}_{(i,j)}(X_{n-1}, X_n)}{\mathbb{1}_i(X_1) + \cdots + \mathbb{1}_i(X_n)}.$$

实际中我们常用此法求转移概率矩阵.

B. 一般大数定理与中心极限定理

令 $\tau_j^{(r)}$ 表示马尔可夫链 $\{X_n, n = 0, 1, 2, \cdots\}$ 第 r 次进入状态 j 的时间, 如果 $X_0 = j$, 则默认 $\tau_j^{(0)} = 0$. 引入

$$Z_r = \sum_{m=\tau_j^{(r)}+1}^{\tau^{(r+1)}} f(X_m).$$

引理 4.5.2　无论马尔可夫链 $\{X_n, n = 0, 1, 2, \cdots\}$ 从何初始分布出发, $\{Z_1, Z_2, \cdots\}$ 独立同分布.

定理 4.5.3(大数定理)　如果 j 为正常返状态, 且

$$E_j\{|f(X_1)| + \cdots + |f(X_n)|\} < +\infty,$$

则

$$\frac{\sum\limits_{k=0}^{n} f(X_k)}{n} \longrightarrow \frac{E_j[f(X_1) + \cdots + f(X_{\tau_j^{(1)}})]}{E_j(\tau_j^{(1)})}, P\text{-a.s.}$$

设 $\{X_n, n=0,1,2,\cdots\}$ 为马尔可夫链, 存在不变分布 $\{\pi_i, i\in\mathbb{E}\}$, 令

$$\mu = E_\pi f(X_0) = \sum_{i\in\mathbb{E}} \pi f(i),$$

假定

$$E_j\left[\left(Z_0 - E_j(Z_0)\right)^2\right] < +\infty,$$

记 $\overline{f}(x) = f(x) - \mu$, 引入

$$\overline{Z}_r = \sum_{m=\tau_j^{(r)}+1}^{\tau_j^{r+1}} \overline{f}(X_m),$$

$$\sigma^2 = E_j(\overline{Z}_0^2),$$

则有

定理 4.5.4(中心极限定理) 设 $\{X_n, n=0,1,2,\cdots\}$ 为不可约正常返的马尔可夫链, 则

$$\frac{\displaystyle\sum_{k=0}^{n}(f(X_k)-\mu)}{\sqrt{n+1}\sigma}$$

依分布收敛于标准正态分布.

关于马尔可夫链的大数定理与中心极限定理见参考文献 [1].

习 题 四

4.1 设 $\{X(n), n=0,1,2,\cdots\}$ 是马尔可夫链, 证明:

$$P(X(1)=x_1|X(2)=x_2, X(3)=x_3,\cdots,X(n)=x_n)$$

$$=P(X(1)=x_1|X(2)=x_2),$$

即马尔可夫链的逆序也构成一个马尔可夫链.

4.2 如果马尔可夫链的转移概率矩阵为

$$\boldsymbol{P} = \begin{pmatrix} 0 & 1 \\ 1 & 0 \end{pmatrix},$$

证明: 此马尔可夫链不是遍历的马尔可夫链, 但具有平稳分布.

4.3　独立地掷一枚均匀的骰子, $X(n)$ 表示前 n 次中出现的最大点数. 证明: $\{X(n), n=1,2,\cdots\}$ 是时齐马尔可夫过程, 并写出其转移概率矩阵.

4.4　若明日是否有雨仅与今日是否有雨有关, 而与以往的天气无关. 并设今日有雨而明日有雨的概率为 0.6, 今日无雨明日有雨的概率为 0.3. 设 $X(0)$ 表示今日的天气状态, $X(n)$ 表示第 n 日的天气状态. $\{X(n), n=0,1,2,\cdots\}$ 是一个齐次马尔可夫链.

(1) 写出转移概率矩阵;

(2) 求今日有雨而后日 (第 2 日) 仍有雨的概率;

(3) 求今日有雨而大后日 (第 3 日) 无雨的概率.

4.5　四个人 (标号为 1, 2, 3, 4) 把一个球相互之间传递, 每次有球的人等可能地把球传给其他三个人之一. 以 $X(0)$ 表示最初有球的人, $X(n)$ 表示传递 n 次后恰好有球的人. $\{X(n), n=0,1,2,\cdots\}$ 是一个齐次马尔可夫链.

(1) 写出转移概率矩阵;

(2) 计算 2 步和 3 步转移概率矩阵;

(3) 求经过 3 次传球后有球的人恰好是第 1 次传球后有球的人的概率;

(4) 求经过 3 次传球后恰好是开始有球的人拿球的概率.

4.6　A、B、C 三家公司决定在某一时间推销一种新产品, 当时它们各拥有 $\frac{1}{3}$ 的市场份额. 然而一年后, 情况发生了如下的变化:

(1) A 保住 40% 的顾客, 而失去 30% 给 B, 失去 30% 给 C;

(2) B 保住 30% 的顾客, 而失去 60% 给 A, 失去 10% 给 C;

(3) C 保住 30% 的顾客, 而失去 60% 给 A, 失去 10% 给 B.

如果这种趋势继续下去, 试问第 2 年底各公司拥有多少份额的市场? 从长远来看, 情况又如何?

4.7　在传送数字 0 和 1 的通信系统中, 每个传递的数字必须经过若干级, 而每一级中数字正确传递的概率为 p. 设 $X(0)$ 表示进入系统的数字, $X(n)$ 表示离开系统第 n 级的数字. $\{X(n), n=0,1,2,\cdots\}$ 是齐次马尔可夫链.

(1) 写出转移概率矩阵;

(2) 求出 n 步转移概率矩阵;

(3) 求极限分布.

4.8　已知随机游动的质点构成一个马尔可夫链, 其状态空间为 $\mathbb{E}=\{1,2,3,4,5\}$, 转移概率矩阵为

$$P=\begin{pmatrix} 1 & 0 & 0 & 0 & 0 \\ \frac{1}{6} & \frac{1}{2} & \frac{1}{3} & 0 & 0 \\ 0 & \frac{1}{6} & \frac{1}{2} & \frac{1}{3} & 0 \\ 0 & 0 & \frac{1}{6} & \frac{1}{2} & \frac{1}{3} \\ 0 & 0 & 0 & 0 & 1 \end{pmatrix},$$

求 f_{21} 与 f_{25}(见定义 4.1.13).

4.9 设齐次马尔可夫链 $\{X(n), n=0,1,2,\cdots\}$ 的状态空间 $\mathbb{E}=\{1,2,3\}$, 转移概率矩阵

$$P=\begin{pmatrix} \frac{1}{2} & \frac{1}{2} & 0 \\ \frac{1}{2} & \frac{1}{4} & \frac{1}{4} \\ 0 & \frac{1}{3} & \frac{2}{3} \end{pmatrix}.$$

(1) 讨论其遍历性;

(2) 求平稳分布;

(3) 计算下列概率:

① $P(X(4)=3|X(1)=1, X(2)=1)$;

② $P(X(2)=1, X(3)=2|X(1)=1)$.

4.10 设齐次马尔可夫链 $\{X(n), n=0,1,2,\cdots\}$ 的状态空间 $\mathbb{E}=\{1,2,3\}$, 转移概率矩阵

$$P=\begin{pmatrix} \frac{1}{2} & \frac{1}{2} & 0 \\ \frac{1}{3} & 0 & \frac{2}{3} \\ 0 & \frac{2}{5} & \frac{3}{5} \end{pmatrix}.$$

(1) 讨论其遍历性;

(2) 求平稳分布;

(3) 求概率 $P=(X(4)=3|X(1)=1,X(2)=2)$;

(4) 求:

① $P(X(1)=1,X(2)=2,X(3)=3)$;

② $X(2)$ 的分布律. 其中 $X(1)$ 的分布律为

$X(1)$	1	2	3
P	$\frac{1}{2}$	$\frac{1}{3}$	$\frac{1}{6}$

4.11　设齐次马尔可夫链 $\{X(n),n=0,1,2,\cdots\}$ 的状态空间 $\mathbb{E}=\{1,2,3,4\}$, 转移概率矩阵

$$\boldsymbol{P}=\begin{pmatrix} \frac{1}{2} & \frac{1}{2} & 0 & 0 \\ 1 & 0 & 0 & 0 \\ 0 & \frac{1}{3} & \frac{2}{3} & 0 \\ \frac{1}{2} & 0 & \frac{1}{2} & 0 \end{pmatrix}.$$

(1) 讨论各状态类型;

(2) 分解状态空间.

4.12　设时齐马尔可夫链 $\{X(n),n=0,1,2,\cdots\}$ 的状态空间为 $\mathbb{E}=\{1,2,3,4\}$, 转移概率矩阵为

$$\boldsymbol{P}=\begin{pmatrix} \frac{1}{2} & \frac{1}{2} & 0 & 0 \\ \frac{1}{3} & \frac{1}{3} & \frac{1}{3} & 0 \\ 0 & \frac{1}{3} & \frac{1}{3} & \frac{1}{3} \\ 0 & 0 & \frac{1}{2} & \frac{1}{2} \end{pmatrix}.$$

(1) 求平稳分布;

(2) 求状态 1, 2 的平均返回时间 μ_1,μ_2.

4.13 齐次马尔可夫链 $\{X(n), n=0,1,2,\cdots\}$ 的状态空间 $\mathbb{E}=\{0,1,2,\cdots\}$, 转移概率为 $p_{00}=\dfrac{1}{2}, p_{i,i+1}=\dfrac{1}{2}, p_{i0}=\dfrac{1}{2}, i\in\mathbb{E}$. 试讨论该马尔可夫链各状态的性质.

*4.14 设 $\{X_t, t\geqslant 0\}$ 为连续时间的有限状态的时齐的不可约马尔可夫链, 其 Q 矩阵为对称矩阵. 给定任意初始分布, 设 $p_i(t)=P(X_t=i)$, $i=1,\cdots,N$ 为其绝对概率分布, 令

$$I(t)=-\sum_{i=1}^{N}p_i(t)\ln p_i(t),$$

证明:$I(t)$ 是关于 t 的单增函数.

*4.15 设 $\{X_t, t\geqslant 0\}$ 为连续时间的有限状态的时齐马尔可夫链, 其 Q 矩阵为对称矩阵. 设 $\tau_1,\tau_2,\cdots$ 依次为跳跃的时刻, 即 $\tau_1=\inf\{t\geqslant 0: X_t\neq X_0\}$ 为第一次跳的时刻, $\tau_n=\inf\{t>\tau_{n-1}: X_t\neq X_{t-}\}$ 为第 n 次跳的时刻.

(1) 令 $\theta_1:=\tau_1,\theta_2:=\tau_2-\tau_1$, 给定 $X(0)$ 与 $X(\tau_1)$ 的条件下, 证明:θ_1 与 θ_2 条件独立;

(2) 定义 $Y_n:=X_{\tau_n}$, 证明:$\{Y_n; n=1,2,\cdots\}$ 是离散时间参数马尔可夫链, 并求其转移概率矩阵.

4.16 某电话总机有 2 条中继线. 设电话呼叫按平均率为 λ 的泊松过程到达, 平均每分钟有 2 次呼叫; 通话时间服从参数为 μ 的指数分布, 每次平均通话 3 分钟; 呼叫和通话相互独立. 若顾客发觉线路占满就不等待而离去. 设 $X(t)$ 表示时刻 t 时通话的线路数, $X(t)$ 为一生灭过程. 写出转移速率矩阵并求平稳分布.

4.17 一个电路供给 3 个电焊工, 如果一个电焊工在 t 时刻正在用电, 在 $(t,t+\Delta t)$ 内他将停止用电的概率为 $\mu\Delta t+o(\Delta t)$; 如果一个电焊工在 t 时刻没有用电, 在 $(t,t+\Delta t)$ 内他将需要电的概率是 $\lambda\Delta t+o(\Delta t)$. 电焊工们独立地工作, 设 $X(t)$ 表示 t 时刻用电的电焊工数, $X(t)$ 为一生灭过程. 写出转移速率矩阵并求平稳分布.

4.18 假定有 3 台机器由一个工人修理, 每台机器出故障是独立的, 出故障的时间服从平均值为 $\dfrac{1}{\lambda}$ 的指数分布, 只要一台机器出故障, 修理工就应开始修理它, 除非他正忙于修理另外的机器, 修理时间服从平均值为 $\dfrac{1}{\mu}$ 的

指数分布. 设 $X(t)$ 表示时刻 t 出故障的机器数, $X(t)$ 是一个生灭过程. 写出转移速率矩阵并求平稳分布.

4.19 某医院的外科换药处有两位护士, 换药者以泊松过程到达, 平均每小时有 20 位病人来换药, 换药时间服从指数分布, 每位病人的换药时间平均为 5 分钟. 设 $X(t)$ 表示时刻 t 时来到外科换药处的换药人数, $X(t)$ 为一生灭过程, 试求系统各运行指标.

*4.20 设有三个盒子装有红白两种颜色球, 装球情况如下: 甲盒中 90 个红球, 10 个白球, 乙盒中红球与白球各 50 个, 丙盒中 40 个红球, 60 个白球. 对三个盒子分别反复地做如下的抽取: 对甲盒, 随机抽取一球, 记下它的颜色, 然后重新放回一个与它不同颜色的球; 对乙盒, 随机抽取后记下颜色再放回; 对丙盒, 抽取后只记颜色不放回, 然后放进一个红球. 现在某人随机选中一盒, 在此盒中按相应的方法得到了一个记录 (红, 红, 红, 红, 白) , 则他最可能选取的是哪一盒 (隐马尔可夫链用作模式识别) ?

*4.21 证明: 对称随机游动在二维时是常返的, 而在三维时却是非常返的.

第五章 鞅 论

§5.1 定义与举例

经典鞅论创立于20世纪30年代末至50年代初杜布(Doob)和莱维(Lévy)的工作，它是一类应用非常广泛的随机过程. 下面通过一个例子来引出鞅的定义.

例 5.1.1 设某人赌博，其初始赌资为 Z_0 元，每局赌赢的概率为 p，赌输的概率为 $q=1-p$，且第 k 局下的赌注 A_k 根据前面 $k-1$ 局的输赢情况来确定. 问此人第 n 局后的平均所得是多少?

设 $Z_k=1$ 表示第 k 局赢，$Z_k=-1$ 表示第 k 局输，X_n 表示第 n 局后的累计赌资，则有

$$X_n = Z_0 + \sum_{k=1}^{n} A_k Z_k = X_{n-1} + A_n Z_n.$$

设 n 时刻的信息为 $\mathscr{F}_n = \sigma\{Z_k, 1 \leqslant k \leqslant n\}$. 因此，条件期望

$$\begin{aligned} E(X_n|\mathscr{F}_{n-1}) &= X_{n-1} + A_n E(Z_n|\mathscr{F}_{n-1}) \\ &= X_{n-1} + A_n E(Z_n) = X_{n-1} + (p-q)A_n. \end{aligned}$$

由此可知，当 $p=q$ 时，$E(X_n|\mathscr{F}_{n-1}) = X_{n-1}$，即，此人在任意 n 局赌博后，不赢不输. 此种情况可称为公平赌博，这样的随机过程 $\{X_n, n \geqslant 0\}$ 称为鞅. 而 $p>q$ 和 $p<q$ 分别对应于下鞅和上鞅.

♣ 设 $\mathbb{T}$ 为一个时间集合，s 时刻的信息用一个 σ-域 $\mathscr{F}_s$ 来表示，随着时间的增加信息越来越多，于是对任意 $s<t$ 有：$\mathscr{F}_s \subset \mathscr{F}_t$，此时我们称 $\mathbb{F} := \{\mathscr{F}_t, t \in \mathbb{T}\}$ 为 **σ-域流 (信息流)**. 一个随机过程 $X_{\mathbb{T}} = \{X_t, t \in \mathbb{T}\}$ 称为 **$\mathbb{F}$-适应过程**，如果对任意 $t \in \mathbb{T}$，X_t 关于 $\mathscr{F}_t$-可测.

下面给出鞅 (上鞅、下鞅) 的严格定义.

定义 5.1.2 设 $\mathbb{T}$ 为一个时间集合，$\mathbb{F} = \{\mathscr{F}_t, t \in \mathbb{T}\}$ 为 σ-域流. 称 $\mathbb{F}$-适应过程 $\{X_t, t \in \mathbb{T}\}$ 是关于 $\mathbb{F}$ 的**鞅 (上鞅、下鞅)** (简称 **$\mathbb{F}$-鞅(上鞅、下鞅)**)，如果对任意 $t>s, t, s \in \mathbb{T}$ 有

(1) $E(|X_t|) < +\infty$,

(2) $E(X_t|\mathscr{F}_s) = X_s$ ($\leqslant X_s$, $\geqslant X_s$).

♣ 如果时间集合 $\mathbb{T} = \{0, 1, 2, \cdots\}$，(2) 等价于

(2)′ $E(X_n|\mathscr{F}_{n-1}) = X_{n-1}, \forall n \geqslant 1$.

实际上, 如果 (2)′ 成立, 则对任意 $m < n$, 都有

$$\begin{aligned} E(X_n|\mathscr{F}_m) &= E[E(X_n|\mathscr{F}_{n-1})|\mathscr{F}_m] \qquad \text{(条件期望的塔式法则)} \\ &= E(X_{n-1}|\mathscr{F}_m) \\ &= \cdots \\ &= X_m . \end{aligned}$$

♣ 由定义可知, 若$\{X_t, t \in \mathbb{T}\}$是关于$\mathbb{F}$的鞅, 则对任意的 $t > s, t, s \in \mathbb{T}$ 有

$$E(X_t) = E(X_s).$$

♣ 若 $\{X_t, t \in \mathbb{T}\}$ 是关于$\mathbb{F}$ 的上鞅, 则 $\{-X_t, t \in \mathbb{T}\}$ 是关于 $\mathbb{F}$ 的下鞅.

♣ 若 $\{X_t, t \in \mathbb{T}\}$ 是关于 $\mathbb{F}$ 的鞅, $f(x)$是下凸函数, 且$E|f(X_t)| < +\infty$, 则 $\{f(X_t), t \in \mathbb{T}\}$ 是关于 $\mathbb{F}$ 的下鞅.

下面举几个鞅的例子.

例 5.1.3(独立随机变量的和) 设 $\{Z_k, k \geqslant 1\}$ 独立同分布, $\mathscr{F}_n = \sigma\{Z_1, \cdots, Z_n\}$, 记 $X_n := \sum\limits_{k=1}^{n}(Z_k - E(Z_k))$, $Y_n := \sum\limits_{k=1}^{n}[(Z_k - E(Z_k))^2 - D(Z_1)]$, 则 $\{X_n, n \geqslant 1\}$ 和 $\{Y_n, n \geqslant 1\}$ 都是关于 $\{\mathscr{F}_n, n \geqslant 1\}$ 的鞅.

例 5.1.4(基于泊松过程的鞅) 设 $\{N(t), t \geqslant 0\}$ 是一个强度为 λ 的泊松过程, $\mathscr{F}_t = \sigma\{N(u), u \leqslant t\}$,则随机过程

$$\begin{aligned} &X(t) := N(t) - \lambda t,\ t \geqslant 0, \\ &Y(t) := (X(t))^2 - \lambda t,\ t \geqslant 0, \\ &Z(t) := \exp[-aN(t) + \lambda t(1 - \mathrm{e}^{-a})],\ t \geqslant 0 \end{aligned}$$

都是关于 $\{\mathscr{F}_t, t \geqslant 0\}$ 的鞅, 其中 a为任意给定的实数.

证明 由于泊松过程为独立增量过程, 对任意$s < t$, $N(t) - N(s)$与$\mathscr{F}_s$独立, 于是

$$\begin{aligned} E(X(t)|\mathscr{F}_s) &= E[(N(t) - \lambda t)|\mathscr{F}_s] \\ &= E[(N(t) - N(s) + N(s))|\mathscr{F}_s] - \lambda t \\ &= E(N(t) - N(s)) + N(s) - \lambda t \\ &= N(s) + \lambda\,(t - s) - \lambda t \\ &= X(s), \end{aligned}$$

因而$X(t)$为鞅. 类似地, 有

$$
\begin{aligned}
E(Y(t)|\mathscr{F}_s) &= E\{[(X(t))^2 - \lambda t]|\mathscr{F}_s\} \\
&= E\{[(X(t) - X(s) + X(s))^2]|\mathscr{F}_s\} - \lambda t \\
&= E\{[(X(t) - X(s))^2]|\mathscr{F}_s\} + 2E(X(t) - X(s)|\mathscr{F}_s)X(s) + \\
&\quad (X(s))^2 - \lambda t \\
&= E[(X(t) - X(s))^2] + 2E(X(t) - X(s))X(s) + (X(s))^2 - \lambda t \\
&= Y(s),
\end{aligned}
$$

故 $Y(t)$ 为鞅. 类似可证 $Z(t)$ 也是鞅. □

例 5.1.5 (杜布鞅) 设随机变量 X 满足 $E(|X|) < +\infty$, $\mathbb{F} = \{\mathscr{F}_t, t \in \mathbb{T}\}$ 为任意信息流, 则随机过程

$$X(t) = E(X|\mathscr{F}_t),\ t \geqslant 0$$

是关于 $\mathbb{F}$ 的鞅. 此过程称为杜布鞅.

证明 易知

$$E(|X(t)|) = E[|E(X|\mathscr{F}_t)|] \leqslant E(|X|) < +\infty.$$

对任意 $s < t$,

$$E(X(t)|\mathscr{F}_s) = E[E(X|\mathscr{F}_t)|\mathscr{F}_s] = E(X|\mathscr{F}_s) = X(s).$$

故 $X(t)$ 是鞅. □

例 5.1.6 (由转移概率特征向量导出的鞅) 设 $\boldsymbol{P} = (p_{ij})$ 是马尔可夫链 $\{Z_k, k \geqslant 0\}$ 的转移概率矩阵, $\mathscr{F}_n = \sigma\{Z_1, \cdots, Z_n\}$, 向量 $\boldsymbol{F} = (f(k), k \geqslant 0)$ 和实数 $\lambda \neq 0$ 分别是 $\boldsymbol{P}$ 的右特征向量和特征值, 即

$$\lambda f(i) = \sum_{j \in \mathbb{E}} p_{ij} f(j),\ \ i \in \mathbb{E},$$

且 $\sum\limits_{j \in \mathbb{E}} |f(j)| < +\infty, E(|f(Z_n)|) < +\infty$. 则随机过程

$$X_n = \lambda^{-n} f(Z_n), n \geqslant 0$$

是关于 $\{\mathscr{F}_n, n \geqslant 0\}$ 的鞅.

证明 易知, $E(|X_n|) < +\infty$. 对任意 $n > 1$, 有

$$\begin{aligned}E(X_n|\mathscr{F}_{n-1}) &= \lambda^{-n}E(f(Z_n)|\mathscr{F}_{n-1}) \\ &= \lambda^{-n}E(f(Z_n)|Z_{n-1}) \qquad (\text{马尔可夫性}) \\ &= \lambda^{-n}\sum_{i\in\mathbb{E}}E(f(Z_n)|Z_{n-1}=i)\mathbb{1}_{\{i=Z_{n-1}\}} \\ &= \lambda^{-n}\sum_{i\in\mathbb{E}}\left(\sum_{j\in\mathbb{E}}p_{ij}f(j)\right)\mathbb{1}_{\{i=Z_{n-1}\}},\end{aligned}$$

于是

$$\begin{aligned}E(X_n|\mathscr{F}_{n-1}) &= \lambda^{-n}\sum_{i\in\mathbb{E}}\lambda f(i)\mathbb{1}_{\{i=Z_{n-1}\}} \\ &= \lambda^{-(n-1)}f(Z_{n-1}) \\ &= X_{n-1},\end{aligned}$$

从而得证. □

例 5.1.7(瓦尔德鞅) 设 $\{Z_k, k\geqslant 1\}$ 独立同分布, $Z_0=0$, 且存在 $\lambda\neq 0$ 使得矩生成函数 $\phi(\lambda)=E(\mathrm{e}^{\lambda Z_1})$ 有限, $\mathscr{F}_n=\sigma\{Z_1,\cdots,Z_n\}$, 则随机过程

$$X_n=\phi(\lambda)^{-n}\exp\left(\lambda\sum_{k=1}^{n}Z_k\right), n\geqslant 1, X_0=1$$

是关于$\{\mathscr{F}_n, n\geqslant 0\}$ 的鞅. 这类过程称为**瓦尔德鞅**.

证明 易知, $X_n=X_{n-1}\phi(\lambda)^{-1}\mathrm{e}^{\lambda Z_n}$, $n=2,3,\cdots$. 于是, 对$n>1$, 有

$$\begin{aligned}E(X_n|\mathscr{F}_{n-1}) &= X_{n-1}\phi(\lambda)^{-1}E(\mathrm{e}^{\lambda Z_n}|\mathscr{F}_{n-1}) \\ &= X_{n-1}\phi(\lambda)^{-1}E(\mathrm{e}^{\lambda Z_n}) \qquad (\text{独立同分布}) \\ &= X_{n-1},\end{aligned}$$

从而得证. □

性质 5.1.8 设$X_{\mathbb{T}}=\{X_t, t\in\mathbb{T}\}$关于$\sigma$-域流$\mathbb{F}=\{\mathscr{F}_t, t\in\mathbb{T}\}$为鞅, 且$E(X_t^2)<+\infty$, 则$X_{\mathbb{T}}^2=\{X_t^2, t\in\mathbb{T}\}$是关于$\mathbb{F}$ 的下鞅.

证明 对任意$s,t\in\mathbb{T}$, $s<t$,

$$\begin{aligned}E[(X_t-X_s)^2|\mathscr{F}_s] &= E[(X_t^2-2X_tX_s+X_s^2)|\mathscr{F}_s] \\ &= E(X_t^2|\mathscr{F}_s)-2E(X_t|\mathscr{F}_s)X_s+X_s^2 \\ &= E(X_t^2|\mathscr{F}_s)-2X_sX_s+X_s^2 \\ &= E(X_t^2|\mathscr{F}_s)-X_s^2\geqslant 0,\end{aligned}$$

故$E(X_t^2|\mathscr{F}_s)\geqslant X_s^2$, 从而$X_{\mathbb{T}}^2$是关于$\mathbb{F}$的下鞅. □

§5.2 离散时间参数的上 (下) 鞅分解定理

定理 5.2.1 设$\mathbb{F} = \{\mathscr{F}_n, n = 1,2,\cdots\}$为$\sigma$-域流, 随机过程$\{X_n, n = 1,2,\cdots\}$ 关于 $\mathbb{F}$ 是下鞅 (或上鞅) , 必存在鞅 $\{M_n, n \geqslant 1\}$ 和单调递增过程 $\{Z_n, n \geqslant 1\}$ 使得

$$X_n = M_n + Z_n \quad (X_n = M_n - Z_n),\ n \geqslant 1 \tag{5.1}$$

成立, 且此分解式唯一, 其中 Z_n 是关于$\mathscr{F}_{n-1}$-可测的, 且 $Z_1 = 0, E(Z_n) < +\infty$. (5.1) 称为**杜布分解**.

证明 令

$$Z_n := \begin{cases} 0, & n = 1, \\ \displaystyle\sum_{k=1}^{n} E(X_k - X_{k-1}|\mathscr{F}_{k-1}), & n = 2,3,\cdots, \end{cases}$$

易知$\{Z_n, n = 1,2,\cdots\}$是一个单调递增过程, 且满足Z_n为$\mathscr{F}_{n-1}$-可测的随机变量. 令

$$M_n := X_n - Z_n,\ n \geqslant 1,$$

则容易验证 $\{M_n, n \geqslant 1\}$ 是鞅, 从而 $X_n = M_n + Z_n\,(X_n = M_n - Z_n)$.

下证唯一性. 设有另一满足定理要求的分解 $X_n = M_n' + Z_n'$. 令$\Delta_n = M_n' - M_n = Z_n - Z_n'$, 则有

$$E(\Delta_n|\mathscr{F}_{n-1}) = \Delta_{n-1}, E(\Delta_n|\mathscr{F}_{n-1}) = \Delta_n,$$

从而 $$\Delta_n = \Delta_{n-1} = \cdots = \Delta_1 = Z_1' - Z_1 = 0.$$ □

连续时间的下鞅 (上鞅) 分解定理由迈耶 (Mayer) 给出, 因此这类分解通常又统称为杜布–迈耶 **(Doob-Mayer)** 分解.

例 5.2.2 设$\{X_n, n = 1,2,\cdots\}$关于σ-域流$\mathbb{F} = \{\mathscr{F}_n, n = 1,2,\cdots\}$为鞅, 且$E(X_n^2) < +\infty$, 由性质 5.1.8 知, $X_{\mathbb{T}}^2 = \{X_n^2, n = 1,2,\cdots\}$是关于 $\mathbb{F}$ 的下鞅. $X_{\mathbb{T}}^2$ 的杜布–迈耶分解为

$$\begin{aligned} Z_1 &= 0, \\ Z_n &= \sum_{k=1}^{n-1} E[(X_{k+1} - X_k)^2|\mathscr{F}_k] \\ &= Z_{n-1} + E[(X_n - X_{n-1})^2|\mathscr{F}_{n-1}], \end{aligned}$$

$\{Z_n, n \geqslant 1\}$为增过程, $M_n := X_n^2 - Z_n$为关于$\mathbb{F}$的鞅.

§5.3 鞅的停时定理

本节中$\mathbb{T}=\{0,1,2,\cdots\}$或$\mathbb{T}=\{t,t\geqslant 0\}$, 首先我们给出停时的定义.

例 5.3.1 设$\mathbb{F}=\{\mathscr{F}_t,t\in\mathbb{T}\}$为$\sigma$-域流, τ 是取值在$\mathbb{T}$上的随机变量, 如果

$$\{\tau\leqslant t\}\in\mathscr{F}_t,\quad \forall t\in\mathbb{T},$$

则称 τ 是关于 $\mathbb{F}$ 的**停时**.

注 当$\mathbb{T}=\{0,1,2,\cdots,+\infty\}$ 时, τ 是关于 $\mathbb{F}$ 的停时$\Longleftrightarrow$对任意n, $\{\tau=n\}\in\mathscr{F}_n$.

例 5.3.2 (1) $\tau:=t_0$, $t_0\in\mathbb{T}$为停时.

(2) 设$\{X_n,n=0,1,2,\cdots\}$为$\mathbb{F}$-适应过程, k为任意常数,

$$\tau:=\inf\{n:X_n\geqslant k\},$$

则τ为关于$\mathbb{F}$的停时.

解 (1) 显然.

(2) 对于任意$n\geqslant 0$, 有

$$\{\tau=n\}=\{X_0<k\}\cap\{X_1<k\}\cap\cdots\cap\{X_{n-1}<k\}\cap\{X_n\geqslant k\}\in\mathscr{F}_n. \quad \square$$

定理 5.3.3(停时定理) 设$\{X_t,t\in\mathbb{T}\}$ 关于$\mathbb{F}$是鞅, τ 是关于$\mathbb{F}$的停时. 若 $P(\tau<+\infty)=1$ 且

$$E\Big(\sup_{t\geqslant 0}|X_{\tau\wedge t}|\Big)<+\infty,$$

则有 $E(X_\tau)=E(X_0)$.

*** 证明** 下面只给出离散时间参数情形的证明, 连续时间参数的情形可类似地证明. 由 $\mathbb{1}_{\{\tau<n\}}+\mathbb{1}_{\{\tau\geqslant n\}}=1$, 可得

$$\begin{aligned}
E(X_{\tau\wedge n})&=E\Big[X_{\tau\wedge n}\Big(\sum_{k=0}^{n-1}\mathbb{1}_{\{\tau=k\}}+\mathbb{1}_{\{\tau\geqslant n\}}\Big)\Big]\\
&=\sum_{k=0}^{n-1}E(X_{\tau\wedge n}\mathbb{1}_{\{\tau=k\}})+E(X_{\tau\wedge n}\mathbb{1}_{\{\tau\geqslant n\}})\\
&=\sum_{k=0}^{n-1}E(X_k\mathbb{1}_{\{\tau=k\}})+E(X_n\mathbb{1}_{\{\tau\geqslant n\}})\\
&=\sum_{k=0}^{n-1}E(X_n\mathbb{1}_{\{\tau=k\}})+E(X_n\mathbb{1}_{\{\tau\geqslant n\}})\\
&=E(X_n).
\end{aligned}$$

另一方面,

$$E(|X_\tau|) = E\Big(\Big|\sum_{k=0}^{+\infty} X_{\tau\wedge k}\mathbb{1}_{\{\tau=k\}}\Big|\Big) \leqslant E\Big(\sup_{t\geqslant 0}|X_{\tau\wedge t}|\Big) < +\infty,$$

并且

$$|E(X_{\tau\wedge n}) - E(X_\tau)| = |E[(X_{\tau\wedge n} - X_\tau)\mathbb{1}_{\{\tau>n\}}]| \leqslant 2E\Big(\sup_{t\geqslant 0}|X_{\tau\wedge t}|\mathbb{1}_{\{\tau>n\}}\Big).$$

再由控制收敛定理可知 $\lim\limits_{n\to+\infty} E(|X_\tau|\mathbb{1}_{\{\tau>n\}}) = 0$. 因此

$$E(X_0) = E(X_n) = \lim_{n\to+\infty} E(X_n) = \lim_{n\to+\infty} E(X_{\tau\wedge n}) = E(X_\tau). \qquad \square$$

下面介绍一个应用停时定理的例子.

例 5.3.4 设甲、乙两人赌博, 每局各下赌注 1 元. 已知甲有资金 a 元, 乙有资金 b 元. 用 $Z_k = 1$ 或 -1 分别表示甲第 k 局赢 1 元或输 1 元, $X_n = \sum\limits_{k=1}^{n} Z_k$ 表示第 n 局后甲赢或输的资金, 这里假设: $Z_0 = 0, X_0 = 0$. 记 $P(Z_k = 1) = p, P(Z_k = -1) = q = 1 - p, k \geqslant 1$. 问甲先输光的概率是多少? 甲、乙任何一方输光所需的平均时间是多少?

解 设 P_a 表示甲先输光的概率, τ 表示甲、乙任何一方输光所需的时间, 即

$$\tau = \min\{n : X_n = -a \text{ 或 } X_n = b\}.$$

现考虑两种情形.

(1) 设 $p = q$. 此时 $\{X_n, n \geqslant 0\}$ 是鞅. 由停时定理可得

$$0 = E(X_0) = E(X_\tau) = -aP_a + b(1 - P_a),$$

从而

$$P_a = \frac{b}{a+b}.$$

由于 $\{(X_n)^2 - n, n \geqslant 0\}$ 也是鞅, 于是

$$0 = E[(X_0)^2] - 0 = E[(X_\tau)^2] - E(\tau),$$

$$E(\tau) = E[(X_\tau)^2] = a^2P_a + b^2(1 - P_a) = ab.$$

(2) 设 $p \neq q$, 不妨设 $p > q$. 此时 $\{X_n - (p-q)n, n \geqslant 1\}$ 是鞅. 由停时定理可得

$$0 = E(X_0) - 0 = E(X_\tau) - (p-q)E(\tau),$$
$$E(\tau) = \frac{E(X_\tau)}{p-q} = \frac{b-(a+b)P_a}{p-q}.$$

下面求 P_a. 设 $W_n = \left(\dfrac{q}{p}\right)^{X_n}$, 可以验证 $\{W_n, n \geqslant 0\}$ 是鞅. 因此, 由停时定理可得

$$1 = E(W_0) = E(W_\tau) = \left(\frac{q}{p}\right)^{-a} P_a + \left(\frac{q}{p}\right)^{b} (1-P_a),$$

从而

$$P_a = \frac{1-\left(\dfrac{q}{p}\right)^b}{\left(\dfrac{q}{p}\right)^{-a} - \left(\dfrac{q}{p}\right)^b},$$

并且

$$E(\tau) = \frac{b}{p-q} - \frac{a+b}{p-q} \times \frac{1-\left(\dfrac{q}{p}\right)^b}{\left(\dfrac{q}{p}\right)^{-a} - \left(\dfrac{q}{p}\right)^b}. \qquad \square$$

§5.4　鞅收敛定理

对于一个鞅 $\{X_t, t \geqslant 0\}$, 当 $t \to +\infty$ 时, X_t 的极限在什么意义下存在? 为了给出鞅收敛定理, 下面我们先介绍杜布上穿不等式.

设$\{X_n, n = 0, 1, 2, \cdots\}$为任意随机序列, 给定 $a, b (a < b)$, 令$\alpha_0 := 0$,

$$\alpha_{2k-1} = \min\{n : n \geqslant \alpha_{2k-2}, X_n \leqslant a\}, \ \ \alpha_{2k} = \min\{n : n \geqslant \alpha_{2k-1}, X_n \geqslant b\}.$$

称

$$C^{(n)}(a,b) := \max\{k :\ k \geqslant 1, \alpha_{2k} \leqslant n\}$$

为 $\{X_k, 0 \leqslant k \leqslant n\}$ 上穿区间 (a,b) 的次数.

引理 5.4.1 (上穿不等式)　设 $\{X_n, n = 0, 1, 2, \cdots\}$ 是关于$\mathbb{F}$的鞅或下鞅, $C^{(n)}(a,b)$ 表示 $\{X_k, 0 \leqslant k \leqslant n\}$ 上穿区间 (a,b) 的次数, 则有

$$E(C^{(n)}(a,b)) \leqslant \frac{E(X_n^+) + |a|}{b-a}.$$

* **证明** 定义新的随机变量序列 $\{Y_k, k \geqslant 1\}$, 其满足

$$\{Y_k = 1\} = \bigcup_{i=1}^{+\infty}\{\alpha_{2i-1} < k \leqslant \alpha_{2i}\}, \quad \{Y_k = 0\} = \bigcup_{i=0}^{+\infty}\{\alpha_{2i} < k \leqslant \alpha_{2i+1}\},$$

并且 $\{Y_k = 1\} \in \mathscr{F}_{k-1}$. 记 $\widetilde{X}_k = (X_k - a)^+$. 由于 $\widetilde{X}_{\alpha_{2k-1}} \leqslant 0$, $\widetilde{X}_{\alpha_{2k}} \geqslant (b-a)$, 从而

$$\begin{aligned}
E(X_n^+) + |a| \geqslant E(\widetilde{X}_n - \widetilde{X}_0) &= \sum_{k=1}^{n} E(\widetilde{X}_k - \widetilde{X}_{k-1}) \\
&= \sum_{k=1}^{n} E[E(\widetilde{X}_k|\mathscr{F}_{k-1}) - \widetilde{X}_{k-1}] \\
&\geqslant \sum_{k=1}^{n} E\{Y_k[E(\widetilde{X}_k|\mathscr{F}_{k-1}) - \widetilde{X}_{k-1}]\} \\
&= \sum_{k=1}^{n} E\{E[(\widetilde{X}_k - \widetilde{X}_{k-1})Y_k|\mathscr{F}_{k-1}]\} \\
&= \sum_{k=1}^{n} E[(\widetilde{X}_k - \widetilde{X}_{k-1})Y_k] \\
&= E\left[\sum_{m=1}^{C^{(n)}(a,b)} (\widetilde{X}_{\alpha_{2m}} - \widetilde{X}_{\alpha_{2m-1}})\right] \\
&\geqslant (b-a)E(C^{(n)}(a,b)),
\end{aligned}$$

得证. □

定理 5.4.2(收敛定理) 设$\mathbb{T} = \{0, t_1, t_2, t_3, \cdots\}$, 其中 $0 \leqslant t_1 < t_2 < \cdots < t_k < \cdots$, $\lim\limits_{k\to+\infty} t_k = +\infty$, $\{X_t, t \in \mathbb{T}\}$ 是关于$\mathbb{F}$的鞅或下鞅, $\sup\limits_{t\geqslant 0} E(|X_t|) < +\infty$. 则存在一随机变量 $X_{+\infty}$, 使得

$$P\Big(\lim_{t\to+\infty} X_t = X_{+\infty}\Big) = 1,$$

且 $E|X_{+\infty}| < +\infty$.

证明 易知 $C^{(t_n)}(a,b)$ 关于 n 为单调增加的序列, 存在极限 (可能为 $+\infty$), 记$C(a,b) = \uparrow \lim\limits_{n\to+\infty} C^{(t_n)}(a,b)$, 由于

$$E(C(a,b)) = \lim_{n\to+\infty} E(C^{(t_n)}(a,b)) < +\infty,$$

因此, $P(C(a,b) < +\infty) = 1$. 从而

$$
\begin{aligned}
& P\left(\varliminf_{n\to+\infty} X_{t_n} < \varlimsup_{n\to+\infty} X_{t_n}\right) \\
= & P\left(\bigcup_{a<b\text{且为有理数}} \varliminf_{n\to+\infty} X_{t_n} < a < b < \varlimsup_{n\to+\infty} X_{t_n}\right) \\
= & P\left(\bigcup_{a<b\text{且为有理数}} C(a,b) = +\infty\right) \\
\leqslant & \sum_{a<b\text{且为有理数}} P(C(a,b)=+\infty) = 0.
\end{aligned}
$$

此说明 X_{t_n} 的极限几乎处处存在. 设其极限为 $X_{+\infty}$, 再由控制收敛定理即可得

$$
E(|X_{+\infty}|) = E\left(\lim_{n\to+\infty} |X_{t_n}|\right) \leqslant \sup_{t\geqslant 0} E(|X_t|) < +\infty .
$$

特别, 当 $\{X_t, t\geqslant 0\}$ 为鞅时, 有 $E(X_{+\infty}) = E(X_0)$. □

关于连续时间参数的鞅与下鞅的收敛性, 我们有如下类似的结果:

推论 5.4.3　设 $\{X_t, t\in[0,+\infty)\}$ 是轨道右连续的、连续时间参数的关于$\mathbb{F}$的鞅或下鞅, $\sup\limits_{t\geqslant 0} E|X_t| < +\infty$. 则存在一随机变量 $X_{+\infty}$, 使得

$$
P(\lim_{t\to+\infty} X_t = X_{+\infty}) = 1,
$$

且 $E|X_{+\infty}| < +\infty$.

*** 例 5.4.4 (波利亚 (Polya) 罐)**　设一个罐中有 b 个黑球、r 个红球, 从中任取一球, 看一下颜色放回, 放入与取出为同色的球 c 个, 然后取第二次, 如此反复下去. 这样的随机试验模型称为**波利亚罐模型**. 令 $Y_n :=$第n次抽取并放回罐中的黑球数, $\mathscr{F}_n = \sigma\{Y_1, Y_2, \cdots, Y_n\}$, $\mathbb{F} = \{\mathscr{F}_n, n=1,2,\cdots\}$. 令

$$
X_n := \text{第}n\text{次 (放入球) 后黑球所占的比例},
$$

则$\{X_n, n=1,2,\cdots\}$是关于 $\mathbb{F}$的鞅. 事实上,

$$
X_n = \frac{[b+r+(n-1)c]X_{n-1} + Y_n}{b+r+nc},
$$

且Y_n的分布律为

$$
P(Y_n = c) = X_{n-1}, \quad P(Y_n = 0) = 1 - X_{n-1},
$$

于是,

$$\begin{aligned}&E(X_n|\mathscr{F}_{n-1})\\&=\frac{[b+r+(n-1)c]X_{n-1}+c}{b+r+nc}X_{n-1}+\frac{[b+r+(n-1)c]X_{n-1}}{b+r+nc}(1-X_{n-1})\\&=X_{n-1},\end{aligned}$$

且$\sup\limits_n E(|X_n|)\leqslant 1<+\infty$. 由鞅收敛定理知, $X_{+\infty}:=\lim\limits_{n\to+\infty}X_n$ 存在, 下面我们求$X_{+\infty}$的分布.

(1) 当$b=r=c=1$时,

$$\begin{aligned}P\left(X_n=\frac{1+k}{2+n}\right)&=P(\text{前}n\text{次中恰有}k\text{次取黑球})\\&=\mathrm{C}_n^k\frac{1}{2}\cdot\frac{2}{3}\cdot\cdots\cdot\frac{k}{k+1}\cdot\frac{1}{k+2}\cdot\cdots\cdot\frac{n-k}{n+1}\\&=\frac{n!}{k!(n-k)!}\frac{k!(n-k)!}{(n+1)!}\\&=\frac{1}{n+1},\end{aligned}$$

故此时$X_{+\infty}$的分布为 [0,1] 上的均匀分布.

(2) 当$b=2$, $r=c=1$时,

$$\begin{aligned}P\Big(X_n=\frac{k+2}{n+3}\Big)&=P(\text{前}n\text{次中恰有}k\text{次取黑球})\\&=\mathrm{C}_n^k\frac{2}{3}\cdot\frac{3}{4}\cdot\cdots\cdot\frac{k+1}{k+2}\cdot\frac{1}{k+3}\cdot\cdots\cdot\frac{n-k}{n+2}\\&=2\frac{n!}{k!(n-k)!}\frac{(k+1)!(n-k)!}{(n+2)!}\\&=2\frac{k+1}{(n+2)(n+1)},\end{aligned}$$

令$\dfrac{k+2}{n+3}\to x$, 有

$$P\Big(X_{+\infty}\in(x,x+\mathrm{d}x]\Big)=2x\mathrm{d}x,$$

故此时$X_{+\infty}$的分布的密度函数为

$$f(x)=2x,\quad x\in[0,1].$$

(3) 一般地, $X_{+\infty}$ 的分布的密度函数为

$$f\left(x;\frac{b}{c},\frac{r}{c}\right)=\frac{\Gamma\left(\frac{b}{c}+\frac{r}{c}\right)}{\Gamma\left(\frac{b}{c}\right)\Gamma\left(\frac{r}{c}\right)}x^{\frac{b}{c}-1}(1-x)^{\frac{r}{c}-1},$$

即参数为 $\frac{b}{c},\frac{r}{c}$ 的贝塔 (Beta) 分布, $X_{+\infty}\sim \text{Beta}\left(\frac{b}{c},\frac{r}{c}\right)$.

*§5.5　鞅的尾部不等式

我们现在介绍鞅的尾部不等式, 也就是 Azuma-Hoeffding 不等式. 它在很多学科领域都有应用.

定理 5.5.1(Azuma-Hoeffding 不等式)　设 $\{X_n, n=0,1,2,\cdots\}$ 是鞅. 若 $|X_k-X_{k-1}|\leqslant c_k$, 则对所有的 $n\geqslant 0$ 和任意的 $\lambda>0$, 有

$$P(|X_n-X_0|\geqslant\lambda)\leqslant 2\exp\left[-\lambda^2\Big/\left(2\sum_{k=1}^n c_k^2\right)\right].$$

证明　令 $Y_k=X_k-X_{k-1}$. 由于

$$Y_k=-c_k\frac{1-Y_k/c_k}{2}+c_k\frac{1+Y_k/c_k}{2},$$

再由 $\mathrm{e}^{\alpha Y_k}$ 的凸性可得

$$\begin{aligned}\mathrm{e}^{\alpha Y_k}&\leqslant \mathrm{e}^{-\alpha c_k}\frac{1-Y_k/c_k}{2}+\mathrm{e}^{\alpha c_k}\frac{1+Y_k/c_k}{2}\\&=\frac{\mathrm{e}^{-\alpha c_k}+\mathrm{e}^{\alpha c_k}}{2}+\frac{Y_k}{2c_k}(\mathrm{e}^{\alpha c_k}-\mathrm{e}^{-\alpha c_k}).\end{aligned}$$

注意到 $\frac{\mathrm{e}^{-\alpha c_k}+\mathrm{e}^{\alpha c_k}}{2}\leqslant \mathrm{e}^{(\alpha c_k)^2/2}$, 而且 $E(Y_k|X_{k-1},X_{k-2},\cdots,X_0)=0$, 于是

$$E(\mathrm{e}^{\alpha Y_k}|X_{k-1},X_{k-2},\cdots,X_0)\leqslant \mathrm{e}^{(\alpha c_k)^2/2}.$$

由此可得

$$\begin{aligned}E[\mathrm{e}^{\alpha(X_n-X_0)}]&=E\left(\prod_{k=1}^n \mathrm{e}^{\alpha Y_k}\right)=E\left[E\left(\prod_{k=1}^n \mathrm{e}^{\alpha Y_k}\middle|X_{n-1},X_{n-2},\cdots,X_0\right)\right]\\&\leqslant \mathrm{e}^{(\alpha c_n)^2/2}E\left(\prod_{k=1}^{n-1}\mathrm{e}^{\alpha Y_k}\right)\leqslant \exp\left(\alpha^2\sum_{k=1}^n\frac{c_k^2}{2}\right).\end{aligned}$$

再由切比雪夫不等式, 有

$$P(X_n - X_0 \geqslant \lambda) \leqslant \mathrm{e}^{-\lambda\alpha} E[\mathrm{e}^{\alpha(X_n - X_0)}] = \exp\left(\alpha^2 \sum_{k=1}^{n} \frac{c_k^2}{2} - \lambda\alpha\right),$$

最后只要取 $\alpha = \dfrac{\lambda}{\sum\limits_{k=1}^{n} c_k^2}$, 即可得

$$P(X_n - X_0 \geqslant \lambda) \leqslant \exp\left[-\lambda^2 \Big/ \left(2\sum_{k=1}^{n} c_k^2\right)\right].$$

类似的证明 (只需将 X_k 换成 $-X_k$) 可给出 $P(X_n - X_0 \leqslant -\lambda)$ 的与上述相同的上界. □

下面举一个应用 Azuma-Hoeffding 不等式的例子.

例 5.5.2 (Albert-Barabasi 无标度随机演化网络模型) 设 $X_n = (x_{ij}(n))$ 表示 n 时刻 Albert-Barabasi 网络, 其中 $(x_{ij}(n))$ 是邻接矩阵, $x_{ij}(n) = 1$ 表示节点 i 与节点 j 有一条连边, 否则没有连边. 设初始时刻 $(n = 0)$ 网络 X_0 由两个点 (分别标号为 1 和 2) 和一条连边组成. $n(n \geqslant 1)$ 时刻的网络 X_n 是由$n-1$ 时刻的网络 X_{n-1} 通过增加一个点和一条边演变而来, 其演化规则是: n 时刻增加一个标号为 $n+2$ 的新节点, 并以概率 $\dfrac{d_i(n-1)}{\sum\limits_{k=1}^{n+1} d_k(n-1)}$ 连一条边到网络 X_{n-1} 中的节点 i , 其中 $d_i(n-1)$ 表示网络 X_{n-1} 中节点 i 的度, 即连接节点 i 的边数. 这是一个随机增长的演化网络, 也可把它看成一个网络随机过程, 即 $\{X_n, n \geqslant 0\}$. 问, 当 $n \to +\infty$ 时, 这个网络的度分布 (度的概率分布) 是什么? 即求 $\lim\limits_{n\to+\infty} \dfrac{N_k(n)}{n+2}$, 其中 $N_k(n)$ 表示网络 X_n 中度为 k 的点的总数.

首先由

$$E(N_1(n+1) - N_1(n)) = 1 - \frac{E(N_1(n))}{2(n+1)},$$

$$E(N_k(n+1) - N_k(n)) = \frac{(k-1)E(N_{k-1}(n))}{2(n+1)} - \frac{kE(N_k(n))}{2(n+1)},$$

可递推得

$$\lim_{n\to+\infty} \frac{E(N_k(n))}{n+1} = \frac{4}{k(k+1)(k+2)}, \quad k \geqslant 1.$$

另一方面, 令 $Z_m(k,n)=E(N_k(n)|\mathscr{F}_m)$, 则对每个 k $(1\leqslant k\leqslant n)$, $\{Z_m(k,n),0\leqslant m\leqslant n\}$ 是杜布鞅, 并且可验证

$$\begin{aligned}Z_m(k,n)-Z_{m-1}(k,n)= & \left(1-\frac{k}{2n}\right)[Z_m(k,n-1)-Z_{m-1}(k,n-1)]+\\ & \frac{k-1}{2n}[Z_m(k-1,n-1)-Z_{m-1}(k-1,n-1)],\end{aligned}$$

其中, $\mathscr{F}_m=\sigma\{X_j,0\leqslant j\leqslant m\}$. 由此可递推得: 对每个 k 和 n $(1\leqslant k\leqslant n)$,

$$|Z_m(k,n)-Z_{m-1}(k,n)|\leqslant 1,\quad 0\leqslant m\leqslant n.$$

再利用 Azuma-Hoeffding 不等式, 对任意的 $\varepsilon>0$, 有

$$P\left(|N_k(n)-E(N_k(n))|\geqslant\varepsilon n\right)=P\left(|Z_n(k,n)-Z_0(k,n)|\geqslant\varepsilon n\right)\leqslant 2\mathrm{e}^{-\frac{\varepsilon^2 n}{2}},$$

从而

$$\sum_{n=1}^{+\infty}P\left(\left|\frac{N_k(n)}{n}-\frac{E(N_k(n))}{n}\right|\geqslant\varepsilon\right)<+\infty.$$

此说明

$$P\left(\lim_{n\to+\infty}\left(\frac{N_k(n)}{n}-\frac{E(N_k(n))}{n}\right)=0\right)=1,$$

即有

$$P\left(\lim_{n\to+\infty}\frac{N_k(n)}{n}=\frac{4}{k(k+1)(k+2)}\right)=1.$$

令

$$P_k=\frac{4}{k(k+1)(k+2)},\quad k\geqslant 1,$$

注意到 $\sum\limits_{k=1}^{+\infty}P_k=1$, 因此 $P_k,k\geqslant 1$ 就是我们要求的 Albert-Barabasi 无标度随机演化网络的度分布.

*§5.6　补充与注记

A. 极大值不等式

定理 5.6.1　设 $\{X_n,n=0,1,2,\cdots\}$ 是关于 $(P,\mathbb{F})$ 的上鞅, $k\in\mathbb{N}$, $\forall\lambda>0$, 则

$$\lambda P\Big(\sup_{n\leqslant k} X_n \geqslant \lambda\Big) \leqslant E(X_0) - E\Big(X_k \mathbb{1}_{\{\sup\limits_{n\leqslant k} X_n < \lambda\}}\Big),$$

$$\lambda P\Big(\inf_{n\leqslant k} X_n \leqslant -\lambda\Big) \leqslant E\Big(-X_k \mathbb{1}_{\{\inf\limits_{n\leqslant k} X_n < \lambda\}}\Big),$$

$$\lambda P\Big(\sup_{n\leqslant k} |X_n| \geqslant \lambda\Big) \leqslant E(X_0) + 2E(X_k^-).$$

推论 5.6.2 (柯尔莫哥洛夫极大值不等式) 设 $\{X_n, n=0,1,2,\cdots\}$ 为关于 $(P,\mathbb{F})$ 的鞅, 且 $E(|X_k|^2) < +\infty$, $\forall \lambda > 0$, 则

$$P\Big(\sup_{n\leqslant k} |X_n| \geqslant \lambda\Big) \leqslant \frac{E(X_k^2)}{\lambda^2}.$$

B. 局部鞅

定义 5.6.3 设 $X_{\mathbb{T}} = \{X_t, t \geqslant 0\}$ 为轨道右连续、左极限存在 (以下简称 "右连左极") 的 $\mathbb{F}$-适应过程, $X_{\mathbb{T}}$ 称为**一致可积的鞅**, 如果

(1) $X_{\mathbb{T}}$ 是关于 $\mathbb{F}$ 的鞅;

(2) 一致可积性: $\sup\limits_t E(|X_t|^p) < +\infty, p > 1$.

定义 5.6.4 (局部鞅) 设 $M_{\mathbb{T}} = \{M_t, t \geqslant 0\}$ 为右连左极的 $\mathbb{F}$-适应过程, $M_{\mathbb{T}}$ 称为**局部鞅**, 如果存在一列 $\mathbb{F}$-停时 $\{\tau_n, n=1,2,\cdots\}$ 满足

(1) $\tau_n \uparrow +\infty$;

(2) 对任意固定 n, $M^{\tau_n} := \{M_{t\wedge\tau_n}, t \geqslant 0\}$ 是一致可积鞅.

定义 5.6.5 设 $X_{\mathbb{T}} = \{X_t, t \geqslant 0\}$ 为右连左极的 $\mathbb{F}$-适应过程, $X_{\mathbb{T}}$ 称为**局部有界**, 如果存在一列 $\mathbb{F}$-停时 $\{\tau_n, n=1,2,\cdots\}$ 满足 $\tau_n \uparrow +\infty$ 使得对任意固定 n, $X^{\tau_n} := \{X_{t\wedge\tau_n}, t \geqslant 0\}$ 是有界过程.

定理 5.6.6 (局部鞅基本定理) 设 $M = \{M_t, t \geqslant 0\}$ 是关于 $\mathbb{F}$ 的局部鞅, 则 M 可以分解为

$$M = M_0 + U + V,$$

其中 U 为零初值的局部有界鞅, V 为零初值的局部可积变差鞅.

C. **半鞅.**

定义 5.6.7 设 $X = \{X_t, t \geqslant 0\}$ 为右连左极的 $\mathbb{F}$- 适应过程, X 称为**半鞅** (semi- martingale), 如果 X 可以分解为

$$X = M + A,$$

其中 M 为局部鞅, A 为 $\mathbb{F}$-适应的有限变差过程. 特别地, 如果 A 为局部可积的有限变差过程, 称 X 为**特殊半鞅** (special semi-martingale) .

定理 5.6.8　设 X 为特殊半鞅, 则 X 可以分解为

$$X = M + A,$$

其中 M 为局部鞅, A 为零初值的 $\mathbb{F}$-可料的有限变差过程, 且分解唯一. 这一分解称为 X 的**典则分解**.

♣ 局部有界的半鞅为特殊半鞅.

更多关于局部鞅与半鞅的内容见参考文献 [12].

习　题　五

5.1　设 $Y_0 = 0, \{Y_n, n \geqslant 1\}$ 独立同分布, $\mathscr{F}_n = \sigma\{Y_1, \cdots, Y_n\}$, $\mathbb{F} = \{\mathscr{F}_n, n = 0, 1, 2, \cdots\}$.

(1) 若 $E(Y_n) = 0, E(Y_n^2) = \sigma^2$. 令

$$X_0 = 0, \quad X_n = \left(\sum_{k=1}^n Y_k\right)^2 - n\sigma^2.$$

证明: $\{X_n, n \geqslant 0\}$ 是关于 $\mathbb{F}$ 的鞅.

(2) 若 $Y_n \sim N(0, \sigma^2), X_n = \exp\left(\dfrac{\mu}{\sigma^2}\sum_{k=1}^n Y_k - \dfrac{n\mu^2}{2\sigma^2}\right), n \geqslant 1, X_0 = 0$. 证明: $\{X_n, n \geqslant 0\}$ 是关于 $\mathbb{F}$ 的鞅.

5.2　设随机变量序列 $\{X_n, n \geqslant 0\}$ 满足 $E(|X_n|) < +\infty$, 且

$$E(X_{n+1} \mid X_0, X_1, \cdots, X_n) = \alpha X_n + \beta X_{n-1}, n > 0, \beta, \alpha > 0.$$

令 $Y_n = aX_n + X_{n-1}, n \geqslant 1, Y_0 = X_0$. 问当 α, β 满足什么关系时存在合适的 a 使得 $\{Y_n, n \geqslant 0\}$ 是关于 $\{X_n, n \geqslant 0\}$ 的鞅.

5.3　设 $\{X_n, n \geqslant 0\}$ 是关于 $\{X_n, n \geqslant 0\}$ 的鞅. 证明: 对任何整数集 $k \leqslant l < m, X_m - X_l$ 与 X_k 不相关, 即 $E[(X_m - X_l)X_k] = 0$.

5.4　设 $\{X_n, n \geqslant 0\}$ 是鞅, 而 $\{\xi_i, i \geqslant 0\}$ 由下式确定: $X_n = \sum\limits_{i=0}^n \xi_i$. 试证: $E(\xi_i\xi_j) = 0, \forall j \neq i$.

5.5　设 $\{X_n, n \geqslant 0\}$ 是关于 $\{Y_n, n \geqslant 0\}$ 的鞅, c 是任意常数. 证明:

(1) 若 $E(|X_n \vee c|) < +\infty$, 则 $\{X_n \vee c, n \geqslant 0\}$ 是下鞅;

(2) 若 $E(X_n^+) < +\infty$, 则 $\{X_n^+, n \geqslant 0\}$ 是下鞅.

5.6　设 Y_0 服从 $(0,1)$ 上的均匀分布, 且给定 Y_n 时, Y_{n+1} 服从 $(1-Y_n, 1]$ 上的均匀分布. 令 $X_0 = Y_0$,

$$X_n = 2^n \prod_{k=1}^{n} \frac{1-Y_k}{Y_{k-1}}, \quad n = 1, 2, \cdots.$$

证明: $\{X_n, n \geqslant 0\}$ 是关于 $\{Y_n, n \geqslant 0\}$ 的鞅.

5.7　设 $\{X_n, n \geqslant 0\}$ 为马尔可夫链, $\mathbb{E} = \{0, 1, 2, \cdots\}, p_{ij} = \dfrac{1}{\mathrm{e}(j-i)!}, i \in \mathbb{E}, j \geqslant i$. 试证 $\{Y_n = X_n - n, n \geqslant 0\}, \{U_n = Y_n^2 - n, n \geqslant 0\}$ 及 $\{V_n = \exp(X_n - n(\mathrm{e}-1)), n \geqslant 0\}$ 是鞅.

5.8　U_n, V_n, Y_n 同上题, 设 $\{U_n\}, \{V_n\}$ 是关于 $\{Y_n\}$ 的鞅, $U_0 = V_0 = 0, E(U_n^2) < +\infty$. 证明:

$$E(U_n V_n) = \sum_{k=1}^{n} E\big[(U_k - U_{k-1})(V_k - V_{k-1})\big],$$

$$E(U_n^2) = \sum_{k=1}^{n} E[(U_k - U_{k-1})^2].$$

*5.9　设 $X_{\mathbb{T}} = \{X_n, n = 0, 1, 2, \cdots\}$ 是关于 $\mathbb{F}$ 的鞅, τ 为 $\mathbb{F}$-停时, $X_n^\tau = X_{\tau \wedge n}$, 证明: $\{X_n^\tau, n = 0, 1, \cdots\}$ 为关于 $\mathbb{F}$ 的鞅.

*5.10　设 $X_{\mathbb{T}} = \{X_n, n = 0, 1, 2, \cdots\}$ 与 $Y_{\mathbb{T}} = \{Y_n, n = 0, 1, 2, \cdots\}$, τ 为 $\mathbb{F}$-停时, 且在 $\{\tau < +\infty\}$ 上, $X_\tau = Y_\tau$, 证明:

$$Z_n = \begin{cases} X_n, & n < \tau, \\ Y_n, & n \geqslant \tau \end{cases}$$

是关于 $\mathbb{F}$ 的鞅.

*5.11　设 $\{X_n\}$ 对于固定的 $\lambda > 0$, 满足

$$\forall n \geqslant 1, E[\exp(\lambda X_{n+1}) \mid X_1, \cdots, X_n] \leqslant 1.$$

令 $S_0 = 0, S_n = \sum_{k=1}^{n} X_k$. 证明：

$$P\left(\sup_{n\geqslant 0}(x + S_n) > l\right) \leqslant \mathrm{e}^{-\lambda(l-x)}, x \leqslant l.$$

5.12 设 $\{X_t, t \geqslant 0\}$ 是状态空间 $\mathbb{E} = \{0, 1, 2, \cdots\}$ 上的 Q 过程, 其 Q 矩阵为 $\boldsymbol{Q}$, $y = \{y(i) : i = 0, 1, 2, \cdots\}$ 为方程 $\boldsymbol{Q}y = \lambda y$ 的非零解, $\mathbb{F} = \{\mathscr{F}_t, t \geqslant 0\}$, $\mathscr{F}_t = \sigma(X_u; u \in [0, t])$, 证明： $Y_t = \mathrm{e}^{-\lambda t} y(X_t)$ 为关于 $\mathbb{F}$ 的鞅.

第六章　布朗运动

布朗运动首先由英国生物学家布朗 (R.Brown) 于 1827 年根据花粉微粒在液体中作“无规则运动”的物理现象提出, 爱因斯坦 (Einstein) 于 1905 年首次对这一现象的物理规律给出了一种数学描述, 1918 年, 维纳 (Wiener) 对这一现象在理论上给出了精确的数学描述, 并进一步研究了布朗运动轨道的性质, 提出了在布朗运动空间上定义测度和积分.

§6.1　随机游动与布朗运动的定义

例 6.1.1 (随机游动)　假设直线上有一“花粉”的随机游动: 经过 Δt 时间, “花粉”随机地以概率 $p=\dfrac{1}{2}$ 向右移动 $\Delta x>0$, 以概率 $q=\dfrac{1}{2}$ 向左移动 $\Delta x>0$, 且每次移动相互独立. 记

$$X_i=\begin{cases}1, & \text{第 } i \text{ 次质点向右移动},\\ -1, & \text{第 } i \text{ 次质点向左移动},\end{cases}$$

设 $X(t)$ 为 t 时刻花粉的位置, 则有

$$X(t)=\Delta xX_1+\Delta xX_2+\cdots+\Delta xX_{\lfloor\frac{t}{\Delta t}\rfloor},$$

其中 $\lfloor\cdot\rfloor$ 表示向下取整, 易知 $E(X_i)=0$, $D(X_i)=E(X_i^2)=1$. 因而 $E(X(t))=0$, $D(X(t))=(\Delta x)^2\left\lfloor\dfrac{t}{\Delta t}\right\rfloor$.

若取 $\Delta x=c\sqrt{\Delta t}$, $D(X(t))=\lim\limits_{\Delta t\to 0}c^2\Delta t\left\lfloor\dfrac{t}{\Delta t}\right\rfloor=c^2t$, 由中心极限定理知

$$\lim_{\Delta t\to 0}P\left(\frac{\sum\limits_{i=0}^{\lfloor\frac{t}{\Delta t}\rfloor}\Delta xX_i-0}{\sqrt{c^2t}}\leqslant x\right)=\varPhi(x)$$

等价于

$$\lim_{\Delta t\to 0}P\Big(\frac{X(t)}{\sqrt{c^2t}}\leqslant x\Big)=\varPhi(x),$$

故当 $\Delta t \to 0$ 时, $X(t) \sim N(0, c^2 t)$.

下面是布朗运动的严格定义:

定义 6.1.2 若一个随机过程 $\{X(t), t \geqslant 0\}$ 满足

- $X(t)$ 是独立增量过程;
- $\forall s, t > 0, X(s+t) - X(s) \sim N(0, c^2 t)$, 即 $X(t+s) - X(s)$ 是数学期望为 0, 方差为 $c^2 t$ 的正态分布;
- $X(t)$ 关于 t 是连续函数,

则称 $\{X(t), t \geqslant 0\}$ 是**布朗运动**或**维纳过程**. 当 $c = 1$ 时, 称 $\{X(t), t \geqslant 0\}$ 是**标准布朗运动**.

图 6.1 是 3 条标准布朗运动的轨道图像.

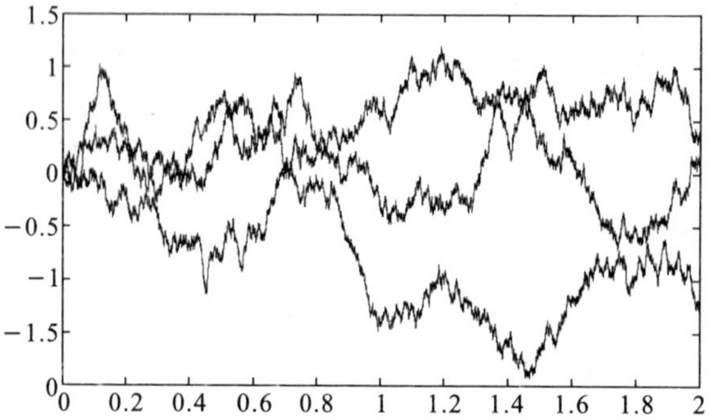

图 6.1

§6.2 布朗运动的基本性质

下面讨论的 $\{B(t), t \geqslant 0\}$ 为标准布朗运动, 且 $B(0) = 0$.

§6.2.1 布朗运动的联合密度函数

定理 6.2.1 令 $x_0 = 0, t_0 = 0$, 则对 $\forall t_1 < t_2 < \cdots < t_n$, $(B(t_1), \cdots, B(t_n))$ 的联合密度函数

$$\begin{aligned} g(x_1, \cdots, x_n; t_1, \cdots, t_n) &= \prod_{i=1}^{n} p(x_i - x_{i-1}, t_i - t_{i-1}) \\ &= \prod_{i=1}^{n} \frac{1}{\sqrt{2\pi(t_i - t_{i-1})}} \exp\left[-\frac{(x_i - x_{i-1})^2}{2(t_i - t_{i-1})}\right], \end{aligned}$$

其中 $p(x,t) := \frac{1}{\sqrt{2\pi t}}\mathrm{e}^{-\frac{x^2}{2t}}$.

证明 令 $Y_1 = B(t_1), Y_i = B(t_i) - B(t_{i-1}), 1 \leqslant i \leqslant n$. 由布朗运动的独立增量性得 $Y_1, \cdots, Y_n$ 独立, 且 $Y_i \sim N(0, t_i - t_{i-1})$, 则其联合密度函数为

$$f(y_1, \cdots, y_n) = \prod_{i=1}^{n} \frac{1}{\sqrt{2\pi(t_i - t_{i-1})}}\mathrm{e}^{-\frac{y_i^2}{2(t_i - t_{i-1})}}.$$

由于 $B(t_i) = \sum_{k=1}^{i} Y_k$, 则 $(B(t_1), \cdots, B(t_n))$ 的联合密度函数为

$$g(x_1, \cdots, x_n; t_1, \cdots, t_n) = f(y_1, \cdots, y_n)|\boldsymbol{J}|,$$

其中

$$\boldsymbol{J} = \begin{pmatrix} 1 & 0 & 0 & \cdots & 0 & 0 \\ -1 & 1 & 0 & \cdots & 0 & 0 \\ 0 & -1 & 1 & \cdots & 0 & 0 \\ \vdots & \vdots & \vdots & & \vdots & \vdots \\ 0 & 0 & 0 & \cdots & -1 & 1 \end{pmatrix}, \quad |\boldsymbol{J}| = 1.$$

故

$$\begin{aligned} g(x_1, \cdots, x_n; t_1, \cdots, t_n) &= \prod_{i=1}^{n} p(x_i - x_{i-1}, t_i - t_{i-1}) \\ &= \prod_{i=1}^{n} \frac{1}{\sqrt{2\pi(t_i - t_{i-1})}} \exp\left[-\frac{(x_i - x_{i-1})^2}{2(t_i - t_{i-1})}\right]. \end{aligned}$$ □

§6.2.2 布朗运动与时齐马尔可夫过程

$B(t_n)$ 在给定 $B(t_1), \cdots, B(t_n)$ 条件下的条件密度函数为

$$\begin{aligned} g(x_n|x_1, \cdots, x_{n-1}) = \frac{g(x_1, \cdots, x_n)}{g(x_1, \cdots, x_{n-1})} &= p(x_n - x_{n-1}, t_n - t_{n-1}) \\ &= g(x_n|x_{n-1}) = \frac{g(x_{n-1}, x_n)}{g(x_{n-1})}. \end{aligned}$$

此说明布朗运动是时齐马尔可夫过程, 并且其转移概率函数 $p(t,x) = \frac{1}{\sqrt{2\pi t}}\mathrm{e}^{-\frac{x^2}{2t}}$ 满足如下的偏微分方程:

$$\frac{\partial p}{\partial t} = \frac{\partial^2 p}{2\partial x^2}.$$

§6.2.3　布朗运动与正态过程

定义 6.2.2(正态过程)　如果随机过程 $\{X(t), t \in T\}$ 对 $t_i \in T(i = 1, 2, \cdots, n), X(t_1), X(t_2), \cdots, X(t_n)$ 的联合分布为 n 维正态分布, 则称 $\{X(t), t \in \mathbb{T}\}$ 为**正态过程**.

定理 6.2.3　设 $\{B(t), t \geqslant 0\}$ 为正态过程, 轨道连续, $B(0) = 0$. 则 $\{B(t), t \geqslant 0\}$ 是布朗运动的充要条件为 $\forall s, t > 0$, $E(B(s)B(t)) = t \wedge s$, $E(B(t)) = 0$.

证明　由正态过程和 $E(B(s)B(t)) = t \wedge s, E(B(t)) = 0$ 知

$$
\begin{aligned}
&E(B(t) - B(s)) = E(B(t)) - E(B(s)) = 0,\\
&E[(B(t) - B(s))^2] = |t - s|,\\
&E[(B(t_1) - B(s_1))(B(t_2) - B(s_2))] = 0\,(t_2 > s_2 \geqslant t_1 > s_1).
\end{aligned}
$$

再由正态过程的不相关与独立性等价得, $B(t)$ 为独立增量过程, 且

$$B(t) - B(s) \sim N(0, |t - s|).$$

□

例 6.2.4　设 $\{B(t), t \geqslant 0\}$ 是布朗运动, 证明:

(1) $\{B(t + \tau) - B(\tau), t \geqslant 0\}, \forall \tau \geqslant 0$;

(2) $\left\{\dfrac{1}{\sqrt{\lambda}} B(\lambda t), t \geqslant 0\right\}$, $\lambda > 0$;

(3) $\left\{tB\left(\dfrac{1}{t}\right), t \geqslant 0\right\}, \quad tB\left(\dfrac{1}{t}\right)\Big|_{t=0} \triangleq 0$;

(4) $\{B(t_0 - s) - B(t_0), 0 \leqslant s \leqslant t_0\}, t_0 > 0$

仍为布朗运动.

证明　仅证 (4) , 其余类似. 记 $Y(s) := B(t_0 - s) - B(t_0)$, 易知 $\{Y(S), 0 \leqslant s \leqslant t_0\}$ 为轨道连续的正态过程, 且 $Y(0) = B(t_0) - B(t_0) = 0$.　对任意 $s, t \in [0, t_0]$,

$$
\begin{aligned}
E(Y(s)Y(t)) &= E\{[B(t_0 - s) - B(t_0)][B(t_0 - t) - B(t_0)]\}\\
&= E[B(t_0 - s)B(t_0 - t)] - E[B(t_0 - s)B(t_0)] -\\
&\quad\; E[B(t_0)B(t_0 - t)] + E(B(t_0)B(t_0))\\
&= (t_0 - s) \wedge (t_0 - t) - (t_0 - s) \wedge t_0 - t_0 \wedge (t_0 - t) + t_0 \wedge t_0\\
&= t_0 - s \vee t - t_0 + s - t_0 + t + t_0\\
&= s \wedge t,
\end{aligned}
$$

由定理 6.2.3 知, $\{Y(s), s \in [0, t_0]\}$ 是布朗运动.

□

§6.2.4 布朗运动的 σ-域流与鞅

设 $B=\{B_t,\ t\geqslant 0\}$ 为标准布朗运动, $\mathscr{N}$ 为 P-零概率全体产生的 σ-域,

$$\mathscr{F}_t^B:=\sigma\{B_s,\ s\leqslant t\}\vee\mathscr{N},$$

则 $\mathbb{F}^B=\{\mathscr{F}_t^B,\ t\geqslant 0\}$ 为右连续、单增的 σ-代数流. 我们称 $\mathbb{F}^B$ 为**布朗运动 B 产生的自然 σ-流**, 简称**布朗流**. 易知

性质 6.2.5 设 $B=\{B_t,t\geqslant 0\}$ 为布朗运动, $\mathbb{F}^B$ 是相应的布朗流, 则

(1) B 关于 $\mathbb{F}^B$ 适应：对任意时刻 t, B_t 关于 $\mathscr{F}_t^B$-可测;

(2) 独立性：任意给定 $0<s<t<+\infty$, B_t-B_s 与 $\mathscr{F}_s^B$ 独立;

(3) 任意给定 $0<s<t<+\infty$, $E[(B_t-B_s)^2|\mathscr{F}_s^B]=t-s$.

定理 6.2.6 设 $\{B(t),t\geqslant 0\}$ 是布朗运动, 则

$$\{B(t),\,t\geqslant 0\},\quad \{(B(t))^2-t,\,t\geqslant 0\},$$

$$\{\mathrm{e}^{\lambda B(t)-\frac{1}{2}\lambda^2 t},\,t\geqslant 0\},\quad \{\mathrm{e}^{\mathrm{i}\lambda B(t)+\frac{1}{2}\lambda^2 t},\,t\geqslant 0\}$$

都是关于 $\mathbb{F}^B$ 的鞅.

证明 仅证 $\{(B(t))^2-t,t\geqslant 0\}$ 是关于 $\mathbb{F}^B$ 的鞅, 其余类似. 对任意 $s<t$,

$$\begin{aligned}
&E[(B(t))^2-t|\mathscr{F}_s^B]\\
&=E\{[(B(t)-B(s)+B(s))^2-t]|\mathscr{F}_s^B\}\\
&=E\{[(B(t)-B(s))^2+2B(s)(B(t)-B(s))+(B(s))^2]|\mathscr{F}_s^B\}-t\\
&=E[(B(t)-B(s))^2]+2B(s)E[(B(t)-B(s))]+(B(s))^2-t\\
&=t-s+(B(s))^2-t\\
&=(B(s))^2-s,
\end{aligned}$$

因而 $\{(B(t))^2-t,t\geqslant 0\}$ 为关于 $\mathbb{F}^B$ 的鞅. □

定义 6.2.7 设 $(\Omega,\mathscr{F},P)$ 为一个完备的概率空间, $\mathbb{F}=\{\mathscr{F}_t,\ t\geqslant 0\}$ 为一个右连续单增的 σ-域流, $B=\{B_t,\ t\geqslant 0\}$ 为关于 $\mathbb{F}$-适应的过程. B 称为**关于 $(P,\mathbb{F})$ 的标准布朗运动**, 如果 B 满足 $B_0=0$, 对任意 $0\leqslant s<t$, B_t-B_s 与 $\mathscr{F}_s$ 独立且 $B_t-B_s\sim N(0,t-s)$.

推论 6.2.8 设 $(\Omega,\mathscr{F},P)$ 为一个完备的概率空间, $\mathbb{F}=\{\mathscr{F}_t,\ t\geqslant 0\}$ 为一个右连续单增的 σ-域流, $B=\{B_t,\ t\geqslant 0\}$ 是关于 $(P,\mathbb{F})$ 的布朗运动, 则 $\{B_t^2-t,\ t\geqslant 0\}$ 是关于 $(P,\mathbb{F})$ 的鞅.

*§6.3　反射原理与首达时的分布

设 $B=\{B_t,\ t\geqslant 0\}$ 为标准布朗运动, a 为任意实数, 则称

$$\tau_a := \inf\{t:\ t>0, B_t=a\}$$

为布朗运动 B 首次达到 a 的**首达时**. 这一节, 我们主要讨论 τ_a 的分布.

下面我们用图像来说明反射原理：在图 6.2 中黑线为一条标准布朗运动的轨道, $a=0.5$, 当布朗运动轨道首次到达 "0.5" 以后, 就以 $y=0.5$ 为镜面反射, 反射原理是如果 τ_1 前还是按照原来的轨道, $\tau_{0.5}$ 后以虚线为轨道, 它组成一条新的布朗运动轨道. 这主要是因为布朗运动具有对称性. 由反射原理, 有如下引理：

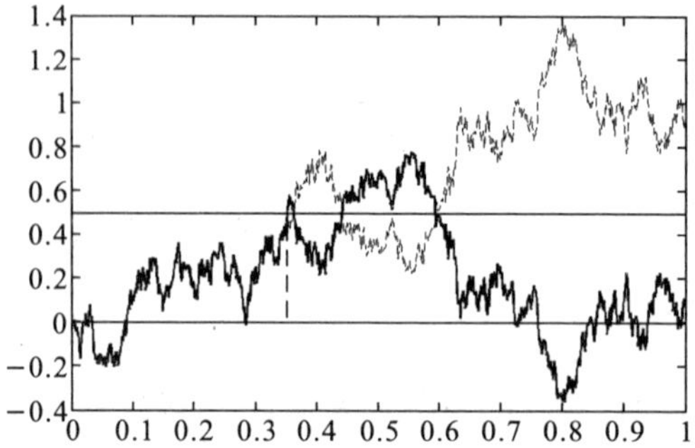

图 6.2

引理 6.3.1　设 $B=\{B_t,\ t\geqslant 0\}$ 为标准布朗运动, $a>0$, 则

$$P(B_t\geqslant a|\tau_a\leqslant t)=P(B_t<a|\tau_a\leqslant t)=\frac{1}{2}.$$

我们现在来求 τ_a 的分布. 由 $\{B_t\geqslant a\}\subset\{\tau_a\leqslant t\}$ 知 $P(B_t\geqslant a|\tau_a>t)=0$, 由反射原理有

$$\begin{aligned}P(B_t\geqslant a) &= P(\tau_a\leqslant t)P(B_t\geqslant a|\tau_a\leqslant t)+P(\tau_a>t)P(B_t\geqslant a|\tau_a>t)\\ &=\frac{1}{2}P(\tau_a\leqslant t),\end{aligned}$$

从而

$$P(\tau_a\leqslant t)=2P(B_t\geqslant a)=2\int_a^{+\infty}\frac{1}{\sqrt{2\pi t}}\mathrm{e}^{-\frac{x^2}{2t}}\,\mathrm{d}x.$$

对于 $a<0$, 利用布朗运动的对称性知, $P(\tau_a\leqslant t)=P(\tau_{-a}\leqslant t)$, 于是我们得到如下性质：

性质 6.3.2 设 $B=\{B_t, t\geqslant 0\}$ 为标准布朗运动, a 为任意常数, 则 τ_a 的分布函数为

$$F_{\tau_a}(t)=2\left[1-\Phi\left(\frac{|a|}{\sqrt{t}}\right)\right],$$

密度函数为

$$f_{\tau_a}(t)=\frac{|a|}{\sqrt{2\pi t^3}}\mathrm{e}^{-\frac{a^2}{2t}}.$$

推论 6.3.3 设 $B=\{B_t,\ t\geqslant 0\}$ 为标准布朗运动, 任意固定 $t>0$, 令 $B_t^*=\max\limits_{u\in[0,t]}B_u$, 则 B_t^* 的分布函数为

$$F_{B_t^*}(a)=\begin{cases}1-2\left[1-\Phi\left(\dfrac{a}{\sqrt{t}}\right)\right], & a>0,\\ 0, & a\leqslant 0\,.\end{cases}$$

证明 易知 $B_t^*\geqslant 0$, 当 $a>0$ 时,

$$\{\tau_a\leqslant t\}=\{B_t^*\geqslant a\},$$

由性质 6.3.2 知命题成立. □

§6.4 布朗运动的轨道性质

在这一节中, 我们来讨论布朗运动的轨道. 图 6.3 是 1 条布朗运动的轨道曲线.

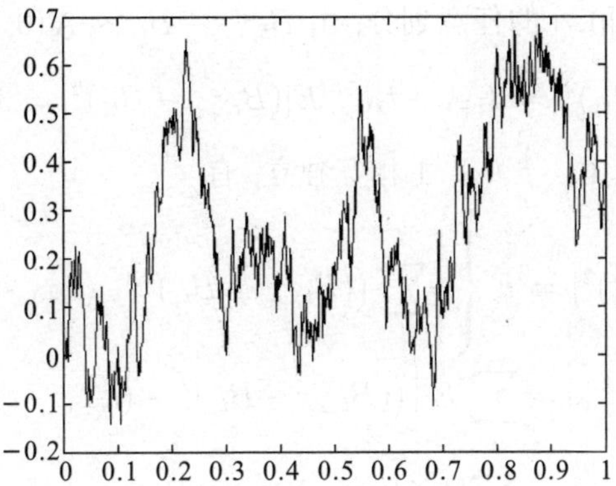

图 6.3

我们用 Δ 表示区间 $[0,t]$ 的一个划分：$0=t_0<t_1<\cdots<t_n=t$, 记 $|\Delta|=\sup_i|t_{i+1}-t_i|$ 为划分 Δ 的模. 考虑如下和式:

$$S_t^{\Delta}=\sum_i\left|A_{t_{i+1}}-A_{t_i}\right|.$$

定义 6.4.1 设 $A=\{A_t,\ t\geqslant 0\}$ 为一个函数 (或随机过程) , 令

$$S_t=\sup_{\Delta}S_t^{\Delta},\ \text{a.s.},$$

称 S_t 为 A 在 $[0,t]$ 上的**一阶变差**; 如果 $S_t<+\infty$, 则称 A 在 $[0,t]$ 上为**有界变差**函数 (或过程) ; 若 $\lim\limits_{t\to+\infty}S_t<+\infty$, a.s., 则称 A 为 $[0,+\infty)$ 上的**有界变差**函数 (或过程) .

例 6.4.2 任何 C^1-函数为有界变差函数.

例 6.4.3 任何有界单调函数为有界变差函数.

性质 6.4.4 任何有界变差函数一定为两个单增函数之差.

定义 6.4.5 设 $X=\{X_t,\ t\geqslant 0\}$ 为 $(\Omega,\mathscr{F},P)$ 上的随机过程, 令

$$T_t^{\Delta}=\sum_i(X_{t_{i+1}}-X_{t_i})^2.$$

称 X 为**二阶变差过程**, 如果存在一个有界变差过程 $\langle X,X\rangle$ 使得对任意 t 及 $[0,t]$ 的任意划分列 $\{\Delta_n\}$, 若满足 $\lim\limits_{n\to+\infty}|\Delta_n|=0$, 则

$$P\text{-}\lim_n T_t^{\Delta_n}=\langle X,X\rangle_t,$$

(P-lim 表示依概率收敛). 过程 $\langle X,X\rangle$ 称为 X 的**二阶变差**.

定理 6.4.6 设 $B=\{B_t,\ t\geqslant 0\}$ 为标准布朗运动, 则 B 为二阶变差过程且 $\langle B,B\rangle_t=t$.

证明 设 Δ 为 $[0,t]$ 的任意划分, 由 $B_{t_{i+1}}-B_{t_i}\sim N(0,t_{i+1}-t_i)$ 知

$$E\left[(B_{t_{i+1}}-B_{t_i})^2\right]=t_{i+1}-t_i,\quad E[(B_{t_{i+1}}-B_{t_i})^4]=3(t_{i+1}-t_i)^2.$$

由于 $B_{t_{i+1}}-B_{t_i},i=0,\cdots,n-1$ 相互独立, 有

$$\begin{aligned}E[(T_t^{\Delta_n}-t)^2]&=E\left\{\left[\sum_i\left((B_{t_{i+1}}-B_{t_i})^2-(t_{i+1}-t_i)\right)\right]^2\right\}\\&=\sum_i E\left[\left((B_{t_{i+1}}-B_{t_i})^2-(t_{i+1}-t_i)\right)^2\right]\\&=\sum_i E\left\{\left[(B_{t_{i+1}}-B_{t_i})^4\right]-(t_{i+1}-t_i)^2\right\}\end{aligned}$$

$$= 2\sum_i (t_{i+1} - t_i)^2$$
$$\leqslant 2|\Delta_n| t \longrightarrow 0,$$

由切比雪夫不等式易知 $P\text{-}\lim_n T_t^{\Delta_n} = t$, 从而 $\langle B, B\rangle_t = t.$ □

推论 6.4.7 设 $B = \{B_t,\ t \geqslant 0\}$ 为标准布朗运动, $\{\Delta_n\}$ 为 $[0, t]$ 上满足 $\lim_{n\to+\infty} |\Delta_n| = 0$ 的任意划分列, 则

$$(\text{m.s.})\lim_n T_t^{\Delta_n} = t\,,$$

其中 m.s. 表示均方收敛.

图 6.4 中细线是布朗运动的一条轨道, 粗线是电脑自动计算这条轨道的二阶变差, 可以看出粗线接近于一条直线.

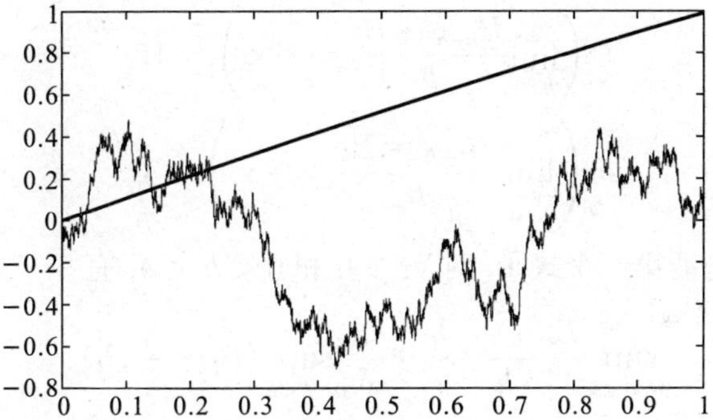

图 6.4

问题：布朗运动的一阶变差是多少呢?

推论 6.4.8 设 $B = \{B_t,\ t \geqslant 0\}$ 为标准布朗运动, 则 B 在任意区间上的一阶变差为 $+\infty$.

证明 设 $[p, q]$ 为 $[0, +\infty)$ 的任意子区间, 由于 B 在 $[p, q]$ 上的二阶变差为 $q - p$ (依概率收敛) , 故存在 $[p, q]$ 上满足 $\lim_{n\to+\infty} |\Delta_n| = 0$ 的划分列 $\{\Delta_n\}$ 及 $\Omega_0 \subset \Omega$ 满足 $P(\Omega_0) = 1$, 使得 $\forall \Omega \in \Omega_0$ 都有

$$\lim_{n\to+\infty} \sum_{t_i \in \Delta_n} \left(B_{t_{i+1}}(\omega) - B_{t_i}(\omega)\right)^2 = q - p.$$

另一方面, 令 $V(\omega)$ 表示 $t \to B_t(\omega)$ 在 $[p, q]$ 上的一阶变差, 则

$$\sum_{t_i \in \Delta_n} \left(B_{t_{i+1}}(\omega) - B_{t_i}(\omega)\right)^2 \leqslant \sup_{t_i \in \Delta_n} \left|B_{t_{i+1}}(\omega) - B_{t_i}(\omega)\right| V(\omega).$$

由布朗运动轨道的连续性知, 如果 $V(\omega)$ 有限, 则

$$\lim_{n\to+\infty}\sum_{t_i\in\Delta_n}\left(B_{t_{i+1}}(\omega)-B_{t_i}(\omega)\right)^2$$

$$\leqslant\left\{\lim_{n\to\infty}\sup_{t_i\in\Delta_n}\left|B_{t_{i+1}}(\omega)-B_{t_i}(\omega)\right|\right\}V(\omega)\longrightarrow 0,$$

会有 $q-p\leqslant 0$ 的矛盾, 故 $V(\omega)=+\infty$. □

思考　我们可以类似地定义 3 阶变差、4 阶变差及一般的 p 阶变差, 问布朗运动的 p 阶变差是多少?

引理 6.4.9　*设 $B=\{B_t,t\geqslant 0\}$ 为标准布朗运动, 则对任意固定的 $t\in[0,+\infty)$ 及 $h>0$, 有*

$$P\left(\overline{\lim_{h\downarrow 0}}\frac{B_{t+h}-B_t}{h}=+\infty\right)=1,$$

$$P\left(\underline{\lim_{h\downarrow 0}}\frac{B_{t+h}-B_t}{h}=-\infty\right)=1\,.$$

*** 证明**　先证第一个式子. 对 $\forall t\geqslant 0$ 和 $0<h<\delta$, 有

$$\sup_{0<h<\delta}\frac{B_{t+h}-B_t}{h}\geqslant\frac{1}{\delta}\sup_{0<h<\delta}(B_{t+h}-B_t),$$

故对 $\forall x>0$,

$$\left\{\frac{1}{\delta}\sup_{0<h<\delta}(B_{t+h}-B_t)>x\right\}\subset\left\{\sup_{0<h<\delta}\frac{B_{t+h}-B_t}{h}>x\right\}$$

从而

$$\begin{aligned}P\left(\sup_{0<h<\delta}\frac{B_{t+h}-B_t}{h}>x\right)&\geqslant P\left(\frac{1}{\delta}\sup_{0<h<\delta}(B_{t+h}-B_t)>x\right)\\&=P\left(\sup_{0<h<\delta}B_h>\delta x\right)\\&=2(1-\Phi(\sqrt{\delta}x))\qquad(\text{由推论 6.3.3})\\&\xrightarrow{\delta\to 0}1.\end{aligned}$$

故有

$$P\left(\overline{\lim_{h\downarrow 0}}\frac{B_{t+h}-B_t}{h}=+\infty\right)=1\,.$$

再利用布朗运动的对称性可知

$$P\left(\lim_{h\downarrow 0}\frac{B_{t+h}-B_t}{h}=-\infty\right)=1.$$ □

推论 6.4.10 设 $B=\{B_t,t\geqslant 0\}$ 为布朗运动, 任意固定 $t\in[0,+\infty]$, 则 B 几乎所有的轨道在 t 处都没有有限的导数.

*§6.5 反射布朗运动、漂移布朗运动和几何布朗运动

定义 6.5.1 设 $B=\{B_t,t\geqslant 0\}$ 为标准布朗运动.

(1) 令 $X_t=|B_t|$, 称 $\{X_t,t\geqslant 0\}$ 为**原点反射布朗运动**;

(2) 设 $A=\{A_t,t\geqslant 0\}$ 为连续单增过程且满足

$$Y_t=y+B_t+A_t\geqslant 0,$$

$$\int_{\{u:Y_u>0\}}\mathrm{d}A_u=0,$$

则称 $\{Y_t,t\geqslant 0\}$ 为从 $y>0$ 出发的**反射布朗运动**.

注 (2) 中的 A 是唯一存在的, 且 $A_t=-\inf\limits_{u\in[0,t]}(x+B_u)^-$. 事实上, 如果有两个连续增过程 A^1 与 A^2 满足要求, 则

$$Y_t^1=y+B_t+A_t^1,$$

$$Y_t^2=y+B_t+A_t^2.$$

由定义知

$$Y_t^1\mathrm{d}A_t^1=0,\quad Y_t^2\mathrm{d}A_t^2=0,$$

于是

$$\begin{aligned}&Y_t^1-Y_t^2=A_t^1-A_t^2\\ \Longrightarrow\ &\mathrm{d}(Y_t^1-Y_t^2)^2=2(Y_t^1-Y_t^2)\mathrm{d}(A_t^1-A_t^2)\\ &\qquad=-2Y_t^2\mathrm{d}A_t^1-2Y_t^1\mathrm{d}A_t^2\leqslant 0,\end{aligned}$$

故 $Y_t^1=Y_t^2$.

定义 6.5.2 设 $B=\{B_t,t\geqslant 0\}$ 为标准布朗运动, 令 $X_t=B_t+\mu t$, 其中 μ 为常数, 称 $\{X_t,t\geqslant 0\}$ 是**漂移系数为** μ **的漂移布朗运动**.

性质 6.5.3 设 $X_t=B_t+\mu t$ 为漂移布朗运动, 则 $\{X_t,t\geqslant 0\}$ 为马尔可夫过程, 且其转移概率密度为

$$p(t;x,y)=\frac{1}{\sqrt{2\pi t}}\mathrm{e}^{-\frac{(y-x-\mu t)^2}{2t}}.$$

定义 6.5.4 设 $B=\{B_t,t\geqslant 0\}$ 为标准布朗运动, 令 $X_t=\mathrm{e}^{\mu t+\sigma B_t}$, 其中 μ 与 σ 为常数, 称 $\{X_t,t\geqslant 0\}$ 是参数为 μ 与 σ 的**几何布朗运动**.

设 $X_t=\mathrm{e}^{\mu t+\sigma B_t}$ 为几何布朗运动, 则 X_t 服从对数正态分布, 且

$$\begin{aligned}E(X_t)&=E(\mathrm{e}^{\mu t+\sigma B_t})\\&=\int_{-\infty}^{+\infty}\mathrm{e}^{\mu t+\sigma x}\frac{1}{\sqrt{2\pi t}}\mathrm{e}^{-\frac{x^2}{2t}}\mathrm{d}x\\&=\mathrm{e}^{\mu t+\frac{\sigma^2}{2}t}\int_{-\infty}^{+\infty}\frac{1}{\sqrt{2\pi t}}\mathrm{e}^{-\frac{(x-\sigma t)^2}{2t}}\mathrm{d}x\\&=\mathrm{e}^{\mu t+\frac{\sigma^2}{2}t}.\end{aligned}$$

图 6.5 是 $\mu=3$, $\sigma=1.2$ 的几何布朗运动.

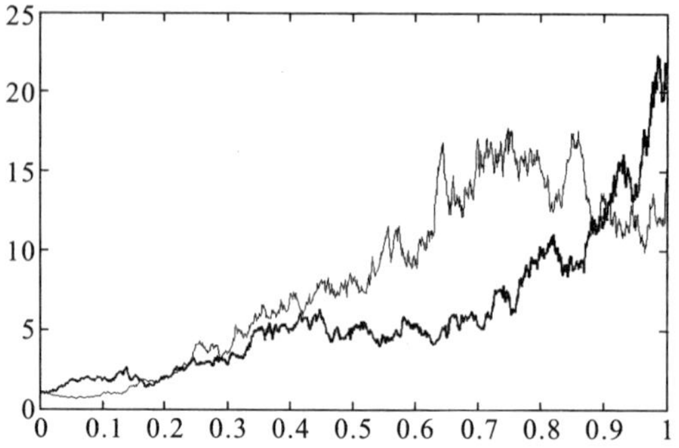

图 6.5

*§6.6 补充与注记

定义 6.6.1 一个正态过程 $B^H=\{B_t^H,t\geqslant 0\}$ 称为赫斯特 (Hurst) 指数是 $H\in(0,1)$ 的**分数布朗运动**, 如果

$$E(B_t^H)=0,\quad \forall t\geqslant 0,$$
$$E(B_t^HB_s^H)=R_H(t,s)=\frac{s^{2H}+t^{2H}-|t-s|^{2H}}{2},\quad \forall s,t\geqslant 0\,.$$

分数布朗运动具有如下性质:

(1) 自相似性: 对任意 $a>0$, $\left\{\dfrac{B_{at}^H}{a^H},t\geqslant 0\right\}$ 仍是赫斯特指数为 $H\in(0,1)$ 的分数布朗运动.

(2) 平稳增量性: $\forall s,t$ 满足 $0<s<t<+\infty$, 都有

$$B_t^H - B_s^H \sim N(0,(t-s)^{2H}).$$

当 $H=\dfrac{1}{2}$ 时, $B_t^H - B_s^H \sim N(0,t-s)$, 此时 B^H 就为标准布朗运动.

令 $X_n = B_n^H - B_{n-1}^H$, 则 $X_n \sim N(0,1)$, 但是对不同的 n 与 m, X_n 与 X_m 之间不独立. 实际上,

$$\begin{aligned}
\rho_H(n) :&= \operatorname{cov}(X_{n+1}X_1) \\
&= E(X_{n+1}X_1) \\
&= \frac{(n+1)^{2H}+(n-1)^{2H}-2(n-1)^{2H}}{2} \\
&\approx H(2H-1)n^{2H-2} \to 0, \quad n\to+\infty,
\end{aligned}$$

易知

① 当 $H>\dfrac{1}{2}$ 时,

$$\sum_{n=1}^{+\infty}\rho_H(n)=+\infty,$$

这时, 称 $\{X_n, n=1,2,\cdots\}$ 具有**长期依赖性**, 即过去的增量会影响未来的增量很长时间.

② 当 $H<\dfrac{1}{2}$ 时,

$$\sum_{n=1}^{+\infty}\rho_H(n)<+\infty,$$

这时, 称 $\{X_n, n=1,2,\cdots\}$ 具有**短期依赖性**, 即过去的增量会影响未来的增量很短时间.

性质 6.6.2 $\{B_t^H, t\geqslant 0\}$ 是赫斯特指数为 $H\in(0,1)$ 的分数布朗运动, 对任意 $t>0$,

$$\sum_{j=1}^{n}\left|B_{\frac{j}{n}t}^H - B_{\frac{j-1}{n}t}^H\right|^{\frac{1}{H}} \longrightarrow c_H t, \quad \text{a.s.},$$

其中 $c_H = E(|B_1^H|^{\frac{1}{H}})$, 即赫斯特指数为 $H\in(0,1)$ 的分数布朗运动是 $\dfrac{1}{H}$-阶变差过程.

关于更多分数布朗运动的内容, 见参考文献 [2], [3] 和 [8] 等.

习 题 六

6.1 设 $\{B_t, t \geqslant 0\}$ 为标准布朗运动.

(1) 求 $\operatorname{cov}(B_s, B_t)$;

(2) 给定 $B_s = x$, 求 B_{s+t} 的条件密度函数;

(3) 对任意 $0 \leqslant s < t \leqslant u$, 给定 $B_s = x$, $B_u = y$, 求 B_t 的条件密度函数, 进而求 $E(B_t|B_s, B_u)$.

6.2 设 $p(t;x,y)$ 为标准布朗运动 $\{B_t, t \geqslant 0\}$ 的转移概率密度, 即 $p(t;x,y) = \dfrac{1}{\sqrt{2\pi t}}\mathrm{e}^{-\frac{(x-y)^2}{2t}}$, 试验证:

$$\frac{\partial p}{\partial t} = \frac{1}{2}\frac{\partial^2 p}{\partial x^2} \quad 与 \quad \frac{\partial p}{\partial t} = \frac{1}{2}\frac{\partial^2 p}{\partial y^2}.$$

6.3 设 $\{B_t, t \geqslant 0\}$ 为标准布朗运动, 证明: $\{B_t + \mu t, t \geqslant 0\}$ 仍为马尔可夫过程, 并求其转移密度函数.

6.4 设 $\{B_t, t \geqslant 0\}$ 为关于 $(P, \mathbb{F})$ 标准布朗运动, 令 $X_t = B_t^2 - t$, 证明: $\{X_t, t \geqslant 0\}$ 是关于 $(P, \mathbb{F})$ 的鞅.

6.5 设 $\{B_t, t \geqslant 0\}$ 为关于 $(P, \mathbb{F})$ 的标准布朗运动, 证明: $\{B_t^3 - 3tB_t, t \geqslant 0\}$ 是关于 $\mathbb{F}$ 的鞅.

6.6 证明: $\{B_t, t \geqslant 0\}$ 为标准布朗运动, 当且仅当 $\mathrm{e}^{\mathrm{i}\lambda B_t + \frac{1}{2}\lambda^2 t}$ 关于 $\mathbb{F}^B = \{\mathscr{F}_t^B := \sigma(B_u, u \leqslant t), t \geqslant 0\}$ 是鞅, 其中 i 为纯虚数.

6.7 设 $B = \{B_t, t \geqslant 0\}$ 为关于 $(P, \mathbb{F})$ 的标准布朗运动, 令 $\eta_t = \mathrm{e}^{B_t}$, 试求:

$$\alpha(x) = \lim_{h \to 0} \frac{E[(\eta_{t+h} - \eta_t)|\eta_t = x]}{h},$$
$$\beta(x) = \lim_{h \to 0} \frac{E[(\eta_{t+h} - \eta_t)^2|\eta_t = x]}{h}.$$

6.8 设 $\{B_t, t \in [0,1]\}$ 为 $[0,1]$ 上的标准布朗运动, 证明: $\widetilde{B}_t = B_{1-t} - B_1$ 仍为 $[0,1]$ 上的标准布朗运动.

6.9 设 $\{B_t, t \geqslant 0\}$ 为标准布朗运动, $c > 0$ 为固定的常数, 证明: $\{cB_{\frac{t}{c^2}}; t \geqslant 0\}$ 仍为标准布朗运动.

6.10 设 $\{B(t), t \geqslant 0\}$ 是布朗运动, 证明: $\left\{tB\left(\dfrac{1}{t}\right), t \geqslant 0\right\}$, $\left.tB\left(\dfrac{1}{t}\right)\right|_{t=0} \triangleq 0$ 是布朗运动.

*6.11 设 $p(t;x,y)$ 为标准布朗运动 $\{B_t, t \geqslant 0\}$ 的转移密度函数, 试证:

(1) 若 $f(x)$ 在 $\mathbb{R}$ 上一致连续, 则 $\lim\limits_{t\to 0}\int_{-\infty}^{+\infty} p(t;x,y)f(y)\mathrm{d}y = f(x)$;

(2) 若 $f(x)$ 在 $\mathbb{R}$ 上一致连续, 且具有一致连续的二阶导数, 则

$$\lim_{t\to 0}\frac{1}{t}\int_{-\infty}^{+\infty} p(t;x,y)(f(y)-f(x))\mathrm{d}y = \frac{1}{2}f''(x).$$

*6.12 设 $\{B_t, t\in[0,1]\}$ 为 $[0,1]$ 上的标准布朗运动, $n\geqslant 1$, $0\leqslant k\leqslant 2^n$, 记

$$\Delta_{nk} = B_{\frac{k}{2^n}} - B_{\frac{k-1}{2^n}}, \quad S_n = \sum_{k=1}^{2^n}\Delta_{nk}^2,$$

证明:$E(S_{n+1}|S_n) = \dfrac{1}{2}(S_n+1)$.

第七章　随机分析基础

§7.1　L^2 空间和均方极限

§7.1.1　L^2 空间

设 $(\Omega, \mathscr{F}, P)$ 是一个概率空间, 我们考虑 $(\Omega, \mathscr{F}, P)$ 上的复数值随机变量:

$$X = X_1 + \mathrm{i}X_2,$$

其中 X_1, X_2 为实数值随机变量, $\mathrm{i} = \sqrt{-1}$. 规定

$$E(X) = E(X_1) + \mathrm{i}E(X_2),$$
$$E(|X|^2) = E(X\overline{X}),$$

本章 $\overline{X}$ 表示 X 的共轭 (下面不再说明). 称两个随机变量 X, Y **相等**, 如果 X 和 Y 几乎处处相等, 即 $P(X = Y) = 1$. 记

$$L^2 := \left\{X \middle| X\text{为满足}E(|X|^2) < +\infty\text{的复数值随机变量}\right\},$$

对任意 $X, Y \in L^2$, 由施瓦茨 (Schwarz) 不等式知

$$|E(X\overline{Y})|^2 \leqslant E(|X|^2)E(|Y|^2) < +\infty,$$

从而

$$E(|X+Y|^2) \leqslant E(|X|^2) + 2\left|E(X\overline{Y})\right| + E(|Y|^2) < +\infty \Longrightarrow X + Y \in L^2 .$$

易知 L^2 对“普通加法”满足交换律、结合律, 关于 L^2 中的随机变量与复数域 $\mathbb{C}$(或实数域 $\mathbb{R}$) 中数的“数乘运算”构成线性空间. 关于 L^2, 有

(1) $\forall X, Y \in L^2$, 规定 $(X, Y) := E(X\overline{Y})$, 则 (X, Y) 为 L^2 上的内积, 即对任意 $X, Y, Z \in L^2$ 及 $k_1, k_2 \in \mathbb{C}$, 有

(i) 线性: $(k_1X + k_2Y, Z) = k_1(X, Z) + k_2(Y, Z)$;

(ii) 共轭对称性: $(X, Y) = \overline{(Y, X)}$;

(iii) 非负性: $(X, X) \geqslant 0$, 且 $(X, X) = 0$ 当且仅当 $X = 0$.

(2) $\forall X \in L^2$, 规定 $\|X\|_2 := (X, X)^{1/2} = \sqrt{E(|X|^2)}$, 则 $\|\cdot\|_2$ 为 L^2 上的范数, 即

(i) 正齐性: $\|kX\|_2 = |k|\|X\|_2$;

(ii) 非负性: $\|X\|_2 \geqslant 0$, 且 $\|X\|_2 = 0$ 当且仅当 $X = 0$;

(iii) 三角不等式: $\|X+Y\|_2 \leqslant \|X\|_2 + \|Y\|_2$.

易知 L^2 是复数域 $\mathbb{C}$ 上的赋范线性空间;

(3) $\forall X, Y \in L^2$, 规定 $d(X,Y) := \|X-Y\|_2$, 则 $d(X,Y)$ 为 L^2 上的距离, 即

(i) 非负性: $d(X,Y) \geqslant 0$, 且 $d(X,Y) = 0$ 当且仅当 $X = Y$;

(ii) 对称性: $d(X,Y) = d(Y,X)$;

(iii) 三角不等式: $d(X,Z) \leqslant d(X,Y) + d(Y,Z)$.

定义 7.1.1 设 $X_n \in L^2$, $n = 1, 2, \cdots$, $X \in L^2$.

(1) 若 $\lim\limits_{n\to+\infty} d(X_n, X) = \lim\limits_{n\to+\infty} \|X_n - X\|_2 = 0$, 则称 X_n**均方收敛于** X, 或 X 是 X_n 的**均方极限**, 记为

$$X = (\text{m.s.}) \lim_{n\to+\infty} X_n$$

或

$$X = (L^2) \lim_{n\to+\infty} X_n;$$

(2) 若 $\lim\limits_{\substack{m\to+\infty \\ n\to+\infty}} d(X_m, X_n) = 0$, 则称 $\{X_n, n = 1, 2, \cdots\}$ 为 L^2 的**柯西 (Cauchy) 列**.

定理 7.1.2 设 $\{X_n, n = 1, 2, \cdots\}$ 为 L^2 中的柯西列, 则存在随机变量 $X \in L^2$ 使得

$$X = (L^2) \lim_{n\to+\infty} X_n .$$

换句话说, $(L^2, \|\cdot\|)$ 是一个完备的赋范空间 (即巴拿赫 (Banach) 空间), $(L^2, (\cdot,\cdot))$ 是一个希尔伯特 (Hilbert) 空间.

§7.1.2 均方极限的性质

性质 7.1.3 设 $\{X_n\} \subset L^2$, $\{Y_n\} \subset L^2$, 且

$$(L^2) \lim_{n\to+\infty} X_n = X, (L^2) \lim_{n\to+\infty} Y_n = Y,$$

则

(1) $\lim\limits_{n\to+\infty} E(X_n) = E(X)$;

(2) $\lim\limits_{\substack{m\to+\infty \\ n\to+\infty}} (X_m, X_n) = (X, Y)$, 特别地, $\lim\limits_{n\to+\infty} E(|X_n|^2) = E(|X|^2)$;

(3) $\lim\limits_{n\to+\infty} (\alpha X_n + \beta Y_n) = \alpha X + \beta Y$, 其中 α, β 为任意常数.

证明　(1) 由施瓦茨不等式知

$$0 \leqslant |E(X_n) - E(X)| \leqslant E(|X_n - X|) \leqslant \|X_n - X\|_2 \to 0, \quad n \to +\infty,$$

从而

$$\lim_{n\to+\infty} E(X_n) = E(X).$$

(2) 易知

$$\begin{aligned} |(X_m, Y_n) - (X, Y)| &= |(X, Y_n - Y) + (X_m - X, Y) + (X_m - X, Y_n - Y)| \\ &\leqslant |(X, Y_n - Y)| + |(X_m - X, Y)| + |(X_m - X, Y_n - Y)|, \end{aligned}$$

由施瓦茨不等式知

$$\begin{aligned} &|(X_m, Y_n) - (X, Y)| \\ \leqslant\ & \|X\|_2\|Y_n - Y\|_2 + \|X_m - X\|_2\|Y\|_2 + \|X_m - X\|_2\|Y_n - Y\|_2 \\ \to\ & 0, \quad m, n \to +\infty, \end{aligned}$$

即

$$\lim_{\substack{m\to+\infty \\ n\to+\infty}} (X_m, Y_n) = (X, Y).$$

特别地, 当 $m = n$ 且 $X_n = Y_n$ 时, 即有

$$\lim_{n\to+\infty} E(|X_n|^2) = E(|X|^2).$$

(3) 显然. □

由性质 7.1.3 的 (2) 知, 若 $(L_2) \lim\limits_{n\to+\infty} X_n = X$, 则

$$\lim_{\substack{m\to+\infty \\ n\to+\infty}} E(X_m\overline{X}_n) = \lim_{\substack{m\to+\infty \\ n\to+\infty}} (X_m, X_n) = \|X\|_2^2,$$

我们不禁要反过来问: 如果二元数列 $\{E[X_m\overline{X}_n], m = 1, 2, \cdots; n = 1, 2, \cdots\}$ 收敛, 随机序列 $\{X_n, n \in \mathbb{N}\}$ 是否均方收敛呢？为此, 有如下均方收敛准则:

定理 7.1.4(均方收敛准则)　设 $\{X_n, n \in \mathbb{N}\} \subset L^2$, $X \in L^2$, 则

(1) $\{X_n, n \in \mathbb{N}\}$ 均方收敛当且仅当极限 $\lim\limits_{\substack{m\to+\infty \\ n\to+\infty}} E(X_m\overline{X}_n)$ 存在;

(2) $(L^2) \lim\limits_{n\to+\infty} X_n = X$ 当且仅当 $\lim\limits_{\substack{m\to+\infty \\ n\to+\infty}} E(X_m\overline{X}_n) = E(|X|^2)$.

证明　(1) 必要性由性质 7.1.3 的 (2) 易得, 我们仅证充分性. 设

$$\lim_{\substack{m\to+\infty \\ n\to+\infty}} E(X_m\overline{X}_n) = \lim_{\substack{m\to+\infty \\ n\to+\infty}} (X_m, X_n) = c,$$

则

$$\begin{aligned}\|X_m - X_n\|_2^2 &= (X_m - X_n, X_m - X_n)\\ &= (X_m, X_m) - (X_m, X_n) - (X_n, X_m) + (X_n, X_n)\\ &\to 0, \quad 当 m \to +\infty, n \to +\infty 时,\end{aligned}$$

从而 $\{X_n, n = 1, 2, \cdots\}$ 为 L^2 中的柯西列. 由定理 7.1.2 知, 存在随机变量 $X \in L^2$ 使得 $(L^2) \lim\limits_{n\to+\infty} X_n = X$.

类似可证 (2) 成立. □

定理 7.1.5 设 $\{X_n, n \in \mathbb{N}\} \subset L^2$, 若 $(L_2) \lim\limits_{n\to+\infty} X_n = X$, 则 X_n 依概率收敛于 X:

$$(P) \lim_{n\to+\infty} X_n = X.$$

从而, X_n 依分布弱收敛于 X, 即若 $F_n(x)$ 为 X_n 的分布函数且 $F(x)$ 为 X 的分布函数, 则 $F_n(x)$ 在 $F(x)$ 的连续点处收敛于 $F(x)$.

证明 由切比雪夫不等式知 $\forall \varepsilon > 0$,

$$P(|X_n - X| \geqslant \varepsilon) \leqslant \frac{E(|X_n - X|^2)}{\varepsilon^2} \to 0, \quad n \to +\infty,$$

故 $\forall \varepsilon > 0$, $\lim\limits_{n\to+\infty} P(|X_n - X| < \varepsilon) = 1$, 即 $(P) \lim\limits_{n\to+\infty} X_n = X$. □

定理 7.1.6 设 $\{X_n, n \in \mathbb{N}\} \subset L^2$, $X \in L^2$, $f(\cdot)$ 为通常的函数使 $f(X_n) \in L^2$, $\forall n \in \mathbb{N}$, 且满足利普希茨 (Lipschitz) 条件:$|f(x_2) - f(x_1)| \leqslant k|x_2 - x_1|$, 则

$$(L^2) \lim_{n\to+\infty} f(X_n) = f(X).$$

证明 由条件 $|f(X_n) - f(X)|^2 \leqslant k^2 |X_n - X|^2$, 两边取数学期望得

$$\|f(X_n) - f(X)\|_2^2 \leqslant k^2 \|X_n - X\|_2^2 \to 0, \quad n \to +\infty,$$

即

$$(L^2) \lim_{n\to+\infty} f(X_n) = f(X).$$ □

§7.2 均方分析

对于任意时间空间 $\mathbb{T} \subset \mathbb{R}^+$, 随机过程 $X_{\mathbb{T}} = \{X_t, t \in \mathbb{T}\}$ 称为**二阶矩过程**, 如果对任意 $t \in \mathbb{T}$ 都有 $X_t \in L^2$.

对于二阶矩过程 $X_{\mathbb{T}} = \{X_t, t \in \mathbb{T}\}$, 有两个重要的数值特征: 均值函数 $m(t) = E(X_t)$ 和协方差函数 $\Gamma(s,t) = E[(X_s - m(s))\overline{(X_t - m(t))}]$. 为了简便

起见, 以下我们记

$$R(s,t):=E(X_s\overline{X}_t)=(X_s,X_t),$$

通常称 $R(s,t)$ 为**相关函数**. 易知

$$\Gamma(s,t)=R(s,t)-m(s)\overline{m(t)},$$

若 $m(t)=0,\ \forall t\in\mathbb{T}$, 有 $\Gamma(s,t)=R(s,t)$. 本节我们研究连续时间空间 $\mathbb{T}=[a,b](a\geqslant 0,\ b$ 可取 $+\infty$) 的二阶矩过程 $X=\{X_t,t\in[a,b]\}$, 将讨论 X 的均方连续性、均方可微性及均方可积性.

§7.2.1 均方连续性

定义 7.2.1 设 $X_{\mathbb{T}}=\{X_t,t\in\mathbb{T}\}$ 为连续时间的二阶矩过程, $t_0\in\mathbb{T}$, 若

$$(L^2)\lim_{t\to t_0}X_t=X_{t_0},$$

则称过程 $X_{\mathbb{T}}$ 在 t_0 处**均方连续**.

若过程 $X_{\mathbb{T}}$ 在任意 $t\in\mathbb{T}$ 都均方连续, 则称过程 $X_{\mathbb{T}}$ 在 $\mathbb{T}$ 上**均方连续**.

定理 7.2.2(均方连续准则) 二阶矩过程 $X_{\mathbb{T}}=\{X_t,t\in\mathbb{T}\}$ 在 t_0 处均方连续的充要条件是函数 $R(s,t)$ 在 (t_0,t_0) 处连续.

证明 由均方收敛准则可知

$$(L^2)\lim_{t\to t_0}X_t=X_{t_0}\quad \text{当且仅当}\quad \lim_{\substack{s\to t_0\\ t\to t_0}}E(X_s\overline{X}_t)=E(X_{t_0}\overline{X}_{t_0}),$$

即 $\lim\limits_{\substack{s\to t_0\\ t\to t_0}}R(s,t)=R(t_0,t_0)$, 从而命题成立. □

推论 7.2.3 二阶矩过程 $X_{\mathbb{T}}=\{X_t,t\in\mathbb{T}\}$ 在 $\mathbb{T}$ 上均方连续的充要条件是二元函数 $R(s,t)$ 在 $\{(t,t),t\in\mathbb{T}\}$ 处二元连续.

推论 7.2.4 若二元函数 $R(s,t)$ 在 $\{(t,t),t\in\mathbb{T}\}$ 处二元连续, 则 $R(s,t)$ 在 $\mathbb{T}\times\mathbb{T}$ 上连续.

例 7.2.5 设 $B=\{B_t,t\geqslant 0\}$ 为标准布朗运动, 易知 $R_B(s,t)=s\wedge t$ 在 $\{(t,t),t\geqslant 0\}$ 上的所有点处二元连续, 从而 B 在 $[0,+\infty)$ 上均方连续.

例 7.2.6(泊松过程的均方连续性) 设 $X=\{X_t,t\geqslant 0\}$ 是满足 $X_0=0$ 的泊松过程, 则对任意 $t>s$, $X_t-X_s\sim \mathrm{Poi}[\lambda(t-s)]$, 即

$$P(X_t-X_s=j)=\frac{[\lambda(t-s)]^j}{j!}\mathrm{e}^{-\lambda(t-s)},\qquad j=1,2,\cdots.$$

易知 $E(X_t) = D(X_t^2) = \lambda t$. 当 $s < t$ 时,

$$\begin{aligned}R(s,t) &= E(X_s X_t)\\ &= E[X_s(X_t - X_s + X_s)]\\ &= E[X_s(X_t - X_s)] + E(X_s^2)\\ &= \lambda s\lambda(t-s) + \lambda s + (\lambda s)^2\\ &= \lambda s + \lambda^2 st.\end{aligned}$$

同理当 $s > t$ 时, $R(s,t) = \lambda t + \lambda^2 st$. 从而我们有 $R(s,t) = \lambda s \wedge t + \lambda^2 st$. 易知 $R(s,t)$ 在 $\{(t,t), t \geqslant 0\}$ 上二元连续, 从而 X 在 $[0, +\infty)$ 上均方连续.

§7.2.2 均方可微性

定义 7.2.7 称二阶矩过程 $X_{\mathbb{T}} = \{X(t), t \in \mathbb{T}\}$ 在 $t_0 \in \mathbb{T}$ 处**均方可微**, 如果

$$(L^2)\lim_{h\to 0}\frac{X(t_0+h)-X(t_0)}{h}$$

存在, 并把此极限记作 $X'(t_0)$ 或 $\left.\dfrac{\mathrm{d}X_t}{\mathrm{d}t}\right|_{t=t_0}$, 称其为 $X_{\mathbb{T}}$ 在 t_0 处的**均方导数**.

如果过程 $X_{\mathbb{T}}$ 在 $\mathbb{T}$ 上的每一点都均方可微, 则称 $X_{\mathbb{T}}$ 在 $\mathbb{T}$ **上均方可微**.

注 如果二阶矩过程 $X_{\mathbb{T}}$ 在 $\mathbb{T}$ 上均方可微, 则其均方导数过程 $X'_{\mathbb{T}} = \{X'(t), t \in \mathbb{T}\}$ 仍为二阶矩过程.

定理 7.2.8(均方可微准则) 二阶矩过程 $X_{\mathbb{T}} = \{X(t), t \in \mathbb{T}\}$ 在 $t_0 \in \mathbb{T}$ 处均方可微的充要条件是 $R(s,t)$ 在 (t_0, t_0) 处广义二次可微, 即极限

$$\lim_{\substack{h\to 0\\ h'\to 0}}\frac{R(t_0+h, t_0+h') - R(t_0+h, t_0) - R(t_0, t_0+h') + R(t_0, t_0)}{hh'}$$

存在.

证明 由均方收敛准则, 知 $X(t)$ 在 t_0 处均方可微, 即

$$(L^2)\lim_{h\to 0}\frac{X(t_0+h)-X(t_0)}{h}$$

存在的充要条件是

$$\lim_{\substack{h\to 0\\ h'\to 0}} E\left[\frac{X(t_0+h)-X(t_0)}{h}\,\overline{\frac{X(t_0+h')-X(t_0)}{h'}}\right]$$

存在, 展开即得

$$\lim_{\substack{h\to 0\\ h'\to 0}}\frac{R(t_0+h, t_0+h') - R(t_0+h, t_0) - R(t_0, t_0+h') + R(t_0, t_0)}{hh'}$$

存在, 从而 $R(s,t)$ 在 (t_0,t_0) 处广义二次可微. □

推论 7.2.9 二阶矩过程 $X_{\mathbb{T}}$ 在 $\mathbb{T}$ 上均方可微的充要条件是 $R(s,t)$ 在一切 $\{(t,t),t\in\mathbb{T}\}$ 上广义二次可微.

例 7.2.10 设 $B=\{B_t,t\in[0,T]\}$ 为标准布朗运动, 试考察其均方可微性.

解 由于 $R(s,t)=s\wedge t$ 在 $\{(t,t),t\geqslant 0\}$ 的任意点处都不广义二次可微, 从而 B 处处不均方可微. □

性质 7.2.11 如果 $R(s,t)$ 在 $\{(t,t),t\in\mathbb{T}\}$ 上广义二次可微, 则 $\frac{\partial}{\partial s}R(s,t)$, $\frac{\partial}{\partial t}R(s,t)$, $\frac{\partial^2}{\partial s\partial t}R(s,t)$, $\frac{\partial^2}{\partial t\partial s}R(s,t)$ 在 $\mathbb{T}\times\mathbb{T}$ 上都存在, 且

$$E\left[X'(s)\overline{X(t)}\right]=\frac{\partial}{\partial s}R(s,t), \tag{7.1}$$

$$E\left[X(s)\overline{X'(t)}\right]=\frac{\partial}{\partial t}R(s,t), \tag{7.2}$$

$$E\left[X'(s)\overline{X'(t)}\right]=\frac{\partial^2}{\partial s\partial t}R(s,t)=\frac{\partial^2}{\partial t\partial s}R(s,t). \tag{7.3}$$

证明 由推论 7.2.9 知, $X'(t),t\in\mathbb{T}$ 存在, 由性质 7.1.3 有

$$\begin{aligned}
E\left[X'(s)\overline{X(t)}\right]&=E\left[(L^2)\lim_{h\to 0}\frac{X(s+h)-X(s)}{h}\overline{X(t)}\right]\\
&=\lim_{h\to 0}E\left[\frac{X(s+h)-X(s)}{h}\overline{X(t)}\right]\\
&=\lim_{h\to 0}\frac{R(s+h,t)-R(s,t)}{h}\\
&=\frac{\partial}{\partial s}R(s,t),
\end{aligned}$$

此即 (7.1). 同理, 我们可证 (7.2) 与 (7.3). □

性质 7.2.12 若 $X=\{X(t),t\in\mathbb{T}\}$, $X_i=\{X_i(t),t\in\mathbb{T}\}$, $i=1,2$ 在 $\mathbb{T}$ 上均方可微, $f(t)$ 为确定函数, 且在 $\mathbb{T}$ 上可微, 则

(1) 过程 X 在 $\mathbb{T}$ 上均方连续;

(2) 对 $\forall c_1,c_2\in\mathbb{R}$, $c_1X_1+c_2X_2=\{c_1X_1(t)+c_2X_2(t),t\in\mathbb{T}\}$ 在 $\mathbb{T}$ 上均方可微, 且

$$(c_1X_1(t)+c_2X_2(t))'=c_1X_1'(t)+c_2X_2'(t);$$

(3) $\frac{\mathrm{d}}{\mathrm{d}t}(f(t)X(t))=\frac{\mathrm{d}f(t)}{\mathrm{d}t}X(t)+f(t)\frac{\mathrm{d}X(t)}{\mathrm{d}t}$.

证明 由均方可微的定义易得. □

性质 7.2.13 若 $X_i=\{X_i(t),t\in\mathbb{T}\}$, $i=1,2$ 是在 $\mathbb{T}$ 上均方可微的有界过程, 则

$$(X_1(t)X_2(t))'=X_1'(t)X_2(t)+X_1(t)X_2'(t)\ .$$

§7.2.3 均方可积性

定义 7.2.14 设 $X=\{X(t),t\in[a,b]\}$ 为二阶矩过程, $f(t),t\in[a,b]$ 为确定函数. 任取分点 $a=t_0<t_1<\cdots<t_n=b$, $\Delta t_k=t_k-t_{k-1}$. 令 $\lambda_n=\max\limits_{1\leqslant k\leqslant n}\Delta t_k$, 任取 $u_k\in[t_{k-1},t_k)$, 作部分和

$$S_n=\sum_{k=1}^{n}f(u_k)X(u_k)\Delta t_k,$$

若 $(L^2)\lim\limits_{\lambda_n\to 0}S_n$ 存在, 则称 $f(t)X(t)$ 在 $[a,b]$ 上**均方可积**, 称

$$\int_a^b f(u)X(u)\mathrm{d}u=(L^2)\lim_{\lambda_n\to 0}S_n$$

为 $f(t)X(t)$ 在 $[a,b]$ 上的**均方积分**.

定理 7.2.15(均方可积准则) 如果二重积分 $\displaystyle\int_a^b\int_a^b f(s)\overline{f(t)}R(s,t)\mathrm{d}s\mathrm{d}t$ 存在, 则 $f(t)X(t)$ 在 $[a,b]$ 上均方可积.

证明 由均方收敛准则知, $f(t)X(t)$ 在 $[a,b]$ 上均方可积的充要条件是

$$\lim_{\substack{\lambda_m\to 0\\ \lambda_n\to 0}}E(S_m\overline{S}_n)$$

存在. 又由

$$\begin{aligned}
\lim_{\substack{\lambda_m\to 0\\ \lambda_n\to 0}}E(S_m\overline{S}_n)&=\lim_{\substack{\lambda_m\to 0\\ \lambda_n\to 0}}E\left\{\left[\sum_{i=1}^{m}f(u_i)X(u_i)\Delta t_i\right]\overline{\left[\sum_{j=1}^{n}f(u_j')X(u_j')\Delta t_j'\right]}\right\}\\
&=\lim_{\substack{\lambda_m\to 0\\ \lambda_n\to 0}}\sum_{i=1}^{m}\sum_{j=1}^{n}f(u_i)\overline{f(u_j')}E\big(X(u_i)\overline{X(u_j')}\big)\Delta t_i\Delta t_j'\\
&=\lim_{\substack{\lambda_m\to 0\\ \lambda_n\to 0}}\sum_{i=1}^{m}\sum_{j=1}^{n}f(u_i)\overline{f(u_j')}R(u_i,u_j')\Delta t_i\Delta t_j'
\end{aligned}$$

知当二重积分 $\int_a^b\int_a^b f(s)\overline{f(t)}R(s,t)\mathrm{d}s\mathrm{d}t$ 存在时,

$$\lim_{\substack{\lambda_m\to 0\\ \lambda_n\to 0}} E(S_m\overline{S}_n)$$

存在, 即 $f(t)X(t)$ 在 $[a,b]$ 上均方可积. □

性质 7.2.16　设 $f(t)X(t)$, $f_i(t)X_i(t)$, $i=1,2$ 在 $[a,b]$ 上均方可积, 则

(1) $E\left(\int_a^b f(t)X(t)\mathrm{d}t\right)=\int_a^b f(t)E(X(t))\mathrm{d}t$,

$$\begin{aligned}E\left(\left\|\int_a^b f(t)X(t)\mathrm{d}t\right\|_2^2\right)&=E\left(\int_a^b f(s)X(s)\mathrm{d}s\int_a^b\overline{f(t)}\ \overline{X(t)}\mathrm{d}t\right)\\&=\int_a^b\int_a^b f(s)\overline{f(t)}R(s,t)\mathrm{d}s\mathrm{d}t;\end{aligned}$$

(2) 对任意 $c_i\in\mathbb{R}$, $i=1,2$, 有

$$\begin{aligned}&\int_a^b\big(c_1f_1(t)X_1(t)+c_2f_2(t)X_2(t)\big)\mathrm{d}t\\&=c_1\int_a^b f_1(t)X_1(t)\mathrm{d}t+c_2\int_a^b f_2(t)X_2(t)\mathrm{d}t;\end{aligned}$$

(3) 对任意 $a<c<b$, 有

$$\int_a^b f(t)X(t)\mathrm{d}t=\int_a^c f(t)X(t)\mathrm{d}t+\int_c^b f(t)X(t)\mathrm{d}t.$$

定理 7.2.17　设 $X(t)$ 在 $[a,b]$ 上均方连续.

(1) $X(t)$ 在 $[a,b]$ 上均方可积, 即 $\int_a^b X(t)\mathrm{d}t$ 存在;

(2) 设 $f(t)$ 为使 $f(t)X(t)$ 在 $[a,b]$ 上均方可积的确定函数, 则

$$\left\|\int_a^b f(t)X(t)\mathrm{d}t\right\|_2\leqslant\int_a^b|f(t)|\|X(t)\|_2\mathrm{d}t;$$

(3) 记 $Y(t)=\int_a^t X(u)\mathrm{d}u$, 则 $Y=\{Y(t),t\in[a,b]\}$ 也为二阶矩过程, 在 $[a,b]$ 上均方连续、均方可微, 且 $Y'(t)=X(t)$.

证明　(1) $X(t)$ 在 $[a,b]$ 上均方连续, 由均方连续准则的推论知, $R(s,t)$

在 $[a,b]\times[a,b]$ 上连续, 从而 $\int_a^b\int_a^b R(s,t)\mathrm{d}s\mathrm{d}t$ 存在, 故 $X(t)$ 在 $[a,b]$ 上均方可积.

(2) 任取分点 $a=t_0<t_1<\cdots<t_n=b$, $\Delta t_k=t_k-t_{k-1}$ 使得 $\lambda_n=\max\limits_{1\leqslant k\leqslant n}\Delta t_k\to 0$, 有

$$\begin{aligned}\left\|\int_a^b f(t)X(t)\mathrm{d}t\right\|_2 &= \left\|(L^2)\lim_{\lambda_n\to 0}\sum_{k=1}^n f(u_k)X(u_k)\Delta t_k\right\|_2\\ &= \lim_{\lambda_n\to 0}\left\|\sum_{k=1}^n f(u_k)X(u_k)\Delta t_k\right\|_2\\ &\leqslant \lim_{\lambda_n\to 0}\sum_{k=1}^n |f(u_k)|\left\|X(u_k)\right\|_2\Delta t_k\\ &= \int_a^b |f(t)|\|X(t)\|_2\mathrm{d}t.\end{aligned}$$

(3) 显然, Y 在 $[a,b]$ 上为二阶矩过程, 且均方连续, 我们只需证明其均方可微性:

$$\begin{aligned}\left\|\frac{Y(t+h)-Y(t)}{h}-X(t)\right\|_2 &= \left\|\frac{1}{h}\int_t^{t+h}X(u)\mathrm{d}u-X(t)\right\|_2\\ &= \left\|\frac{1}{h}\int_t^{t+h}(X(u)-X(t))\mathrm{d}u\right\|_2\\ &\leqslant \frac{1}{h}\int_t^{t+h}\left\|X(u)-X(t)\right\|_2\mathrm{d}u\\ &\leqslant \max_{|u-t|\leqslant h}\left\|X(u)-X(t)\right\|_2\to 0,\quad \text{当} h\to 0,\end{aligned}$$

从而

$$(L^2)\lim_{h\to 0}\frac{Y(t+h)-Y(t)}{h}=X(t),$$

Y 在 $[a,b]$ 上均方可微, 且 $Y'(t)=X(t)$. □

推理 7.2.18 设 $X(t)$ 在 $[a,b]$ 上均方可微, 则 $X(t)$ 在 $[a,b]$ 上均方连续, 且

$$\int_a^t X'(u)\mathrm{d}u=X(t)-X(a),t\in[a,b].$$

例 7.2.19 设 $B=\{B(t),t\geqslant 0\}$ 是标准布朗运动, 给定 $T>0$, 则 $tB(t)$ 在 $[0,T]$ 上均方可积, 并求过程 $Y_t:=\int_0^t uB(u)\mathrm{d}u$ 的均值函数与协方差函数.

解　由 B 在 $[0,T]$ 上均方连续, 知 $tB(t)$ 在 $[0,T]$ 上均方连续, 从而 $tB(t)$ 在 $[0,T]$ 上均方可积. Y 的均值函数为

$$m_Y(t)=E(Y_t)=\int_0^t uE(B(u))\mathrm{d}u=0.$$

下面求协方差函数:

$$\begin{aligned}R_Y(s,t)=E(Y_sY_t)&=E\left(\int_0^s uB(u)\mathrm{d}u\int_0^t vB(v)\mathrm{d}v\right)\\&=\int_0^s\int_0^t uv\min(u,v)\mathrm{d}u\mathrm{d}v\\&=\begin{cases}\dfrac{s^3t^2}{6}-\dfrac{s^5}{30}, & 当 s\leqslant t,\\ \dfrac{t^3s^2}{6}-\dfrac{t^5}{30}, & 当 s>t.\end{cases}\end{aligned}$$

□

在图 7.1 中, 我们用粗线表示例 7.2.19 中 $\{Y_t,t\in[0,1]\}$ 的轨道, 用细线表示布朗运动 $\{B(u),u\in[0,1]\}$ 的轨道, 可以看出 $\{Y_t,t\in[0,1]\}$ 的轨道比布朗运动的轨道要光滑得多.

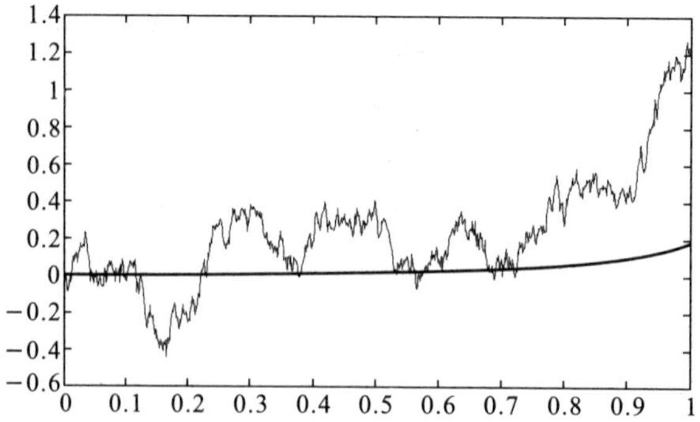

图 7.1

§7.3　伊 藤 积 分

设 $(\Omega,\mathscr{F},P)$ 为一个完备的概率空间, $\mathbb{F}=\{\mathscr{F}_t,t\in[0,T]\}$ 为一个满足通常条件的 σ-域流, 即 $\mathbb{F}$ 为 $\mathscr{F}$ 的一族单增右连续的子 σ-域. 设 $B=\{B_t,t\in[0,T]\}$

是关于 $(P,\mathbb{F})$ 的标准布朗运动 (见定义 6.2.7). 本节我们主要考虑一般的实值随机过程关于布朗运动 B 的伊藤随机积分.

假设 7.3.1 设实值随机过程 $g=\{g(t,\omega),t\in[0,T]\}$, $T>0$ 满足以下条件:

(1) $g(t,\omega)$ 关于 $([0,T]\times\Omega,\mathcal{B}([0,T])\otimes\mathscr{F})$ 可测, 其中"$\otimes$"表示两个 σ-代数 (域) 的乘积;

(2) g 关于 $\mathbb{F}$ 适应, 即 $\forall t\in[0,T]$, $g(t,\omega)$ 关于 $\mathscr{F}_t$ 可测;

(3) $E\left[\int_0^T(g(t,\omega))^2\mathrm{d}t\right]<+\infty$.

满足假设 7.3.1 的随机过程的全体记为 $\mathscr{L}^2$.

对任意 $g\in\mathscr{L}^2$, 本节我们将研究如下形式的随机积分:

$$\int_0^T g(t,\omega)\mathrm{d}B(t,\omega).$$

问题的关键在于布朗运动 B 的轨道几乎处处不可微, 并且 g 是一个随机过程, 其轨道并不一定连续或均方连续, 所以我们不能像定义均方积分或正交增量过程那样定义这种积分. 日本数学家伊藤 (Itô) 最先给出了这种积分的一种定义, 故称之为伊藤积分.

§7.3.1 简单随机过程的随机积分

定义 7.3.2 过程 $g=\{g(t,\omega),t\geqslant 0\}$ 称为**简单随机过程**, 如果 $[0,T]$ 的有限划分 $0=t_0<t_1<\cdots<t_n=T$, 随机变量 $\xi_0,\xi_1,\cdots,\xi_{n-1}$ 满足 $\xi_j\in L^2$ 且关于 $\mathscr{F}_{t_j}$ 可测, 使得

$$g(t,\omega)=\xi_0(\omega)\mathbb{1}_{\{0\}}(t)+\sum_{j=1}^{n-1}\xi_j(\omega)\mathbb{1}_{(t_j,t_{j+1}]}(t),\quad t\geqslant 0,\omega\in\Omega. \tag{7.4}$$

所有的简单随机过程的全体记为 $\mathscr{E}$.

注 易知每个简单随机过程都属于 $\mathscr{L}^2$, 即 $\mathscr{E}\subset\mathscr{L}^2$.

定义 7.3.3 设 $g=\{g(t,\omega),t\geqslant 0\}$ 为形为 (7.4) 的简单随机过程, $B=\{B_t,t\geqslant 0\}$ 为关于 $(P,\mathbb{F})$ 的标准布朗运动, 令

$$\begin{aligned}I_t(g)&:=\sum_{j=0}^{+\infty}\xi_j(B_{t\wedge t_{j+1}}(\omega)-B_{t\wedge t_j}(\omega))\\&=\sum_{j=0}^{n-1}\xi_j(B_{t_{j+1}}(\omega)-B_{t_j}(\omega))+\xi_n(\omega)(B_t(\omega)-B_{t_n}(\omega)),\end{aligned}$$

其中 n 为满足 $t_n \leqslant t < t_{n+1}$ 的整数, 则称过程 $I(g)=\{I_t(g), t \geqslant 0\}$ 为 g 关于 B 的**随机积分过程**, 记为

$$I_t(g)=\int_0^t g(u)\mathrm{d}B_u .$$

我们规定: $\int_s^t g(u)\mathrm{d}B_u = \int_0^t g(u)\mathbb{1}_{(s,t]}(u)\mathrm{d}B_u$. 在图 7.2 中, 我们用粗线表示 $g(u)=2\mathbb{1}_{(0,1]}(t)+0.5\mathbb{1}_{(1,2]}(t)$ 关于布朗运动 B 的积分 $\{I_t(g), t\in[0,2]\}$ 的轨道, 用细线表示布朗运动 $\{B_u, u\in[0,1]\}$ 的轨道, 可以看出在 $(0,1]$ 上随机积分的轨道比布朗运动的轨道波动要剧烈, 在 $(1,2]$ 上随机积分的轨道比布朗运动的轨道波动要小. 我们可以选择适当的 g 使其能够模拟实际股票价格模型.

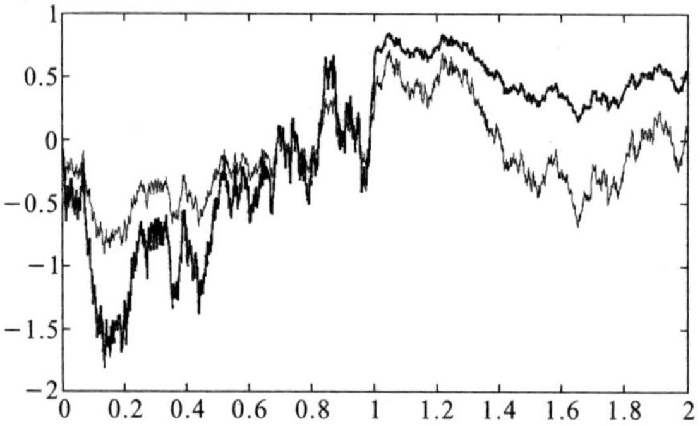

图 7.2

易知对任意 t, $I_t(g)$ 关于 $\mathscr{F}_t$ 可测, 故 $I(g)$ 为 $\mathbb{F}$-适应过程. 关于简单随机过程的随机积分, 有

定理 7.3.4　设 $g=\{g(u), u\geqslant 0\}$ 和 $g_i=\{g_i(u), u\geqslant 0\}$, $i=1,2$ 为简单随机过程, 则对任意 $s<t$, 有

(1) $I_t(ag_1+bg_2)=aI_t(g_1)+bI_t(g_2)$, 其中 a,b 为常数;

(2) $\int_0^t g(u)\mathrm{d}B_u = \int_0^s g(u)\mathrm{d}B_u + \int_s^t g(u)\mathrm{d}B_u$, 其中 $0\leqslant s<t\leqslant T$;

(3) $I(g)=\{I_t(g), t\in[0,T]\}$ 为连续鞅;

(4) $E\Big(\int_0^t g_1(u)\mathrm{d}B_u \int_0^t g_2(u)\mathrm{d}B_u\Big) = \int_0^t E(g_1(u)g_2(u))\mathrm{d}u$.

证明 (证明不作要求)　设 $g_i(u)$ 为两个简单过程, 存在 $[0,T]$ 的有限划分

$0 = t_0 < t_1 < \cdots < t_n = T$ 及随机变量 $\xi_0, \xi_1, \cdots, \xi_{n-1}$ 与 $\xi'_0, \xi'_1, \cdots, \xi'_{n-1}$ 使得

$$g_1(t,\omega) = \xi_0(\omega)\mathbb{1}_{\{0\}}(t) + \sum_{j=1}^{n-1} \xi_j(\omega)\mathbb{1}_{(t_j,t_{j+1}]}(t), \tag{7.5}$$

$$g_2(t,\omega) = \xi'_0(\omega)\mathbb{1}_{\{0\}}(t) + \sum_{j=1}^{n-1} \xi'_j(\omega)\mathbb{1}_{(t_j,t_{j+1}]}(t) . \tag{7.6}$$

(1) 由简单随机过程的随机积分的定义知

$$\begin{aligned} & I_t(ag_1 + bg_2) \\ = & \sum_{j=0}^{+\infty}(a\xi_j + b\xi'_j)(B_{t\wedge t_{j+1}}(\omega) - B_{t\wedge t_j}(\omega)) \\ = & a\sum_{j=0}^{+\infty}\xi_j(B_{t\wedge t_{j+1}}(\omega) - B_{t\wedge t_j}(\omega)) + b\sum_{j=0}^{+\infty}\xi'_j(B_{t\wedge t_{j+1}}(\omega) - B_{t\wedge t_j}(\omega)) \\ = & aI_t(g_1) + bI_t(g_2). \end{aligned}$$

(2) 对任意简单过程 $g \in \mathscr{E}$ 及任意 $0 \leqslant s < t \leqslant T$,

$$g(u,\omega)\mathbb{1}_{(0,t]}(u) = g(u,\omega)\mathbb{1}_{(0,s]}(u) + g(u,\omega)\mathbb{1}_{(s,t]}(u),$$

由 (1) 易得.

(3) 由于布朗运动的轨道连续, $I(g)$ 的轨道连续. 对任意 $0 \leqslant s < t \leqslant T$, 由 (2) 知 $I_t(g) = I_s(g) + \int_s^t g(u,\omega)\mathrm{d}B_t(\omega)$. 存在 $(s,t]$ 的划分$s = t_0 < t_1 < \cdots < t_n = t$ 及随机变量 $\xi_0, \xi_1, \cdots, \xi_{n-1}$ 满足 $\xi_j \in \mathscr{L}^2$ 且关于 $\mathscr{F}_{t_j}$ 可测, 使得

$$\int_s^t g(u,\omega)\mathrm{d}B_t(\omega) = \sum_{j=0}^{n-1}\xi_j(B_{t_{j+1}}(\omega) - B_{t_j}(\omega)).$$

由于 B 为关于 $(P,\mathbb{F})$ 的布朗运动, 增量 $B_{t_{j+1}}(\omega) - B_{t_j}(\omega)$ 与 $\mathscr{F}_{t_j}$ 独立, 从而

$$E\left(\int_s^t g(u,\omega)\mathrm{d}B_t(\omega)\middle|\mathscr{F}_s\right)$$

$$
\begin{aligned}
&= \sum_{j=0}^{n-1} E\left[\xi_j(B_{t_{j+1}}(\omega) - B_{t_j}(\omega))\middle|\mathscr{F}_s\right] \\
&= \sum_{j=0}^{n-1} E\left\{\xi_j E[(B_{t_{j+1}}(\omega) - B_{t_j}(\omega))|\mathscr{F}_{t_j}]\middle|\mathscr{F}_s\right\} \\
&= 0,
\end{aligned}
$$

故

$$
E(I_t(g)|\mathscr{F}_s) = I_s(g) + E\left(\int_s^t g(u,\omega)\mathrm{d}B_t(\omega)\middle|\mathscr{F}_s\right) = I_s(g),
$$

从而 $I(g)$ 为鞅.

(4) 设 $0 = t_0 < t_1 < \cdots < t_n = T$ 为 $[0,T]$ 的满足 (7.5) 与 (7.6) 的有限划分, n 为满足 $t_n \leqslant t < t_{n+1}$ 的整数, 由于 B 为布朗运动,

$$
E[(B_{t_{i+1}} - B_{t_i})|\mathscr{F}_{t_i}] = 0, E[(B_{t_{i+1}} - B_{t_i})^2|\mathscr{F}_{t_i}] = t_{i+1} - t_i,
$$

从而

$$
\begin{aligned}
&E\left(\int_0^t g_1(u)\mathrm{d}B_u \int_0^t g_2(u)\mathrm{d}B_u\right) \\
=&E\left\{\left[\sum_{i=0}^{n-1}\xi_i(B_{t_{i+1}}(\omega) - B_{t_i}(\omega)) + \xi_n(B_t(\omega) - B_{t_n}(\omega))\right]\cdot\right. \\
&\left.\left[\sum_{j=0}^{n-1}\xi_j'(B_{t_{j+1}}(\omega) - B_{t_j}(\omega)) + \xi_n'(B_t(\omega) - B_{t_n}(\omega))\right]\right\} \\
=&E\left\{\sum_{i=0}^{n-1}\xi_i\xi_i' E\left[(B_{t_{i+1}}(\omega) - B_{t_i}(\omega))^2\middle|\mathscr{F}_i\right] + \right. \\
&\left.\xi_n\xi_n' E\left[(B_t(\omega) - B_{t_n}(\omega))^2|\mathscr{F}_{t_n}\right]\right\} \\
=&E\left[\sum_{i=0}^{n-1}\xi_i\xi_i'(t_{i+1} - t_i) + \xi_n\xi_n'(t - t_n)\right] \\
=&\int_0^t E(g_1(u)g_2(u)\mathrm{d}u).
\end{aligned}
$$

□

§7.3.2　随机积分

对任意 $g \in \mathscr{L}^2$, 我们来看如何定义随机积分 $\displaystyle\int_0^T g(t,\omega)\mathrm{d}B(t,\omega)$, 需要如下引理:

引理 7.3.5 对任意 $g \in \mathscr{L}^2$, 存在一列简单随机过程 g_n, $n=1,2,\cdots$ 使得

$$E\left(\int_0^T |g_n(u)-g(u)|^2 \mathrm{d}u\right) \to 0, \quad n \to +\infty. \tag{7.7}$$

证明详见参考文献 [6] 的引理 4.4. □

对任意 $g \in \mathscr{L}^2$, 存在一列简单随机过程 g_n, $n=1,2,\cdots$ 满足 (7.7), 易知

$$\begin{aligned}
&\lim_{\substack{m\to+\infty\\ n\to+\infty}} E\left(\int_0^T |g_m(u)-g_n(u)|^2 \mathrm{d}u\right)\\
=&\lim_{\substack{m\to+\infty\\ n\to+\infty}} E\left[\int_0^T |(g_m(u)-g(u))-(g_n(u)-g(u))|^2 \mathrm{d}u\right]\\
\leqslant&\lim_{m\to+\infty} 2E\left(\int_0^T |g_m(u)-g(u)|^2 \mathrm{d}u\right)+\lim_{n\to+\infty} 2E\left(\int_0^T |g_n(u)-g(u)|^2 \mathrm{d}u\right)\\
=&\,0.
\end{aligned}$$

根据性质 7.3.4, 有

$$\begin{aligned}
&\lim_{\substack{m\to+\infty\\ n\to+\infty}} E\left[\left(\int_0^T g_m(u)\mathrm{d}B_u-\int_0^T g_n(u)\mathrm{d}B_u\right)^2\right]\\
=&\lim_{\substack{m\to+\infty\\ n\to+\infty}} E\left\{\left[\int_0^T (g_m(u)-g_n(u))\mathrm{d}B_u\right]^2\right\}\\
=&\lim_{\substack{m\to+\infty\\ n\to+\infty}} E\left(\int_0^T |g_m(u)-g_n(u)|^2 \mathrm{d}u\right)\\
=&\,0,
\end{aligned}$$

从而 $\left\{\int_0^T g_n(u)\mathrm{d}B_u, n=1,2,\cdots\right\}$ 为 L^2 的柯西列, 根据定理 7.1.2 知, 存在一个随机变量 $I_T(g)$ 使得

$$I_T(g) = (L^2)\lim_{n\to+\infty}\int_0^T g_n(u)\mathrm{d}B_u, \tag{7.8}$$

称 $I_T(g)$ 为过程 g 关于布朗运动 B 的**伊藤随机积分**, 简称**伊藤积分**, 记为

$$I_T(g) := \int_0^T g(u)\mathrm{d}B_u\,,$$

并记 $\int_s^t g(u)\mathrm{d}B_u = \int_0^T g(u)\mathbb{1}_{(s,t]}(u)\mathrm{d}B_u$.

引理 7.3.6 对任意 $g \in \mathscr{L}^2$, (7.8) 定义的随机积分是唯一的.

注 由伊藤积分的定义可知, 如果 $f, g \in \mathscr{L}^2$ 满足 $f(u) = g(u)$, a.s., $\forall u \in [0,T]$, 则

$$\int_0^T f(u)\mathrm{d}B_u = \int_0^T g(u)\mathrm{d}B_u, \quad \text{a.s.}$$

性质 7.3.7 设 $g = \{g(u), u \geqslant 0\} \in \mathscr{L}^2$ 为左连续的随机过程, 对任意 $t \in [0,T]$, 设 $\{\varDelta_n\}$, $\varDelta_n = \{t_1^n, \cdots, t_n^n\}$ 为 $[0,t]$ 的满足 $\lim\limits_{n\to+\infty} |\varDelta_n| = 0$ 的任意划分列, 则

$$\int_0^t g(u)\mathrm{d}B_u = (L^2)\lim_{n\to+\infty} \sum_{t_j^n \in \varDelta_n} g(t_j^n)(B_{t_{j+1}^n} - B_{t_j^n}).$$

性质 7.3.8 设 $g = \{g(u), u \geqslant 0\} \in \mathscr{L}^2$, 则对任意 $t \in [0,T]$, $I_t(g)$ 关于 $\mathscr{F}_t$ 可测, 且 $I(g) = \{I_t(g), t \in [0,T]\}$ 是一个连续过程.

我们可以把性质 7.3.4 推广到一般的被积过程 $g \in \mathscr{L}^2$.

性质 7.3.9 设 $g = \{g(u), u \geqslant 0\} \in \mathscr{L}^2$ 和 $g_i = \{g_i(u), u \geqslant 0\} \in \mathscr{L}^2$, $i = 1, 2$, 则对任意 $s < t$, 有

(1) $I_t(ag_1 + bg_2) = aI_t(g_1) + bI_t(g_2)$, 其中 a, b 为常数;

(2) $\int_0^t g(u)\mathrm{d}B_u = \int_0^s g(u)\mathrm{d}B_u + \int_s^t g(u)\mathrm{d}B_u$, 其中 $0 \leqslant s < t \leqslant T$;

(3) $I(g) = \{I_t(g), t \in [0,T]\}$ 关于 $(P, \mathbb{F})$ 为鞅, 即对任意 $0 \leqslant s < t \leqslant T$, 有 $E[I_t(g)|\mathscr{F}_s] = I_s(g)$;

(4) $E\left(\int_0^t g_1(u)\mathrm{d}B_u \int_0^t g_2(u)\mathrm{d}B_u\right) = E\left(\int_0^t g_1(u)g_2(u)\mathrm{d}u\right)$.

证明 (证明不作要求) (1) 由于 $g_1, g_2 \in \mathscr{L}^2$, 由引理 7.3.5 知, 存在简单随机过程列 $\{g_1^n, n \in \mathbb{N}\}$ 与 $\{g_2^n, n \in \mathbb{N}\}$ 使得

$$E\left[\int_0^T (g_i(u) - g_i^n(u))^2 \mathrm{d}u\right] \to 0, \quad n \to +\infty, \quad i = 1, 2.$$

由于 $ag_1^n + bg_2^n$ 为简单过程, 由性质 7.3.4 的 (1) 知

$$I_t(ag_1^n + bg_2^n) = aI_t(g_1^n) + bI_t(g_2^n),$$

从而

$$
\begin{aligned}
&E\left[\left|I_t(ag_1+bg_2)-aI_t(g_1)-bI_t(g_2)\right|^2\right]\\
&=E\left[(L^2)\lim_{n\to+\infty}\left|I_t(ag_1^n+bg_2^n)-aI_t(g_1^n)-bI_t(g_2^n)\right|^2\right]\\
&=\lim_{n\to+\infty}E\left[\left|I_t(ag_1^n+bg_2^n)-aI_t(g_1^n)-bI_t(g_2^n)\right|^2\right]\\
&=0,
\end{aligned}
$$

从而

$$I_t(ag_1+bg_2)=aI_t(g_1)+bI_t(g_2),\text{a.s.},$$

即 (1) 成立. 类似可证 (2) 成立.

(3) 易知存在简单随机过程列 $\{g^n,n\in\mathbb{N}\}$ 使得

$$E\left[\int_0^T(g(u)-g^n(u))^2\,\mathrm{d}u\right]\to 0,n\to+\infty.$$

对任意 $A\in\mathscr{F}_s$, $\{g^n(u,\omega)\mathbb{1}_A(\omega)\mathbb{1}_{(s,t]}(u),u\in[0,T]\}$ 仍为简单过程, 利用性质 7.3.4 的 (3) 知

$$E\left(\mathbb{1}_A\int_s^t g^n(u)\mathrm{d}B_u\right)=E\left(\int_0^T g^n(u,\omega)\mathbb{1}_A(\omega)\mathbb{1}_{(s,t]}(u)\mathrm{d}B_u\right)=0,$$

从而

$$
\begin{aligned}
E[\mathbb{1}_A(I_t(g)-I_s(g))]&=E\left(\mathbb{1}_A\int_s^t g(u)\mathrm{d}B_u\right)\\
&=E\left((L^2)\lim_{n\to+\infty}\mathbb{1}_A\int_s^t g^n(u)\mathrm{d}B_u\right)\\
&=\lim_{n\to+\infty}E\left(\mathbb{1}_A\int_s^t g^n(u)\mathrm{d}B_u\right)\\
&=0,
\end{aligned}
$$

由条件期望的定义知 $E(I_t(g)|\mathscr{F}_s)=I_s(g)$, 此即 (3).

(4) 由性质 7.1.3 的 (2) 和性质 7.3.4 的 (4) 易得. □

我们可以把性质 7.3.9 的 (4) 作如下推广:

推论 7.3.10 对任意 $g_1,g_2\in\mathscr{L}^2$ 及 $0\leqslant s<t\leqslant T$, 有

$$E\left(\int_s^t g_1(u)\mathrm{d}B_u\int_s^t g_2(u)\mathrm{d}B_u\middle|\mathscr{F}_s\right)=E\left(\int_s^t g_1(u)g_2(u)\mathrm{d}u\middle|\mathscr{F}_s\right).$$

证明 $\forall A\in\mathscr{F}_s$, $g_1\mathbb{1}_A\mathbb{1}_{(s,t]}\in\mathscr{L}^2$, 利用性质 7.3.9 的 (4) 有

$$\begin{aligned}&E\Big[\int_0^t g_1(u)\mathbb{1}_A(\omega)\mathbb{1}_{(s,t]}(u)\mathrm{d}B_u\int_0^t g_2(u)\mathrm{d}B_u\Big]\\&=E\Big(\int_0^t g_1(u)\mathbb{1}_A\mathbb{1}_{(s,t]}(u)g_2(u)\mathrm{d}u\Big)\\&=E\Big(\mathbb{1}_A\int_s^t g_1(u)g_2(u)\mathrm{d}u\Big),\end{aligned}$$

从而结论成立. □

例 7.3.11 设 $B=\{B_t,t\in[0,T]\}$ 为标准布朗运动, 证明 $B\in\mathscr{L}^2$ 并求 $\int_0^t B_u\mathrm{d}B_u$.

证明 由

$$E\Big(\int_0^T B_u^2\mathrm{d}u\Big)=\int_0^T E(B_u^2\mathrm{d}u)=\int_0^T u\mathrm{d}u=\frac{T^2}{2}<+\infty,$$

知 $B\in\mathscr{L}^2$. 由于 B 轨道连续, 我们可以利用性质 7.3.7. 对任意 $t\in[0,T]$, 设 $\{\varDelta_n\}$, $\varDelta_n=\{t_0^n,\cdots,t_n^n,0=t_0^n<\cdots<t_n^n=t\}$ 为 $[0,t]$ 的满足 $\lim\limits_{n\to+\infty}|\varDelta_n|=0$ 的任意划分列. 由

$$B_{t_j^n}(B_{t_{j+1}^n}-B_{t_j^n})=\frac{1}{2}\Big[B_{t_{j+1}^n}^2-B_{t_j^n}^2-(B_{t_{j+1}^n}-B_{t_j^n})^2\Big]$$

可得

$$\begin{aligned}\sum_{t_j^n\in\varDelta_n}B_{t_j^n}(B_{t_{j+1}^n}-B_{t_j^n})&=\frac{1}{2}\sum_{j=0}^{n-1}(B_{t_{j+1}^n}^2-B_{t_j^n}^2)-\frac{1}{2}\sum_{j=0}^{n-1}(B_{t_{j+1}^n}-B_{t_j^n})^2\\&=\frac{1}{2}B_t^2-\frac{1}{2}\sum_{j=0}^{n-1}(B_{t_{j+1}^n}-B_{t_j^n})^2.\end{aligned}$$

由推论 6.4.7 知 $(L^2)\lim\limits_{n\to+\infty}\sum\limits_{j=0}^{n-1}(B_{t_{j+1}^n}-B_{t_j^n})^2=t$, 从而

$$\begin{aligned}\int_0^t B_u\mathrm{d}B_u&=(L^2)\lim_{n\to+\infty}\sum_{t_j^n\in\varDelta_n}B_{t_j^n}(B_{t_{j+1}^n}-B_{t_j^n})\\&=\frac{1}{2}B_t^2-\frac{1}{2}(L^2)\lim_{n\to+\infty}\sum_{j=0}^{n-1}(B_{t_{j+1}^n}-B_{t_j^n})^2\\&=\frac{1}{2}B_t^2-\frac{1}{2}t\,.\end{aligned}$$

□

注 我们也可以采取如下方式定义随机积分:

$$\int_0^t B_u \circledcirc \mathrm{d}B_u := (L^2) \lim_{n\to+\infty} \sum_{t_j^n \in \Delta_n} B_{t_{j+1}^n}(B_{t_{j+1}^n} - B_{t_j^n}).$$

在图 7.3 中, 用虚线表示标准布朗运动 $\{B_u, u\in[0,1]\}$ 的轨道, 用最粗的那根线表示 $I_t = \int_0^t B_u \mathrm{d}B_u$ 的轨道, 用较粗线表示 $\int_0^t B_u \circledcirc \mathrm{d}B_u$ 的轨道, 可以看出伊藤随机积分的轨道与随机积分 $\int_0^t B_u \circledcirc \mathrm{d}B_u$ 的轨道有明显的差异, 随机积分 $\int_0^t B_u \circledcirc \mathrm{d}B_u$ 的轨道始终在伊藤随机积分轨道的上方.

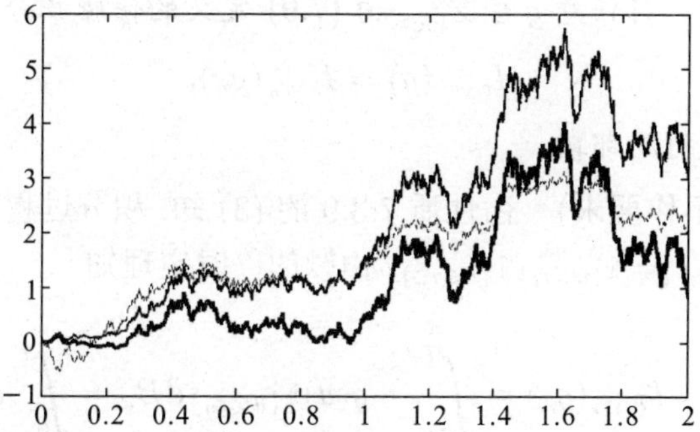

图 7.3

*§7.3.3 一般的适应过程关于 B 的伊藤积分

为了应用的需要, 我们需要将被积过程进一步推广. 令

$$\mathscr{L}^2_{\mathrm{loc}} := \left\{ g : g\text{为}\mathbb{F}\text{-适应并满足}P\left(\int_0^T (g(u,\omega))^2\mathrm{d}u < +\infty\right) = 1\text{的可测过程} \right\},$$

易知 $\mathscr{L}^2 \subset \mathscr{L}^2_{\mathrm{loc}}$. 设 $g \in \mathscr{L}^2_{\mathrm{loc}}$, 我们需要考虑随机积分 $\int_0^t g(u)\mathrm{d}B_u$. 为此我们引入:

$$\tau_n = \begin{cases} \inf\left\{t\in[0,T],\ \int_0^t (g(u,\omega))^2\mathrm{d}u \geqslant n\right\}, \\ T, \text{若} \int_0^T (g(u,\omega))^2\mathrm{d}u < n, \end{cases}$$

则易知 τ_n 为满足 $\lim\limits_{n\to+\infty}\tau_n = T$, a.s. 的单增停时列, 且 $g_n(u,\omega) = g(u,\omega)\mathbb{1}_{\{u\leqslant\tau_n\}}$ 满足

$$\int_0^T (g_n(u,\omega))^2\mathrm{d}u \leqslant n \Longrightarrow g_n \in \mathscr{L}^2 ,$$

因而 $I(g_n)$ 是有定义的. 令

$$I_t(g) = I_t(g_1)\mathbb{1}_{\{0\leqslant t<\tau_1\}} + \sum_{n=1}^{+\infty} I_t(g_{n+1})\mathbb{1}_{\{\tau_n\leqslant t<\tau_{n+1}\}}, \tag{7.9}$$

我们称 $I_t(g)$ 为 g 关于布朗运动 B 的**伊藤积分**, 记为 $I_t(g) = \int_0^t g(u)\mathrm{d}B_u$.

性质 7.3.12 对任意 $g \in \mathscr{L}^2_{\mathrm{loc}}$, 由 (7.9) 定义的伊藤积分满足

$$I_{t\wedge\tau_n}(g) = I_{t\wedge\tau_n}(g_n),$$

从而 $I(g)$ 是连续的局部鞅.

证明 (证明不作要求) 由性质 7.3.9 的 (3) 知, 积分过程 $I(g_n)$ 为鞅. 对任意 $\tau_i \leqslant \tau_n$, $\mathbb{1}_{\{u\leqslant\tau_i\}} = \mathbb{1}_{\{u\leqslant\tau_i\}}\mathbb{1}_{\{u\leqslant\tau_n\}}$, 由鞅的停时定理知

$$E(I_T(g_n)|\mathscr{F}_{\tau_i}) = I_{T\wedge\tau_i}(g_n) = \int_0^{T\wedge\tau_i} g(u)\mathbb{1}_{\{u\leqslant\tau_n\}}\mathrm{d}B_u = \int_0^T g(u)\mathbb{1}_{\{u\leqslant\tau_i\}}\mathrm{d}B_u.$$

从而在 $\{t<\tau_i\}$ 上

$$\begin{aligned}
E[I_T(g_n)|\mathscr{F}_t]\mathbb{1}_{\{t<\tau_i\}} &= E[E(I_T(g_n)|\mathscr{F}_{\tau_i})|\mathscr{F}_t]\mathbb{1}_{\{t<\tau_i\}} \\
&= E\left(\int_0^T g(u,\omega)\mathbb{1}_{\{u\leqslant\tau_i\}}\mathrm{d}B_u|\mathscr{F}_t\right)\mathbb{1}_{\{t<\tau_i\}} \\
&= E(I_T(g_i)|\mathscr{F}_t)\mathbb{1}_{\{t<\tau_i\}}.
\end{aligned}$$

故

$$\begin{aligned}
I_{t\wedge\tau_n}(g_n) &= E[I_T(g_n)|\mathscr{F}_t] \\
&= E[I_T(g_n)|\mathscr{F}_t]\mathbb{1}_{\{0\leqslant t<\tau_1\}} + \sum_{i=1}^{n-1} E(I_T(g_n)|\mathscr{F}_t)\mathbb{1}_{\{\tau_i\leqslant t<\tau_{i+1}\}} +
\end{aligned}$$

$$
\begin{aligned}
&E(I_T(g_n)|\mathscr{F}_t)\mathbb{1}_{\{\tau_n\leqslant t\}}\\
&=E(I_T(g_1)|\mathscr{F}_t)\mathbb{1}_{\{0\leqslant t<\tau_1\}}+\sum_{i=1}^{n-1}E(I_T(g_{i+1})|\mathscr{F}_t)\mathbb{1}_{\{\tau_i\leqslant t<\tau_{i+1}\}}+\\
&\quad E(I_T(g_n)|\mathscr{F}_t)\mathbb{1}_{\{\tau_n\leqslant t\}}\\
&=I_t(g_1)\mathbb{1}_{\{0\leqslant t<\tau_1\}}+\sum_{i=1}^{n-1}I_t(g_{i+1})\mathbb{1}_{\{\tau_i\leqslant t<\tau_{i+1}\}}+I_{\tau_n}(g_n)\mathbb{1}_{\{\tau_n\leqslant t\}}\\
&=I_{t\wedge\tau_n}(g)\ .
\end{aligned}
$$

由于 $g_n\in\mathscr{L}^2$, $I_{t\wedge\tau_n}(g_n)$ 为平方可积鞅, 于是 $I_t(g)$ 为局部鞅. □

这样, 我们就对任意 $g\in\mathscr{L}^2_{\text{loc}}$ 建立起了伊藤随机积分. 我们需要指出一切右连续的适应过程都属于 $\mathscr{L}^2_{\text{loc}}$, 这说明 $\mathscr{L}^2_{\text{loc}}$ 对我们已经够用了.

*§7.3.4 随机积分过程的二次变差

引理 7.3.13 *设 $g\in\mathscr{E}$ 为简单过程, 则 $I(g)=\{I_t(g),t\in[0,T]\}$ 为二阶变差过程, 其二阶变差为*

$$\langle I(g)\rangle_t=\int_0^t(g(u))^2\mathrm{d}u.$$

证明 由 $g\in\mathscr{E}$, 对任意 $t\in[0,T]$, 存在 $[0,t]$ 的有限划分 $0=t_0<t_1<\cdots<t_n=t$ 及随机变量 $\xi_0,\xi_1,\cdots,\xi_{n-1}$ 满足 $\xi_i\in\mathscr{L}^2$ 关于 $\mathscr{F}_{t_i}$-可测, 使得

$$
\begin{aligned}
&g(u,\omega)=\xi_0(\omega)\mathbb{1}_{\{0\}}(u)+\sum_{i=1}^{n-1}\xi_i(\omega)\mathbb{1}_{(t_i,t_{i+1}]}(u),\quad u\geqslant 0,\omega\in\Omega,\\
&I_t(g)=\sum_{i=0}^{n-1}\xi_i(B_{t_{i+1}}-B_{t_i}).
\end{aligned}
$$

对于 $(t_i,t_{i+1}]$ 的划分 $t_i=s_0<s_1<\cdots<s_m=t_{i+1}$, 令 $\lambda_m:=\max_j(s_{j+1}-s_j)$, 由于布朗运动 B 的二次变差为 t, 从而

$$(L^2)\lim_{\lambda_m\to 0}\sum_{j=0}^{m-1}(B_{t_{j+1}}-B_{t_j})^2=t_{i+1}-t_i,$$

故

$$(L^2)\lim_{\lambda_m\to 0}\sum_{j=0}^{m-1}(I_{s_{j+1}}(g)-I_{s_j}(g))^2=(L^2)\lim_{\lambda_m\to 0}\sum_{j=0}^{m-1}[g(t_i)(B_{t_{j+1}}-B_{t_j})]^2$$
$$=(L^2)\lim_{\lambda_m\to 0}(g(t_i))^2\sum_{j=0}^{m-1}(B_{t_{j+1}}-B_{t_j})^2$$
$$=(g(t_i))^2(t_{i+1}-t_i).$$

于是,

$$(L^2)\lim_{\lambda_m\to 0}\sum_{i=0}^{n-1}\sum_{j=0}^{m-1}(I_{s_{j+1}}(g)-I_{s_j}(g))^2=\sum_{i=0}^{n-1}(g(t_i))^2(t_{i+1}-t_i)$$
$$=\int_0^t(g(u))^2\mathrm{d}u.$$

从而 $I(g)$ 的二阶变差为

$$\langle I(g)\rangle_t=\int_0^t(g(u))^2\mathrm{d}u.$$

□

推论 7.3.14 对任意 $g\in\mathscr{L}^2_{\mathrm{loc}}$, $I(g)$ 的二阶变差为

$$\langle I(g),I(g)\rangle_t=\int_0^t(g(u))^2\mathrm{d}u.$$

注 由推论 7.3.14 易知, 当 $g\in\mathscr{L}^2_{\mathrm{loc}}$, 有

$$\mathrm{d}\langle I(g),I(g)\rangle_t=(g(t))^2\mathrm{d}t.$$

由于 $\langle I(g),I(g)\rangle_t=(P)\lim\limits_{\lambda_n\to 0}\sum\limits_{i=0}^{n-1}(I_{t_{i+1}}(g)-I_{t_i}(g))^2$, 故可理解为

$$\mathrm{d}\langle I(g),I(g)\rangle_t=\mathrm{d}I_t(g)\mathrm{d}I_t(g)=g(t)\mathrm{d}B_t\cdot g(t)\mathrm{d}B_t$$
$$=(g(t))^2\mathrm{d}B_t\mathrm{d}B_t$$
$$=(g(t))^2\mathrm{d}t\ .$$

例 7.3.15 设 $I_t=\int_0^t B_u\mathrm{d}B_u$, 则 $\mathrm{d}\langle I,I\rangle_t=B_u^2\mathrm{d}u$, 故 I 的二阶变差为

$$\langle I,I\rangle_t=\int_0^t B_u^2\mathrm{d}u.$$

在图 7.4 中, 细线表示 I_t 的轨道, 而粗线是计算机计算的二阶变差的轨道, 由图可以看出二阶变差是光滑的增过程.

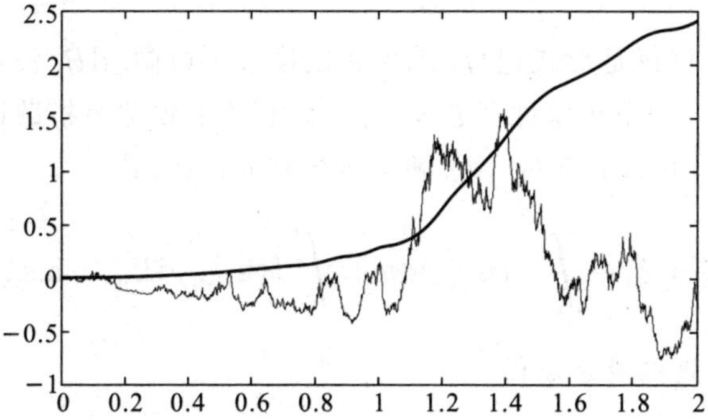

图 7.4

定理 7.3.16(莱维 (Lévy) 定理) 设 $M_{\mathbb{T}}=\{M_t,t\in[0,T]\}$ 为连续的局部鞅, 且 $M_0=0$, 则 $M_{\mathbb{T}}$ 为布朗运动的充要条件是

$$\langle M,M\rangle_t=t\ .$$

§7.4 伊藤过程与伊藤公式

从上一节伊藤随机积分的定义可以看出, 要直接利用定义计算伊藤积分还是比较麻烦的, 那么怎么计算伊藤积分呢? 本节我们将介绍伊藤公式, 并利用伊藤公式计算伊藤积分. 设 $(\Omega,\mathscr{F},P)$ 为一个完备的概率空间, $\mathbb{F}=\{\mathscr{F}_t,t\in[0,T]\}$ 为一个满足通常条件的 σ-域流, $B=\{B_t,t\in[0,T]\}$ 为关于 $(P,\mathbb{F})$ 的标准布朗运动.

定义 7.4.1 一个连续的 $\mathbb{F}$-适应过程 $\xi=\{\xi_t,t\in[0,T]\}$ 称为**伊藤过程**, 如果存在两个可测的适应过程 $a=\{a_t,t\in[0,T]\}$ 和 $b=\{b_t,t\in[0,T]\}$ 满足

$$P\left(\int_0^T|a_u|\mathrm{d}u<+\infty\right)=1,$$

$$P\left(\int_0^T b_u^2\mathrm{d}u<+\infty\right)=1,$$

且使得对任意 $t\in[0,T]$,

$$\xi_t=\xi_0+\int_0^t a_u(\omega)\mathrm{d}u+\int_0^t b_u(\omega)\mathrm{d}B_u,\quad \text{a.s.} \tag{7.10}$$

为了方便起见, 我们常常把 (7.10) 写成如下“微分形式”：

$$\mathrm{d}\xi_t = a_t(\omega)\mathrm{d}t + b_t(\omega)\mathrm{d}B_t\ , \tag{7.11}$$

需要强调:(7.11) 仅仅是形式记号, 因为布朗运动不可微, $\mathrm{d}B_t$ 没有意义.

定义 7.4.2　一个伊藤过程 $\xi = \{\xi_t, t \in [0, T]\}$ 被称为**扩散过程**, 如果存在确定的连续函数 $a(u, x)$ 与 $b(u, x)$ 满足对任意 $t \in [0, , T]$,

$$\xi_t = \xi_0 + \int_0^t a(u, \xi_u)\mathrm{d}u + \int_0^t b(u, \xi_u)\mathrm{d}B_u, \quad \text{a.s.},$$

或者说 ξ 是伊藤随机微分方程

$$\mathrm{d}\xi_t = a(t, \xi_t)\mathrm{d}t + b(t, \xi_t)\mathrm{d}B_t$$

的初值为 ξ_0 的解.

引理 7.4.3　设 $\xi = \{\xi_t, t \in [0, T]\}$ 为具有 (7.10) 形式的伊藤过程, 则 ξ 的二阶变差为

$$\langle \xi, \xi \rangle_t = \int_0^t (b_u(\omega))^2 \mathrm{d}u.$$

证明　令 $I_t := \int_0^t b_u(\omega)\mathrm{d}B_u$, $R_t := \int_0^t a_u(\omega)\mathrm{d}u$, 易知 $\xi_t = I(t) + R(t)$, 对任意 $[0, t]$ 的划分 $\varDelta_n = \{t_0, t_1, \cdots, t_n : 0 = t_0 < t_1 < \cdots < t_n = t\}$, 有

$$\begin{aligned}\sum_{i=0}^{n-1} \left(\xi_{t_{i+1}} - \xi_{t_i}\right)^2 = &\sum_{i=0}^{n-1} \left(I_{t_{i+1}} - I_{t_i}\right)^2 + \sum_{i=0}^{n-1} \left(R_{t_{i+1}} - R_{t_i}\right)^2 + \\ &2\sum_{i=0}^{n-1} \left(I_{t_{i+1}} - I_{t_i}\right)\left(R_{t_{i+1}} - R_{t_i}\right).\end{aligned}$$

由于 R_t 与 I_t 在闭区间 $[0, t]$ 上连续, 当 $\lambda_n = \max\limits_i (t_{i+1} - t_i) \to 0$ 时,

$$\begin{aligned}&\max_i |I_{t_{i+1}} - I_{t_i}| \to 0, \quad \text{a.s.}, \\ &\max_i |R_{t_{i+1}} - R_{t_i}| \to 0, \quad \text{a.s.}\end{aligned}$$

又因为

$$P\left(\int_0^T b_u^2 \mathrm{d}u < +\infty\right) = 1,$$

从而

$$\begin{aligned}\sum_{i=0}^{n-1}\left(R_{t_{i+1}}-R_{t_i}\right)^2 &\leqslant \max_i |R_{t_{i+1}}-R_{t_i}|\cdot\sum_{i=0}^{n-1}\left|R_{t_{i+1}}-R_{t_i}\right| \\ &\leqslant \max_i |R_{t_{i+1}}-R_{t_i}|\cdot\int_0^t |a_u(\omega)|\mathrm{d}u \to 0, \quad \text{a.s.},\end{aligned}$$

$$\begin{aligned}\sum_{i=0}^{n-1}\left(I_{t_{i+1}}-I_{t_i}\right)\left(R_{t_{i+1}}-R_{t_i}\right) &\leqslant \max_i |I_{t_{i+1}}-I_{t_i}|\cdot\sum_{i=0}^{n-1}\left|R_{t_{i+1}}-R_{t_i}\right| \\ &\leqslant \max_i |I_{t_{i+1}}-I_{t_i}|\cdot\int_0^t |a_u(\omega)|\mathrm{d}u \to 0, \quad \text{a.s.}\end{aligned}$$

由推论 7.3.14 知

$$(P)\lim_{\lambda_n\to 0}\sum_{i=0}^{n-1}\left(\xi_{t_{i+1}}-\xi_{t_i}\right)^2=\int_0^t (b_u(\omega))^2\mathrm{d}u. \qquad \square$$

注 由于 $\mathrm{d}t\mathrm{d}t=o(\mathrm{d}t)$ 与 $\mathrm{d}t\mathrm{d}B_t=o(\mathrm{d}t)$, 引理 7.4.3 可理解为

$$\begin{aligned}\mathrm{d}\xi_t\mathrm{d}\xi_t &= (a_t(\omega)\mathrm{d}t+b_t(\omega)\mathrm{d}B_t)\cdot(a_t(\omega)\mathrm{d}t+b_t(\omega)\mathrm{d}B_t) \\ &= (a_t(\omega))^2\mathrm{d}t\mathrm{d}t+2a_t(\omega)b_t(\omega)\mathrm{d}t\mathrm{d}B_t+(b_t(\omega))^2\mathrm{d}B_t\mathrm{d}B_t \\ &= (b_t(\omega))^2\mathrm{d}t\,.\end{aligned}$$

定理 7.4.4(伊藤公式) 设 $\xi=\{\xi_t, t\in[0,T]\}$ 为具有如下形式随机微分:

$$\mathrm{d}\xi_t=a(t,\omega)\mathrm{d}t+b(t,\omega)\mathrm{d}B_t$$

的伊藤过程, $f(t,x)$ 是一个连续的二元函数, 且具有连续偏导数 $f_t'(t,x)$, $f_x'(t,x)$, $f_{xx}''(t,x)$. 令 $Y_t=f(t,\xi_t)$, 则 $Y=\{Y_t, t\in[0,T]\}$ 也是伊藤过程, 且对任意 $0\leqslant t_0<t$, Y 可以表示为

$$Y_t=Y_{t_0}+\int_{t_0}^t\left(f_t'(u,\xi_u)+f_x'(u,\xi_u)a(u,\omega)+\frac{1}{2}f_{xx}''(u,\xi_u)(b(u,\omega))^2\right)\mathrm{d}u+\int_{t_0}^t f_x'(u,\xi_u)b(u,\omega)\mathrm{d}B_u,$$

或等价的伊藤微分形式:

$$\mathrm{d}Y_t=\left(f_t'(t,\xi_t)+f_x'(t,\xi_t)a(t,\omega)+\frac{1}{2}f_{xx}''(t,\xi_t)(b(t,\omega))^2\right)\mathrm{d}t+f_x'(t,\xi_t)b(t,\omega)\mathrm{d}B_t.$$

证明略.

例 7.4.5 设 $B=\{B_t, t\in[0,T]\}$ 为标准布朗运动, 求 $\int_0^t B_u\mathrm{d}B_u$.

解　令 $\xi_t = B_t$, 易知 $\mathrm{d}\xi_t = 0\mathrm{d}t + 1\mathrm{d}B_t$, 令 $f(t,x) = x^2$, 得

$$f_t'(t,x) = 0, f_x'(t,x) = 2x, f_{xx}''(t,x) = 2.$$

由伊藤公式知

$$\begin{aligned}
Y_t &= B_t^2 \\
&= \int_0^t \left(f_t'(u,\xi_u) + f_x'(u,\xi_u)a(u,\omega) + \frac{1}{2} f_{xx}''(u,\xi_u) b(u,\omega)^2 \right) \mathrm{d}u + \\
&\int_0^t f_x'(u,\xi_u) b(u,\omega) \mathrm{d}B_u \\
&= \int_0^t \frac{1}{2} 2\mathrm{d}u + \int_{t_0}^t 2B_u \mathrm{d}B_u \\
&= t + 2\int_0^t B_u \mathrm{d}B_u,
\end{aligned}$$

从而
$$\int_{t_0}^t B_u \mathrm{d}B_u = \frac{1}{2}B_t^2 - \frac{t}{2}.$$
□

例 7.4.6　设 $\xi = \{\xi_t, t \in [0,T]\}$ 为伊藤过程, 且具有伊藤微分形式

$$\xi_t = a_t(\omega)\mathrm{d}t + b_t(\omega)\mathrm{d}B_t,$$

α 为确定的常数, 求 $Y_t = \mathrm{e}^{-\alpha\xi_t}$ 的伊藤微分形式.

解　令 $f(t,x) = \mathrm{e}^{-\alpha x}$, 易知

$$f_t'(t,x) = 0, \quad f_x'(t,x) = -\alpha \mathrm{e}^{-\alpha x}, \quad f_{xx}''(t,x) = \alpha^2 \mathrm{e}^{-\alpha x},$$

从而

$$Y_t = \mathrm{e}^{-\alpha\xi_0} + \int_0^t \left(f_t'(u,\xi_u) + f_x'(u,\xi_u)a_u(\omega) + \frac{1}{2} f_{xx}''(u,\xi_u) b_u(\omega)^2 \right) \mathrm{d}u +$$
$$\int_0^t f_x'(u,\xi_u) b_u(\omega) \mathrm{d}B_u$$

$$= \mathrm{e}^{-\alpha\xi_0} + \int_0^t \left(-\alpha \mathrm{e}^{-\alpha\xi_u} a_u(\omega) + \frac{1}{2}\alpha^2 \mathrm{e}^{-\alpha\xi_u} b_u(\omega)^2\right) \mathrm{d}u - \int_0^t \alpha \mathrm{e}^{-\alpha\xi_u} b_u(\omega) \mathrm{d}B_u$$

$$= Y_0 + \int_0^t Y_u \left(-\alpha a_u(\omega) + \frac{1}{2}\alpha^2 b_u(\omega)^2\right) \mathrm{d}u - \int_0^t Y_u \alpha b_u(\omega) \mathrm{d}B_u,$$

故 Y_t 的伊藤微分形式为

$$\mathrm{d}Y_t = Y_t \left(-\alpha a_t(\omega) + \frac{1}{2}\alpha^2 b_t(\omega)^2\right) \mathrm{d}t - Y_t \alpha b_t(\omega) \mathrm{d}B_t . \qquad \square$$

定义 7.4.7 如果 $B_i = \{B_i(t), t \in [0,T]\}$, $i = 1, 2, \cdots, m$ 为 m 个关于 $(P, \mathbb{F})$ 的独立的标准布朗运动, 则称 $\boldsymbol{B}(t) = (B_1(t), \cdots, B_m(t))^{\mathrm{T}}$ 为关于 $(P, \mathbb{F})$ 的 m **维标准布朗运动**.

给定 n 维过程 $\boldsymbol{a}(t,\omega) = (a_1(t,\omega), \cdots, a_n(t,\omega))^{\mathrm{T}}$, 其中 $\{a_i(t,\omega), t \in [0,T]\}$, $i = 1, \cdots, n$ 为 $\mathbb{F}$-适应的可测过程, 我们要求

$$P\left(\int_0^T |a_i(u,\omega)| \mathrm{d}u < +\infty\right) = 1, \quad i = 1, \cdots, n.$$

再给定 $n \times m$ 矩阵值过程

$$\boldsymbol{b}(t,\omega) = (b_{ij}(t,\omega))_{n\times m} = \begin{pmatrix} b_{11}(t,\omega) & \cdots & b_{1m}(t,\omega) \\ \vdots & & \vdots \\ b_{n1}(t,\omega) & \cdots & b_{nm}(t,\omega) \end{pmatrix},$$

其中 $\{b_{ij}(t,\omega), t \in [0,T]\}$, $i = 1, \cdots, n$, $j = 1, \cdots, m$ 为 $\mathbb{F}$-适应的可测过程, 我们要求

$$P\left(\int_0^T (b_{ij}(u,\omega))^2 \mathrm{d}u < +\infty\right) = 1, \quad i = 1, \cdots, n, j = 1, \cdots, m.$$

如果 n 维过程 $\boldsymbol{\xi} = \left\{\left(\xi_1(t), \cdots, \xi_n(t)\right)^{\mathrm{T}}, t \in [0,T]\right\}$ 满足

$$\mathrm{d}\xi_i(t) = a_i(t,\omega)\mathrm{d}t + \sum_{j=1}^m b_{ij}(t,\omega)\mathrm{d}B_j(t), \quad i = 1, \cdots, n, \qquad (7.12)$$

或写成向量形式

$$\mathrm{d}\boldsymbol{\xi}(t) = \boldsymbol{a}(t,\omega)\mathrm{d}t + \boldsymbol{b}(t,\omega)\mathrm{d}\boldsymbol{B}(t),$$

称 ξ 为 n **维伊藤过程**.

定理 7.4.8(多元伊藤公式) 设 $\boldsymbol{\xi}$ 为由 (7.12) 定义的 n 维伊藤过程, 而 $f(t,x_1,\cdots,x_n)$ 为连续函数, 且具有连续偏导数 f'_t, f'_{x_i}, $f''_{x_ix_j}$. 则过程 $f(t,\xi_1(t),\cdots,\xi_n(t))$ 仍为伊藤过程, 且具有如下伊藤微分形式:

$$
\begin{aligned}
&\mathrm{d}f(t,\xi_1(t),\cdots,\xi_n(t))\\
=&\left(f'_t(t,\xi_1(t),\cdots,\xi_n(t))+\sum_{i=1}^{n}f'_{x_i}(t,\xi_1(t),\cdots,\xi_n(t))a_i(t,\omega)+\right.\\
&\left.\frac{1}{2}\sum_{i,j=1}^{n}f''_{x_ix_j}(t,\xi_1(t),\cdots,\xi_n(t))\sum_{k=1}^{m}b_{ik}(t,\omega)b_{jk}(t,\omega)\right)\mathrm{d}t+\\
&\sum_{j=1}^{n}\left(\sum_{i=1}^{n}f'_{x_i}(t,\xi_1(t),\cdots,\xi_n(t))b_{ij}(t,\omega)\right)\mathrm{d}B_j(t)\ .
\end{aligned}
$$

例 7.4.9 设 $\{(B_1(t),B_2(t))^{\mathrm{T}},t\in[0,T]\}$ 为二维标准布朗运动, 二维伊藤过程 $\boldsymbol{\xi}=\left\{(\xi_1(t),\xi_2(t))^{\mathrm{T}},t\in[0,T]\right\}$ 具有如下伊藤微分形式:

$$
\begin{cases}
\mathrm{d}\xi_1(t)=a_1(t,\omega)\mathrm{d}t+b_{11}(t,\omega)\mathrm{d}B_1(t),\\
\mathrm{d}\xi_2(t)=a_2(t,\omega)\mathrm{d}t+b_{21}(t,\omega)\mathrm{d}B_1(t)+b_{22}(t,\omega)\mathrm{d}B_2(t),
\end{cases}
$$

则 $\{\xi_1(t)\xi_2(t),t\in[0,T]\}$ 也为伊藤过程, 我们求其伊藤微分形式.

解 令 $f(x_1,x_2)=x_1x_2$, 则

$$
\begin{aligned}
&f'_{x_1}(x_1,x_2)=x_2,\quad f'_{x_2}(x_1,x_2)=x_1,\\
&f''_{x_1x_1}(x_1,x_2)=f''_{x_2x_2}(x_1,x_2)=0,\quad f''_{x_1x_2}(x_1,x_2)=1.
\end{aligned}
$$

由伊藤公式知

$$
\begin{aligned}
&\mathrm{d}f(\xi_1(t),\xi_2(t))\\
=&\left\{\xi_2(t)a_1(t,\omega)+\xi_1(t)a_2(t,\omega)+\right.\\
&\frac{1}{2}\left[f''_{x_1x_2}(t,\xi_1(t),\xi_2(t))\Big(b_{11}(t,\omega)b_{21}(t,\omega)+b_{12}(t,\omega)b_{22}(t,\omega)\Big)+\right.\\
&\left.\left.\quad f''_{x_2x_1}(t,\xi_1(t),\xi_2(t))\Big(b_{21}(t,\omega)b_{11}(t,\omega)+b_{22}(t,\omega)b_{12}(t,\omega)\Big)\right]\right\}\mathrm{d}t+\\
&\Big(\xi_2(t)b_{11}(t,\omega)+\xi_1(t)b_{21}(t,\omega)\Big)\mathrm{d}B_1(t)+\\
&\Big(\xi_2(t)b_{12}(t,\omega)+\xi_1(t)b_{22}(t,\omega)\Big)\mathrm{d}B_2(t),
\end{aligned}
$$

由于 $b_{12}(t,\omega)=0$, 整理得

$$\begin{aligned}\mathrm{d}f(\xi_1(t),\xi_2(t))=&\Big(\xi_2(t)a_1(t,\omega)+\xi_1(t)a_2(t,\omega)+b_{11}(t,\omega)b_{21}(t,\omega)\Big)\mathrm{d}t+\\&\Big(\xi_2(t)b_{11}(t,\omega)+\xi_1(t)b_{21}(t,\omega)\Big)\mathrm{d}B_1(t)+\\&\xi_1(t)b_{22}(t,\omega)\mathrm{d}B_2(t)\ .\end{aligned}$$

□

§7.5 伊藤随机微分方程

设 $(\Omega,\mathscr{F},P)$ 为一个完备的概率空间, $\mathbb{F}=\{\mathscr{F}_t,t\in[0,T]\}$ 为一个满足通常条件的 σ-域流, $B=\{B_t,t\in[0,T]\}$ 为关于 $(P,\mathbb{F})$ 的标准布朗运动. 设 $a(t,x)$ 与 $b(t,x)$ 为两个关于 t,x 的可测函数, 给定一个关于 $\mathscr{F}_0$ 可测的随机变量 η, 我们考虑如下随机微分方程:

$$\begin{cases}\mathrm{d}X_t=a(t,X_t)\mathrm{d}t+b(t,X_t)\mathrm{d}B_t,\\ X_0\ =\eta.\end{cases}\tag{7.13}$$

§7.5.1 存在唯一性定理

定义 7.5.1 设 $X=\{X_t,t\in[0,T]\}$ 是一个轨道连续的 $\mathbb{F}$-适应过程, 我们称 ξ 是随机微分方程 (7.13) 的**强解**, 如果 X 满足

$$P\left(\int_0^T|a(u,X_u)|\mathrm{d}u<+\infty\right)=1,$$
$$P\left(\int_0^T b(u,X_u)^2\mathrm{d}u<+\infty\right)=1,$$

且对任意 $t\in[0,T]$,

$$X_t=\eta+\int_0^t a(u,X_u)\mathrm{d}u+\int_0^t b(u,X_u)\mathrm{d}B_u,\quad \text{a.s.}\tag{7.14}$$

当然, 对任意的函数 $a(t,x)$ 与 $b(t,x)$, 以及任意关于 $\mathscr{F}_0$ 可测的随机变量 η, 随机微分方程 (7.13) 不一定有强解. 我们关心的是当 $a(t,x)$,$b(t,x)$ 及 η 满足什么条件时, 随机微分方程 (7.13) 存在唯一的强解.

定理 7.5.2 如果可测函数 $a(t,x)$ 与 $b(t,x)$ 满足:

(1) 利普希茨条件: 存在常数 k, 满足对 $\forall t \in [0,T]$, $\forall x, y \in \mathbb{R}$,

$$|a(t,x)-a(t,y)|+|b(t,x)-b(t,y)| \leqslant k|x-y|\ ;$$

(2) 线性增长条件: 存在常数 $c>0$ 使得

$$|a(t,x)|+|b(t,x)| \leqslant c(1+|x|).$$

如果 $P(|\eta|<+\infty)=1$, 则随机微分方程 (7.13) 存在唯一的强解 $\{X_t, t \in [0,T]\}$. 更进一步, 如果 $E\left(\eta^{2m}\right)<+\infty$, 其中 $m \leqslant 1$, 则存在常数 c_m 使得

$$E(X_t^{2m}) \leqslant \left(1+E(\eta^{2m})\right)\mathrm{e}^{c_m t}-1\ .$$

证明略.

§7.5.2　线性随机微分方程的显示解

本节我们将给出几个能求出显示解的例子.

例 7.5.3(O-U 过程)　设 $X=\{X_t, t\in[0,T]\}$ 满足如下 Ornstein–Uhlenbeck 方程

$$\begin{cases} \mathrm{d}X_t = -\mu X_t \mathrm{d}t + \sigma \mathrm{d}B_t, \\ X_0 \ \ = \eta, \end{cases}$$

其中 μ, σ 为常数, η 满足 $P(|\eta|<+\infty)=1$, 试给出其显示解.

解　对 $\mathrm{e}^{\mu t}X_t$ 运用伊藤公式, 易知

$$\begin{aligned} \mathrm{d}(\mathrm{e}^{\mu t}X_t) &= X_t\mu \mathrm{e}^{\mu t}\mathrm{d}t + \mathrm{e}^{\mu t}\mathrm{d}X_t \\ &= \mathrm{e}^{\mu t}(X_t\mu\mathrm{d}t + \mathrm{d}X_t) \\ &= \mathrm{e}^{\mu t}\sigma\mathrm{d}B_t, \end{aligned}$$

从而

$$\mathrm{e}^{\mu t}X_t = \eta + \int_0^t \mathrm{e}^{\mu u}\sigma\mathrm{d}B_u,$$

故随机微分方程的解为

$$X_t = \eta\mathrm{e}^{-\mu t} + \int_0^t \mathrm{e}^{-\mu(t-u)}\sigma\mathrm{d}B_u. \qquad \square$$

图 7.5 是 2 条 O-U 过程的轨道, 其中 $\mu=6$, $\sigma=0.5$, 初始值 $X_0=1$.

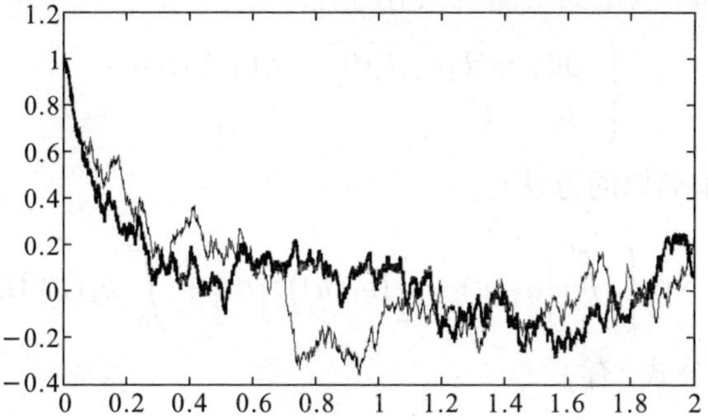

图 7.5

例 7.5.4(几何布朗运动) 设 S_t 为 t 时刻某种股票的价格, 它满足如下随机微分方程:

$$\begin{cases} \mathrm{d}S_t = S_t\mu\mathrm{d}t + S_t\sigma\mathrm{d}B_t, \\ S_0 \ = s_0, \end{cases}$$

其中 μ,σ 为常数 (μ 称为收益率, σ 称为波动率), 试给出其显示解.

解 对 $\ln(S_t)$ 运用伊藤公式, 有

$$\begin{aligned} \mathrm{d}\ln(S_t) &= \frac{1}{S_t}\mathrm{d}S_t - \frac{1}{2}\frac{1}{S_t^2}S_t^2\sigma^2\mathrm{d}t \\ &= \mu\mathrm{d}t + \sigma\mathrm{d}B_t - \frac{1}{2}\sigma^2\mathrm{d}t \\ &= \left(\mu - \frac{1}{2}\sigma^2\right)\mathrm{d}t + \sigma\mathrm{d}B_t, \end{aligned}$$

从而

$$\ln(S_t) = \ln s_0 + \left(\mu - \frac{1}{2}\sigma^2\right)t + \sigma B_t,$$

故该随机微分方程的解为

$$S_t = s_0\exp\left[\left(\mu - \frac{1}{2}\sigma^2\right)t + \sigma B_t\right].$$ □

例 7.5.5(一般的线性方程) 设 $X = \{X_t, t \in [0,T]\}$ 是如下随机微分方程:

$$\begin{cases} \mathrm{d}X_t = (a_1(t)X_t + a_2(t))\mathrm{d}t + (b_1(t)X_t + b_2(t))\mathrm{d}B_t, \\ X_0 \ = x_0, \end{cases}$$

其中 $a_1(t)$, $a_2(t)$, $b_1(t)$, $b_2(t)$ 是 t 的有界可测函数, 求其显示解.

解 首先设 $\varPhi_t$ 满足如下随机微分方程:

$$\begin{cases} \mathrm{d}\varPhi_t = \varPhi_t a_1(t)\mathrm{d}t + \varPhi_t b_1(t)\mathrm{d}B_t, \\ \varPhi_0 = 1. \end{cases}$$

利用例 7.5.4 类似的方法可得

$$\varPhi_t = \exp\left\{ \int_0^t \left[a_1(u) - \frac{1}{2}(b_1(u))^2\right]\mathrm{d}u + \int_0^t b_1(u)\mathrm{d}B_u \right\}.$$

对 $\varPhi_t^{-1}$ 运用伊藤公式, 有

$$\begin{aligned} \mathrm{d}\varPhi_t^{-1} &= -\varPhi_t^{-2}\mathrm{d}\varPhi_t + \frac{1}{2} \times 2\varPhi_t^{-3}\varPhi_t^2(b_1(t))^2\mathrm{d}t \\ &= \varPhi_t^{-1}[-a_1(t) + (b_1(t))^2]\mathrm{d}t - \varPhi_t^{-1}b_1(t)\mathrm{d}B_t \ . \end{aligned}$$

再对 $\varPhi_t^{-1}X_t$ 运用伊藤公式, 有

$$\begin{aligned} &\mathrm{d}(\varPhi_t^{-1}X_t) \\ &= \varPhi_t^{-1}\mathrm{d}X_t + X_t\mathrm{d}\varPhi_t^{-1} - \varPhi_t^{-1}b_1(t)(b_1(t)X_t + b_2(t))\mathrm{d}t \\ &= \varPhi_t^{-1}\Big[(a_1(t)X_t + a_2(t))\mathrm{d}t + (b_1(t)X_t + b_2(t))\mathrm{d}B_t\Big] + \\ &\quad X_t\Big\{\varPhi_t^{-1}[-a_1(t) + (b_1(t))^2]\mathrm{d}t - \varPhi_t^{-1}b_1(t)\mathrm{d}B_t\Big\} - \\ &\quad \varPhi_t^{-1}b_1(t)(b_1(t)X_t + b_2(t))\mathrm{d}t \\ &= (a_1(t)\varPhi_t^{-1}X_t + a_2(t)\varPhi_t^{-1})\mathrm{d}t + (b_1(t)\varPhi_t^{-1}X_t + b_2(t)\varPhi_t^{-1})\mathrm{d}B_t + \\ &\quad \varPhi_t^{-1}X_t[-a_1(t) + (b_1(t))^2]\mathrm{d}t - \varPhi_t^{-1}X_t b_1(t)\mathrm{d}B_t - \\ &\quad [\varPhi_t^{-1}X_t(b_1(t))^2 + \varPhi_t^{-1}b_1(t)b_2(t)]\mathrm{d}t \\ &= \varPhi_t^{-1}(a_2(t) - b_1(t)b_2(t))\mathrm{d}t + \varPhi_t^{-1}b_2(t)\mathrm{d}B_t \ , \end{aligned}$$

从而

$$\varPhi_t^{-1}X_t = x + \int_0^t \varPhi_u^{-1}(a_2(u) - b_1(u)b_2(u))\mathrm{d}u + \int_0^t \varPhi_u^{-1}b_2(u)\mathrm{d}B_u \ ,$$

故该随机微分方程的解为

$$X_t = \Phi_t\left[x + \int_0^t \Phi_u^{-1}(a_2(u) - b_1(u)b_2(u))\mathrm{d}u + \int_0^t \Phi_u^{-1}b_2(u)\mathrm{d}B_u\right]. \qquad \square$$

注 为了直观起见, 我们这里给一幅图. 图 7.6 中, 细线表示布朗运动的轨道, 粗线表示当参数 $a_1 = -0.7, a_2 = 0.5, b_1 = 0.5, b_2 = 0.6$, 初始值 $X_0 = 1$ 时例 7.5.5 随机微分方程的解的一条轨道. 由图 7.6 可以看出随机微分方程的解更能拟合股价曲线.

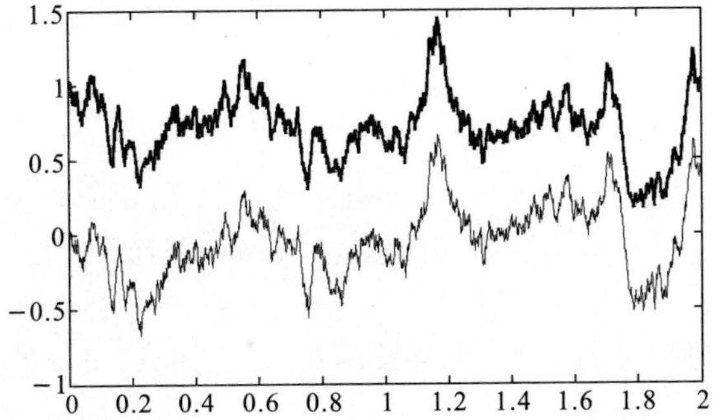

图 7.6

§7.5.3 解的基本特性

性质 7.5.6 设 $a(t,x)$, $b(t,x)$ 与 η 是满足定理 7.5.2 的条件的确定连续函数, 则随机微分方程 (7.13) 的唯一强解是马尔可夫过程.

证明 (证明不作要求) 对 $0 \leqslant s < t$, 我们只需证明在 X_s 已知的条件下, X_t 与 $\{X_u, 0 \leqslant u < s\}$ 独立. 实际上, 由性质 7.3.9 的 (2) 知

$$X_t = X_s + \int_s^t a(u, X_u)\mathrm{d}u + \int_s^t b(u, X_u)\mathrm{d}B_u,$$

这说明 X_t 只依赖于 X_s, $\{X_u, u \in [s,t]\}$ 和 $\{\Delta B_u, u \in [s,t]\}$, 这里 $\Delta B_u = B_{u+\Delta u} - B_u$ 是 B_u 的增量. 而 $\{X_u, u \in [s,t]\}$ 也只依赖于 X_s 和 $\{\Delta B_u, u \in [s,t]\}$, 因此 X_t, $t > s$ 只依赖于 X_s 和 $\{\Delta B_u, u \in [s,t]\}$. 同样地, 由

$$X_u = \eta + \int_0^u a(l, X_l)\mathrm{d}l + \int_0^u b(l, X_l)\mathrm{d}B_l$$

可知,X_u, $0 \leqslant u < s$ 只依赖于 η 和 $\{\Delta B_l, l \in [0,s)\}$. 由于 B 为 $(P,\mathbb{F})$ 布朗运动, $\{\Delta B_u, u \in [s,t]\}$ 与 $\mathscr{F}_s$ 独立, 从而 $\{\Delta B_u, u \in [s,t]\}$ 与 $\{\eta, \Delta B_l, l \in [0,s)\}$ 独立, 这说明在 X_s 已知的条件下, X_t 与 $\{X_u, 0 \leqslant u < s\}$ 独立. $\square$

既然随机微分方程 (7.13) 的解是一个马尔可夫过程, 我们能否求出其转移密度函数呢? 我们先来看一个例子.

例 7.5.7　设 $a(t)$, $b(t)$ 为确定性的关于 t 的连续函数, x_0 为确定的数, 试求:

$$\begin{cases} \mathrm{d}X_t = a(t)\mathrm{d}t + b(t)\mathrm{d}B_t, \\ X_0 \ = x_0 \end{cases}$$

的解过程的转移密度函数 $f(s,t;x,y)$.

解　对 $0 \leqslant s < t \leqslant T$, 我们求已知 $X_s = x$ 的条件下 X_t 的分布,

$$\begin{aligned} X_t &= X_s + \int_s^t a(u)\mathrm{d}u + \int_s^t b(u)\mathrm{d}B_u \\ &= x + \int_s^t a(u)\mathrm{d}u + \int_s^t b(u)\mathrm{d}B_u. \end{aligned}$$

由于 $a(t)$, $b(t)$ 为确定性的关于 t 的连续函数, 故已知 $X_s = x$ 的条件下 X_t 为正态分布, 且

$$\begin{aligned} E(X_t|X_s = x) &= x + \int_s^t a(u)\mathrm{d}u, \\ D(X_t|X_s = x) &= \int_s^t (b(u))^2\mathrm{d}u, \end{aligned}$$

从而 $(X_t|X_s = x) \sim N\left(x + \int_s^t a(u)\mathrm{d}u, \int_s^t b(u)^2\mathrm{d}u\right)$, 故解过程的转移密度函数

$$f(s,t;x,y) = \frac{1}{\sqrt{2\pi}\left[\int_s^t (b(u))^2\mathrm{d}u\right]^{1/2}} \exp\left[-\frac{\left(y - x - \int_s^t a(u)\mathrm{d}u\right)^2}{\int_s^t (b(u))^2\mathrm{d}u}\right].\square$$

一般地, 我们有如下性质:

性质 7.5.8　设 $X = \{X_t, t \in [0,T]\}$ 是如下随机微分方程的强解:

$$\begin{cases} \mathrm{d}X_t = a(X_t)\mathrm{d}t + b(X_t)\mathrm{d}B_t, \\ X_0 \ = x_0, \end{cases}$$

其中 $a(x)$, $b(x)$ 满足定理 7.5.2 的条件 (不显含 t), 则 $X = \{X_t, t \in [0,T]\}$ 为齐

次马尔可夫过程, 其转移密度函数 $p(t;x,y)$ 满足如下方程:

$$\begin{cases} \text{后退方程:} & \dfrac{\partial p}{\partial t} = a(x)\dfrac{\partial p}{\partial x} + \dfrac{1}{2}(b(x))^2\dfrac{\partial^2 p}{\partial x^2}, \\ \text{前进方程:} & \dfrac{\partial p}{\partial t} = -\dfrac{\partial}{\partial x}\big(a(y)p(t;x,y)\big) + \dfrac{1}{2}\dfrac{\partial^2}{\partial x^2}\big((b(y))^2 p(t;x,y)\big). \end{cases}$$

下面定理反映了随机微分方程的解的扩散性质:

定理 7.5.9 设 $X = \{X_t, t \in [0,T]\}$ 是如下随机微分方程的强解:

$$\begin{cases} \mathrm{d}X_t = a(t,X_t)\mathrm{d}t + b(t,X_t)\mathrm{d}B_t, \\ X_0 \ = \eta, \end{cases}$$

其中 $B = \{B_t, t \in [0,T]\}$ 为标准布朗运动, $a(t,x)$, $b(t,x)$ 是满足定理 7.5.2 的条件的二元连续函数, η 满足 $E(|\eta|)^2 < +\infty$, 则

$$\lim_{h\to 0}\frac{1}{h}E\left[(X_{t+h}-x)\middle|X_t = x\right] = a(t,x),$$

$$\lim_{h\to 0}\frac{1}{h}E\left[(X_{t+h}-x)^2\middle|X_t = x\right] = (b(t,x))^2 .$$

证明略.

*§7.6 金 融 应 用

设 $\{B(t), t\in[0,T]\}$ 为任意给定的布朗运动, $\mathbb{F} = \{\mathscr{F}_t, t\in[0,T]\}$ 为布朗域流. 我们假设市场上只有一种风险资产 (股票), 其价格过程 S_t 满足如下随机微分方程:

$$\mathrm{d}S_t = \mu S_t \mathrm{d}t + \sigma S_t \mathrm{d}B(t). \tag{7.15}$$

设 r 为银行利率, t 时刻投资者的投资策略为持有头寸 $\varDelta_t$ (持有 $\varDelta_t$ 份股票), 易知 $\varDelta = \{\varDelta_t, t\in[0,T]\}$ 为 $\mathbb{F}$-适应过程. 相应的财富过程 X_t 由两部分组成: 投资在股票的资金 $\varDelta_t S_t$ 与存银行的资金 $X_t - \varDelta_t S_t$.

定义 7.6.1 称 $\varDelta$ 为**自融资策略**, 如果相应的财富过程满足

$$\mathrm{d}X_t = \varDelta_t \mathrm{d}S_t + r(X_t - \varDelta_t S_t)\mathrm{d}t.$$

如果 $\varDelta$ 为自融资策略, 则

$$\begin{aligned} \mathrm{d}X_t &= \varDelta_t \mathrm{d}S_t + r(X_t - \varDelta_t S_t)\mathrm{d}t \\ &= \varDelta_t(\mu S_t \mathrm{d}t + \sigma S_t \mathrm{d}B(t)) + r(X_t - \varDelta_t S_t)\mathrm{d}t \\ &= rX_t \mathrm{d}t + \varDelta_t(\mu - r)S_t \mathrm{d}t + \varDelta_t \sigma S_t \mathrm{d}B(t). \end{aligned}$$

如果我们用 $\overline{S}_t := S_t \mathrm{e}^{-rt}$ 表示贴现的股价, 用 $\overline{X}_t := X_t \mathrm{e}^{-rt}$ 表示贴现的财富过程, 则

$$\begin{aligned}\mathrm{d}\overline{S}_t &= \overline{S}_t(\mu - r)\mathrm{d}t + \overline{S}_t \sigma \mathrm{d}B(t)\\ \mathrm{d}\overline{X}_t &= \Delta_t(\mu - r)S_t\mathrm{d}t + \Delta_t \sigma S_t \mathrm{d}B(t)\\ &= \Delta_t \mathrm{d}\overline{S}_t\ .\end{aligned}$$

§7.6.1 Girsanov 定理与等价鞅测度

设 $\Theta \in \mathscr{L}_{\mathrm{loc}}$ 为给定的 $\mathbb{F}$-适应过程, 令

$$Z_t = \exp\Big(-\int_0^t \Theta(u)\mathrm{d}B(u) - \frac{1}{2}\int_0^t \Theta(u)^2\mathrm{d}u\Big),$$

由伊藤公式易知

$$\mathrm{d}Z_t = -Z_t \Theta(u)\mathrm{d}B(u),$$

从而 $\{Z_t, t \geqslant 0\}$ 为局部鞅. 如果 $\{Z_t, t \geqslant 0\}$ 为鞅, $E(Z_t) = 1$, 我们就可以引入一个新的概率测度:

$$\begin{aligned}\widetilde{E}(X) &:= E(XZ_T),\\ \widetilde{P}(A) &:= E(\mathbb{1}_A Z_T),\end{aligned}$$

由于 $Z_T > 0$, $\widetilde{P} \sim P$.

引理 7.6.2 给定 s, t 满足 $0 \leqslant s < t \leqslant T$, 设 Y 为任意关于 $\mathscr{F}_t$-可测的随机变量, 且满足 $\widetilde{E}(|Y|) < +\infty$, 则

$$\widetilde{E}(Y|\mathscr{F}_s) = \frac{E(YZ_t|\mathscr{F}_s)}{Z_s}, \quad \text{a.s.}$$

推论 7.6.3 M 为 $(\widetilde{P}, \mathbb{F})$-鞅当且仅当 MZ 为 $(P, \mathbb{F})$-鞅.

定理 7.6.4(Girsanov 定理) 设 $\Theta \in \mathscr{L}_{\mathrm{loc}}$ 为给定的 $\mathbb{F}$- 适应过程, Z 与 $\widetilde{P}$ 见上面的定义, 且 Z 为 $(P, \mathbb{F})$- 鞅, 令

$$\widetilde{B}(t) := B(t) + \int_0^t \Theta(u)\mathrm{d}u,$$

则 $\{\widetilde{B}(t), t \in [0, T]\}$ 在测度 $\widetilde{P}$ 下为布朗运动.

证明 由伊藤公式知

$$\begin{aligned}\widetilde{B}(t)Z_t &= \int_0^t Z_u \mathrm{d}\widetilde{B}(u) + \int_0^t \widetilde{B}(u)\mathrm{d}Z_u + \langle \widetilde{B}, Z\rangle_t \\ &= \int_0^t Z_u \mathrm{d}B(u) + \int_0^t Z_u \Theta_u \mathrm{d}u + \int_0^t \widetilde{B}(u)\mathrm{d}Z_u - \int_0^t Z_u\Theta_u \mathrm{d}u \\ &= \int_0^t (Z_u - \widetilde{B}(u)Z_u\Theta_u)\mathrm{d}B(u),\end{aligned}$$

易知 $\widetilde{B}(t)Z_t$ 为 P 下的局部鞅, 从而 $\widetilde{B}(t)$ 为 $\widetilde{P}$ 下的局部鞅, 且 $\langle \widetilde{B}, \widetilde{B}\rangle_t = t$, 由莱维定理 (定理 7.3.16) 知 $\widetilde{B}(t)$ 为 $\widetilde{P}$ 下的布朗运动. □

定义 7.6.5 测度 $\widetilde{P}$ 称为**等价鞅测度**, 如果

(1) $\widetilde{P}$ 与 P 等价;

(2) 贴现后的股价 $\overline{S}_t(= S_t\mathrm{e}^{-rt})$ 在 $\widetilde{P}$ 下为局部鞅.

当股价满足如下 SDE:

$$\mathrm{d}S_t = \mu S_t \mathrm{d}t + \sigma S_t \mathrm{d}B(t),$$

如果我们引入测度:$\widetilde{E}(X) = E(XZ_T)$, 其中

$$Z_t := \mathrm{e}^{-\frac{\mu-r}{\sigma}B(t) - \frac{1}{2}\frac{(\mu-r)^2}{\sigma^2}t},$$

由 Girsanov 定理知, $\widetilde{B}(t) := B(t) + \dfrac{\mu - r}{\sigma}t$ 为 $\widetilde{P}$ 下的布朗运动, 此时贴现的股价 $\overline{S}$ 满足

$$\begin{aligned}\mathrm{d}\overline{S}_t &= \overline{S}_t(\mu - r)\mathrm{d}t + \overline{S}_t\sigma \mathrm{d}B(t) \\ &= \overline{S}_t \sigma \mathrm{d}\widetilde{B}(t),\end{aligned}$$

易知 $\overline{S}$ 关于 $\widetilde{P}$ 为鞅. 因此 $\widetilde{P}$ 就为等价鞅测度.

§7.6.2 欧式期权定价

对于给定的敲定价 K, T 到期的欧式看涨期权的支付 (payoff) 为 $(S_T - K)^+$. 下面我们来计算欧式期权在 t 时刻的定价:

$$V_t = \widetilde{E}[\mathrm{e}^{-r(T-t)}(S_T - K)^+ | \mathscr{F}_t] .$$

由 $S_{\mathbb{T}}$ 的马尔可夫性知

$$V_t = c(t, S_t),$$

且

$$\mathrm{e}^{-rt}V_t = \widetilde{E}[\mathrm{e}^{-rT}(S_T - K)^+ | \mathscr{F}_t]$$

关于 $\widetilde{P}$ 为鞅. 易知

$$\mathrm{d}S_t = S_t r \mathrm{d}t + S_t \sigma \mathrm{d}\widetilde{B}(t).$$

由伊藤公式, 知

$$\mathrm{d}c(t,S_t) = c_t \mathrm{d}t + c_x(t,S_t)S_t r \mathrm{d}t + c_x(t,S_t)S_t\sigma \mathrm{d}\widetilde{B}(t) + \frac{1}{2}c_{xx}(t,S_t)S_t^2\sigma^2 \mathrm{d}t,$$

从而

$$\begin{aligned}\mathrm{d}(\mathrm{e}^{-rt}c(t,S_t)) &= -r\mathrm{e}^{-rt}c(t,S_t)\mathrm{d}t + \mathrm{e}^{-rt}c_t\mathrm{d}t + \mathrm{e}^{-rt}c_x(t,S_t)S_t r\mathrm{d}t + \\ &\quad \mathrm{e}^{-rt}c_x(t,S_t)S_t\sigma\mathrm{d}\widetilde{B}(t) + \frac{1}{2}\mathrm{e}^{-rt}c_{xx}(t,S_t)S_t^2\sigma^2\mathrm{d}t \\ &= \mathrm{e}^{-rt}\Big(-rc(t,S_t) + c_t + c_x(t,S_t)S_t r + \frac{1}{2}c_{xx}(t,S_t)S_t^2\sigma^2\Big)\mathrm{d}t + \\ &\quad \mathrm{e}^{-rt}c_x(t,S_t)S_t\sigma\mathrm{d}\widetilde{B}(t).\end{aligned}$$

由于 $\mathrm{e}^{-rt}c(t,S_t)$ 关于 $\widetilde{P}$ 为鞅, 故

$$-rc(t,S_t) + c_t + c_x(t,S_t)S_t r + \frac{1}{2}c_{xx}(t,S_t)S_t^2\sigma^2 = 0,$$

于是我们得到如下偏微分方程:

$$\begin{cases} rc(t,x) = c_t + rc_x(t,x)x + \dfrac{1}{2}\sigma^2 c_{xx}(t,x)x^2, \\ c(T,x) = (x-K)^+ . \end{cases} \tag{7.16}$$

方程 (7.16) 又称为**布莱克 – 斯科尔斯 (Black-Scholes) 方程**. 解布莱克 – 斯科尔斯方程可得

$$c(t,x) = xN\Big(d_+(T-t,x)\Big) - K\mathrm{e}^{-r(T-t)}N\Big(d_-(T-t,x)\Big),$$

其中

$$d_\pm(T-t,x) = \frac{1}{\sigma\sqrt{T-t}}\Big[\ln\Big(\frac{x}{K}\Big) + \Big(r \pm \frac{\sigma^2}{2}\Big)(T-t)\Big],$$

$N(y)$ 是标准正态分布的累积分布函数:

$$N(y) = \frac{1}{\sqrt{2\pi}}\int_{-\infty}^{y} \mathrm{e}^{-\frac{x^2}{2}}\mathrm{d}x .$$

*§7.7 补充与注记

A. 鞅的表示定理

记

$$\mathscr{L}^{2,n} := \left\{\theta \middle| \theta\text{是 } n \text{ 维 } \mathbb{F}\text{-适应过程, 且满足}E\left(\int_0^T \|\theta(u)\|^2 \mathrm{d}u\right) < +\infty\right\},$$

$$\mathscr{L}_{\mathrm{loc}}^{2,n} := \left\{\theta \middle| \theta \text{ 是 } n \text{ 维 } \mathbb{F}\text{-适应过程, 且满足 } \int_0^T \|\theta(u)\|^2 \mathrm{d}u < +\infty.\right\}.$$

定理 7.7.1 设 $\{\boldsymbol{B}(t), t\in[0,T]\}$, $\boldsymbol{B}(t) := (B_1(t),\cdots,B_n(t))$ 是概率空间 $(\Omega,\mathscr{F},P)$ 上的 n 维布朗运动, $\mathbb{F}=\{\mathscr{F}_t, t\in[0,T]\}$ 是该布朗运动生成的自然域流, $M=\{M(t), t\in[0,T]\}$ 是任意平方可积的 $(P,\mathbb{F})$- 鞅, 则存在 n 维 $\mathbb{F}$-适应过程 $\boldsymbol{\theta}(u)=(\theta_1(u),\cdots,\theta_n(u))\in\mathscr{L}^{2,n}$ 使得

$$\begin{aligned} M(t) &= M(0) + \int_0^t \theta_1(u)\mathrm{d}B_1(u) + \cdots + \int_0^t \theta_n(u)\mathrm{d}B_n(u) \\ &= M(0) + \int_0^t \boldsymbol{\theta}(u)\mathrm{d}\boldsymbol{B}(u). \end{aligned}$$

推论 7.7.2 条件同定理 7.7.1, $M=\{M(t), t\in[0,T]\}$ 是任意 $(P,\mathbb{F})$-局部鞅, 则存在 d 维 $\mathbb{F}$-适应的过程 $\boldsymbol{\theta}(u)=(\theta_1(u),\cdots,\theta_n(u))\in\mathscr{L}_{\mathrm{loc}}^{2,n}$ 使得

$$\begin{aligned} M(t) &= M(0) + \int_0^t \theta_1(u)\mathrm{d}B_1(u) + \cdots + \int_0^t \theta_n(u)\mathrm{d}B_n(u) \\ &= M(0) + \int_0^t \boldsymbol{\theta}(u)\cdot\mathrm{d}\boldsymbol{B}(u). \end{aligned}$$

B. **Feynman-Kac 公式**

定理 7.7.3(Feynman-Kac 公式) 设 X_t 是如下随机微分方程的解:

$$\mathrm{d}X_t = a(t,X_t)\mathrm{d}t + b(t,X_t)\mathrm{d}B(t),$$

其中 $B=\{B_t, t\in[0,T]\}$ 为标准布朗运动, $a(t,x)$, $b(t,x)$ 是满足定理 7.5.2 的条件的二元连续函数, 令

$$g(t,x) := E(h(X_T)|X_t=x) = E(h(X_T)|\mathscr{F}_t),$$

则 $g(t,x)$ 是如下偏微分方程 (PDE) 的解:

$$\begin{cases} \dfrac{\partial g}{\partial t}(t,x) + a(t,x)\dfrac{\partial g}{\partial x}(t,x) + \dfrac{1}{2}(b(t,x))^2\dfrac{\partial^2 g}{\partial x^2}(t,x) = 0, \\ g(T,x) = h(x). \end{cases}$$

由于该随机微分方程的解为马尔可夫过程, 设其转移密度函数为 $p(s,t;x,y)$, $p(s,t;x,y)$ $(s<t)$ 可以看成 X_t 关于 $X_s=x$ 的条件密度函数, 则对任意有界函数 $h(x)$, 都有

$$g(s,x)=E(h(X_t)|X_s=x)=\int_{\mathbb{R}}h(y)p(s,t;x,y)\mathrm{d}y.$$

另一方面, 由 Feynman-Kac 公式知 $g(s,x)$ 满足如下偏微分方程:

$$\begin{cases}\dfrac{\partial g}{\partial s}(s,x)+a(s,x)\dfrac{\partial g}{\partial x}(s,x)+\dfrac{1}{2}(b(s,x))^2\dfrac{\partial^2 g}{\partial x^2}(s,x)=0, s<t,\\ g(t,x)=h(x).\end{cases}$$

将 $g(s,x)=\int_{\mathbb{R}}h(y)p(s,t;x,y)\mathrm{d}y$ 代入该偏微分方程得

$$\int_{\mathbb{R}}h(y)\Big[\frac{\partial p}{\partial s}p_s(s,t;x,y)+a(s,x)\frac{\partial p}{\partial x}(s,t;x,y)+\frac{1}{2}b(s,x)^2\frac{\partial^2 p}{\partial x^2}(s,t;x,y)\Big]\mathrm{d}y=0.$$

对所有的有界可测函数 $h(y)$ 都成立. 从而

$$\frac{\partial}{\partial s}p(s,t;x,y)+a(s,x)\frac{\partial}{\partial x}p(s,t;x,y)+\frac{1}{2}(b(s,x))^2\frac{\partial^2}{\partial x^2}p(s,t;x,y)=0,$$

此即**柯尔莫哥洛夫向后方程**. 还可以证明 $p(s,t;x,y)$ 满足如下柯尔莫哥洛夫向前方程:

$$\frac{\partial}{\partial t}p(s,t;x,y)-a(t,y)\frac{\partial}{\partial y}p(s,t;x,y)+\frac{1}{2}b(s,y)^2\frac{\partial^2}{\partial y^2}p(s,t;x,y)=0.$$

例 7.7.4(CIR 利率模型)　设 R_t 为零息票债券的利率, 满足如下随机微分方程:

$$\begin{cases}\mathrm{d}R(t)=(a-bR(t))\mathrm{d}t+\sigma\sqrt{R(t)}\mathrm{d}B(t),\\ R(0)>0,\end{cases}$$

其中 $B=\{B(t),t\in[0,T]\}$ 为标准布朗运动, a,b,σ 为常数. 在 T 时刻到期的零息票在 t 时刻的价值为

$$\begin{aligned}B(t,T)&=E\Big(\mathrm{e}^{-\int_t^T R(u)\mathrm{d}u}|\mathscr{F}_t\Big)\\ &:=f(t,R(t)),\qquad(\text{马尔可夫性})\end{aligned}$$

由 Feynman-Kac 公式知 $f(t,r)$ 满足如下偏微分方程:

$$\begin{cases} \dfrac{\partial f(t,r)}{\partial t}+(a+br)\dfrac{\partial f(t,r)}{\partial r}+\dfrac{1}{2}\sigma^2 r\dfrac{\partial^2 f(t,r)}{\partial r^2}=rf(t,r), \\ f(T,r)=1, \end{cases}$$

这个偏微分方程的解具有如下形式:

$$f(t,r)=\mathrm{e}^{-rC(t,T)-A(t,T)},$$

其中 $C(t,T)$,$A(t,T)$ 是如下常微分方程的解:

$$\begin{aligned} &C'(t,T)=bC(t,T)+\frac{1}{2}\sigma^2 C(t,T)-1, \\ &A'(t,T)=-aC(t,T), \\ &C(T,T)=A(T,T)=0. \end{aligned}$$

求解常微分方程得

$$C(t,T)=\frac{\sinh[\lambda(T-t)]}{\lambda\cosh[\lambda(T-t)]+\dfrac{1}{2}\,b\sinh[\lambda(T-t)]},$$

$$A(t,T)=-\frac{2a}{\sigma^2}\ln\left\{\frac{\lambda\mathrm{e}^{\frac{1}{2}b(T-t)}}{\lambda\cosh[\lambda(T-t)]+\dfrac{1}{2}\,b\sinh[\lambda(T-t)]}\right\},$$

其中, $\lambda=\dfrac{\sqrt{b^2+2\sigma^2}}{2}$.

另外, 由 Feynman-Kac 公式还可以得到布莱克 – 斯科尔斯方程, 在金融中有着广泛的应用, 见参考文献 [11].

习 题 七

7.1 已知随机变量 X_n 的分布为

$$\begin{pmatrix} -\sqrt{n} & 0 & \sqrt{n} \\ \dfrac{1}{n^k} & 1-\dfrac{2}{n^k} & \dfrac{1}{n^k} \end{pmatrix}.$$

求:

(1) 当 k 为何值时, X_n 几乎处处收敛于 0;

(2) 当 k 为何值时, X_n 均方收敛于 0.

7.2 设 $(X,Y)\sim N(0,\sigma_1^2;0,\sigma_2^2;\rho)$, 令 $X(t)=X+tY$, $Y(t)=\int_0^t X(u)\mathrm{d}u$. 对任意 $0\leqslant s\leqslant t$,

(1) 求 $E(X(t))$, $\mathrm{cov}(X(s),X(t))$;

(2) 求 $E(Y(t))$, $\mathrm{cov}(Y(s),Y(t))$;

(3) 证明:$X(t)$ 在 $t>0$ 上均方连续、均方可微;

(4) 求 $Y(t)$ 的均方导数.

7.3 设 $X\sim N(\mu,\sigma^2)$, Y 服从参数为 k 的几何分布, 即

$$P(Y=k)=p(1-p)^{k-1}$$

(其中 $k=1,2,\cdots,p\in(0,1)$), X 与 Y 独立. 令 $X(t)=X+\mathrm{e}^tY$, $Y(t)=\int_0^t X(u)\mathrm{d}u$. 对任意 $0\leqslant s\leqslant t$,

(1) 求 $X(t)$ 在 $t>0$ 的概率分布;

(2) 求 $E(X(t))$, $\mathrm{cov}(X(s),X(t))$;

(3) 求 $E(Y(t))$, $\mathrm{cov}(Y(s),Y(t))$.

7.4 设 $\{B_t,t\geqslant 0\}$ 是标准布朗运动, 令

$$X(t)=\frac{1}{t}\int_0^t B_u\mathrm{d}u,$$

求 $\{X(t),t\geqslant 0\}$ 的相关函数 $R(s,t)$, 并判断其均方连续性与均方可微性.

7.5 设 $\{B_t,t\geqslant 0\}$ 是标准布朗运动, $L>0$ 为确定的常数, 令

$$X(t)=\frac{1}{L}\int_t^{t+L} B_u\mathrm{d}u,$$

求 $\{X(t),t\geqslant 0\}$ 的相关函数 $R(s,t)$, 并判断其均方连续性与均方可微性.

7.6 设 $\{B_t,t\geqslant 0\}$ 是标准布朗运动, 令

$$X(t)=\int_0^t uB_u\mathrm{d}u,$$

求 $\{X(t),t\geqslant 0\}$ 的相关函数 $R(s,t)$.

7.7 设 $\{B_t,t\geqslant 0\}$ 为标准布朗运动, $t>0$, 取 $0=t_0<t_1<\cdots<t_n=t$, $\Delta t_k=t_k-t_{k-1}$, $\delta_n=\max\limits_{0\leqslant k\leqslant n}\Delta t_k$, 已知 $E(B_t^4)=3t^2$. 证明:

(1) $(L^2)\lim\limits_{\delta_n\to 0}\sum\limits_{k=1}^n B_{t_{k-1}}\left(B_{t_k}-B_{t_{k-1}}\right)=\frac{1}{2}\left(B_t^2-t\right)$;

(2) $(L^2)\lim\limits_{\delta_n\to 0}\sum\limits_{k=1}^{n}B_{t_k}\left(B_{t_k}-B_{t_{k-1}}\right)=\dfrac{1}{2}\left(B_t^2+t\right)$;

*(3) $(L^2)\lim\limits_{\delta_n\to 0}\sum\limits_{k=1}^{n}B_{t_{k-1}+\theta\Delta t_k}\left(B_{t_k}-B_{t_{k-1}}\right)=\dfrac{1}{2}\left[B_t^2-(1-2\theta)t\right]$.

7.8 设 $\{B_t,t\geqslant 0\}$ 为标准布朗运动, $h(u)$ 是一般的连续函数, $u\geqslant 0$, 记 $Y(t)=\displaystyle\int_0^t h(u)\mathrm{d}B_u$. 证明:$\{Y(t),t\geqslant 0\}$ 是鞅.

7.9 设 $\{B_t,t\geqslant 0\}$ 为标准布朗运动, 利用伊藤积分的定义证明:

$$\int_0^t u\mathrm{d}B_u=tB_t-\int_0^t B_u\mathrm{d}u.$$

7.10 设 $\{B_t,t\geqslant 0\}$ 为 $\mathbb{F}$-布朗运动,

$$\operatorname{sgn}(x)=\begin{cases}1, & x>0,\\ 0, & x=0,\\ -1, & x<0.\end{cases}$$

令 $W(t):=\displaystyle\int_0^t \operatorname{sgn}(B_u)\mathrm{d}B_u$, 证明:$\{W(t),t\geqslant 0\}$ 为 $\mathbb{F}$-布朗运动.

7.11 设 $\{B_t,t\geqslant 0\}$ 为标准布朗运动, 求下列过程的伊藤微分形式:

(1) $X_t=B_t^n$, n 为正整数;

(2) $X_t=a+bt+t\mathrm{e}^{B_t}$;

(3) $X_t=\mathrm{e}^{\mu t+\alpha B_t}$;

(4) $X_t=\mathrm{e}^{0.5t}\cos B_t$.

7.12 设 $\{B_t,t\geqslant 0\}$ 为标准布朗运动, 令

$$\mathrm{d}X_t=\mu_1(t)\mathrm{d}t+\sigma_1(t)\mathrm{d}B_t,\quad \mathrm{d}Y_t=\mu_2(t)\mathrm{d}t+\sigma_2(t)\mathrm{d}B_t,$$

求:(1) $\mathrm{d}(X_tY_t)$; (2) $\mathrm{d}(\mathrm{e}^{X_t-Y_t})$.

7.13 设 $\{B_t,t\geqslant 0\}$ 为标准布朗运动, x_0 为常数, 求解下列随机微分方程:

(1) $\mathrm{d}X_t=\mu X_t\mathrm{d}t+\sigma\mathrm{d}B_t$, $X_0=x_0$, 其中 μ, $\sigma>0$ 为常数 (此方程的解称为方程);

(2) $\mathrm{d}X_t=-X_t\mathrm{d}t+\mathrm{e}^{-t}\mathrm{d}B_t$, $X_0=x_0$;

(3) $\mathrm{d}X_t=(\mathrm{e}^{-t}+X_t)\mathrm{d}t+\sigma X_t\mathrm{d}B_t$, $X_0=x_0$, 其中 μ, $\sigma>0$ 为常数.

7.14　设 $\{B_t, t \geqslant 0\}$ 为标准布朗运动, $\{X_t, t \geqslant 0\}$ 为如下随机微分方程的解:

$$\begin{cases} \mathrm{d}X_t = (\alpha_t - \beta_t X_t)\mathrm{d}t + \gamma_t \mathrm{d}B_t, \\ X_0 \ = x_0, \end{cases}$$

其中 α_t, β_t, γ_t 为 (确定的) 连续函数.

(1) 求解该随机微分方程;

(2) 求 $E(X_t)$ 与 $D(X_t)$;

(3) 求 X_t 的转移密度函数 $p(s,t;x,y)$.

7.15　设 $\{B_t, t \geqslant 0\}$ 为标准布朗运动, 固定 $a, b \in \mathbb{R}$, 考察如下随机微分方程:

$$\begin{cases} \mathrm{d}Y_t = \dfrac{b - Y_t}{1-t}\mathrm{d}t + \mathrm{d}B_t, \\ Y_0 \ = a, \quad t \in [0,1] \end{cases}$$

(1) 求解此随机微分方程;

(2) 证明:$Y_1 = b$.

7.16　设 $\{B_t, t \geqslant 0\}$ 为 $\mathbb{F}$-布朗运动, $g = \{g(t), t \geqslant 0\} \in \mathscr{L}^2_{\mathrm{loc}}$, 令

$$Z_t := \mathrm{e}^{\int_0^t g(u)\mathrm{d}B_u - \frac{1}{2}\int_0^t g(u)^2 \mathrm{d}u},$$

求 Z_t 所满足的随机微分方程.

*7.17　设 $a(t,x)$ 与 $b(t,x)$ 为适当的函数, $g = \{g(t), t \geqslant 0\} \in \mathscr{L}^2_{\mathrm{loc}}$, X 为如下随机微分方程的解:

$$\mathrm{d}X_t = a(t, X_t)\mathrm{d}t + b(t, X_t)\mathrm{d}B_t,$$

试用 X 表示如下随机微分方程:

$$\mathrm{d}Y_t = (a(t, Y_t) + g(t)b(t, Y_t))\mathrm{d}t + b(t, Y_t)\mathrm{d}B_t$$

的解.

7.18　设 $\{B_t, t \geqslant 0\}$ 为标准布朗运动, $\{X_t, t \geqslant 0\}$ 为如下随机微分方程的解:

$$\begin{cases} \mathrm{d}X_t = \alpha_t X_t \mathrm{d}t + \beta_t X_t \mathrm{d}B_t, \\ X_0 \ = x_0, \end{cases}$$

其中 α_t, β_t 为 (确定的) 连续函数, 令 $Y_t = X_t^n$, 求:

$$\lim_{h \to 0} \frac{1}{h} E\left[(Y_{t+h} - Y_t) \middle| Y_t = y\right],$$

$$\lim_{h \to 0} \frac{1}{h} E\left[(Y_{t+h} - Y_t)^2 \middle| Y_t = y\right].$$

第八章　平 稳 过 程

§8.1　平稳过程的定义和性质

本章中, 时间空间 $\mathbb{T}=\{0,\pm1,\pm2,\cdots\}$ 或 $\mathbb{T}=(-\infty,+\infty)$.

所谓平稳过程, 粗略地说, 就是指它的概率特征不随时间推移而变化的随机过程.

§8.1.1　平稳过程的定义

定义 8.1.1　过程 $X_{\mathbb{T}}=\{X(t),t\in\mathbb{T}\}$ 称为**严 (强) 平稳过程**, 如果其联合概率 (有限维分布) 随时间的推移不变: 对任意 $t_1<t_2<\cdots<t_n$,

$$P\Big(X(t_1)\in A_1,\cdots,X(t_n)\in A_n\Big)=P\Big(X(t_1+h)\in A_1,\cdots,X(t_n+h)\in A_n\Big),$$

其中 $A_1,\cdots,A_n$ 为博雷尔集. 过程 $X_{\mathbb{T}}=\{X(t),t\in\mathbb{T}\}$ 称为 **宽 (弱) 平稳过程**, 如果数学期望和协方差满足

$$E(X(t))=m,$$
$$\operatorname{cov}(X(t),X(s))=\Gamma(s-t),\quad \operatorname{cov}(X(t),X(t+h))=\Gamma(h).$$

♣ 由上述定义可知, 二阶矩有限的严平稳过程一定是宽平稳过程.

♣ 这里需要着重指出的是, $X_{\mathbb{T}}=\{X(t),t\in\mathbb{T}\}$ 是复数值过程,

$$\begin{aligned}\operatorname{cov}(X(t),X(s))&=\mathit{\Gamma}(t,s)\\&=E\Big[(X(t)-EX(t))\overline{(X(s)-EX(s))}\Big]\\&=R(t,s)-m(t)\overline{m(s)},\\R(t,s)&:=E\Big(X(t)\overline{X(s)}\Big)\ .\end{aligned}$$

对于宽平稳过程, 均值函数 $m(t)\equiv m$ 为常数, 协方差函数 $\mathit{\Gamma}(t,s)=\Gamma(t-s)$ 仅与时间间隔有关, 进而 $R(t,s)=\Gamma(t-s)+\|m\|^2=R(t-s)$ 也只与时间间隔有关. 我们通常把 $R(\tau)=R(t-s)$ 称为**相关函数**.

本章主要介绍宽平稳过程的一些重要结果. 下面所提到的平稳过程都是指宽平稳过程.

例 8.1.2　(1) 设 $\xi=\{\xi_n,n\in\mathbb{Z}\}$ 为实 (或复) 随机序列, 且

$$E(\xi_n)=0,E(|\xi_n|^2)=\sigma^2<+\infty,E(\xi_n\xi_m)=\delta_{n-m}\sigma^2,$$

其中

$$\delta_{n-m}=\begin{cases}1, & n-m=0,\\ 0, & n-m\neq 0.\end{cases}$$

可见 $\xi=\{\xi_n,n\in\mathbb{Z}\}$ 是平稳过程, 人们常称 $\xi=\{\xi_n,n\in\mathbb{Z}\}$ 为**白噪声**.

(2) 设

$$X_n=\sum_{k=-\infty}^{+\infty}a_k\xi_{n-k},$$

其中 $\xi=\{\xi_n,n\in\mathbb{Z}\}$ 为白噪声,

$$\sum_{k=-\infty}^{+\infty}|a_k|^2<+\infty.$$

为了说明 $\{X_n,n\in\mathbb{Z}\}$ 是宽平稳过程, 先来证明

$$\sum_{k=-\infty}^{+\infty}a_k\xi_{n-k}$$

是有意义的. 令

$$X_n^N=\sum_{k=-N}^{+N}a_k\xi_{n-k},$$

则对 $\forall n,\{X_n^N,N\geqslant 0\}$ 均方收敛. 这是因为 $\forall n\in\mathbb{Z}$ 固定, 当 $N>M$ 时,

$$\begin{aligned}E\Big(|X_n^N-X_n^M|^2\Big)&=E\Big(\Big|\sum_{M\leqslant|k|\leqslant N}a_k\xi_{n-k}\Big|^2\Big)\\&=\sigma^2\sum_{M\leqslant|k|\leqslant N}|a_k|^2\to 0\ \ (N,M\to+\infty),\end{aligned}$$

即 $\{X_n^N,N\geqslant 0\}$ 关于 N 是柯西序列, 所以

$$\exists X_n=(\text{m.s.})\lim_{N\to+\infty}X_n^N=\sum_{k=-\infty}^{+\infty}a_k\xi_{n-k}.$$

现在来考察 $\{X_n,n\in\mathbb{Z}\}$ 的概率特征:

显然 $E(X_n)=0$, 而

$$
\begin{aligned}
R(n,n+r) &= E\Big(X_n\overline{X_{n+r}}\Big) \\
&= E\Bigg[\Big(\sum_{k=-\infty}^{+\infty} a_k\xi_{n-k}\Big)\overline{\Big(\sum_{l=-\infty}^{+\infty} a_l\xi_{n+r-l}\Big)}\Bigg] \\
&= \Big(\sum_{k=-\infty}^{+\infty} a_k\overline{a_{k+r}}\Big)\sigma^2 \triangleq R(r).
\end{aligned}
$$

上式只与时间差 r 有关, 所以 $X_T=\{X_n, n\in\mathbb{Z}\}$ 为宽平稳过程 (序列) .

例 8.1.3 设随机过程 $\{Z(t), t\geqslant 0\}$, $Z(t)$ 定义为

$$
Z(t)=\sigma\cos(tX+Y),
$$

其中随机变量 X 服从 $\left[0,\dfrac{1}{2}\right]$ 上的均匀分布, Y 为与 X 独立的均匀分布的随机变量. 试证:

(1) 当Y 服从 $\left[-\dfrac{1}{2},\dfrac{1}{2}\right]$ 上的均匀分布, $Z(t)$ 不是平稳过程;

(2) 如果 Y 服从 $[0,2\pi]$ 上的均匀分布, 则 $Z(t)$ 是平稳过程.

证明 仅证 (2) , (1) 的证明类似. 由 $Z(t)$ 的定义易知

$$
\begin{aligned}
E(Z(t)) &= E[\sigma\cos(tX+Y)] \\
&= \int_0^{\frac{1}{2}}\int_0^{2\pi} 2\sigma\cos(tx+y)\frac{1}{2\pi}\mathrm{d}x\mathrm{d}y \\
&= \frac{\sigma}{\pi}\int_0^{\frac{1}{2}}\int_0^{2\pi}\cos(tx+y)\mathrm{d}x\mathrm{d}y \\
&= 0.
\end{aligned}
$$

因为

$$
\begin{aligned}
E(Z(t)\overline{Z}(s)) &= E[\sigma\cos(tX+Y)\sigma\cos(sX+Y)] \\
&= \int_0^{\frac{1}{2}}\int_0^{2\pi} 2\sigma^2\cos(tx+y)\cos(sx+y)\frac{1}{2\pi}\mathrm{d}x\mathrm{d}y \\
&= \frac{\sigma^2}{\pi}\frac{1}{2}\int_0^{\frac{1}{2}}\int_0^{2\pi}\{\cos[(t+s)x+2y]+\cos[(t-s)x]\}\mathrm{d}x\mathrm{d}y,
\end{aligned}
$$

故

$$
E(Z(t)\overline{Z}(s)) = \frac{\sigma^2}{2\pi}\int_0^{\frac{1}{2}}\int_0^{2\pi}\cos[(t-s)x]\mathrm{d}x\mathrm{d}y
$$

$$= \sigma^2 \int_0^{\frac{1}{2}} \cos[(t-s)x]\mathrm{d}x$$

$$= \sigma^2 \frac{\sin \frac{|t-s|}{2}}{|t-s|} = R(t-s),$$

从而 $Z(t)$ 是一个平稳过程. □

§8.1.2 平稳过程的简单性质

性质 8.1.4 (1) $R(0) = E(|X(t)|^2) \geqslant 0$;

(2) $|R(t)| \leqslant R(0)$;

(3) $R(t) = \overline{R(-t)}$;

(4) $R(t)$ 是 t 的非负定函数, 即对任意正整数 n, $\alpha_i \in \mathbb{C}$, $t_i \in \mathbb{T}$ 都有

$$\sum_{j,k=1}^{n} R(t_j - t_k)\alpha_j \bar{\alpha}_k \geqslant 0.$$

性质 8.1.5 设 $R(\tau)$ 为平稳过程 $X_{\mathbb{R}} = \{X(t), t \in \mathbb{R}\}$ 的相关函数, 则 $X_{\mathbb{R}}$ 在 $\mathbb{R}$ 上均方连续的充要条件是 $R(\tau)$ 在 $\tau = 0$ 处连续. 此时 $R(\tau)$ 在整个 $\mathbb{R}$ 上连续.

证明 由定理 7.2.2 与推论 7.2.3 易证. □

性质 8.1.6 设 $R(\tau)$ 为平稳过程 $X_{\mathbb{R}} = \{X(t), t \in \mathbb{R}\}$ 的相关函数, 则 $X_{\mathbb{R}}$ 在 $\mathbb{R}$ 上 p 次均方可微的充要条件是 $R(\tau)$ 在 $\tau = 0$ 处 $2p$ 次可微. 如果用 $X^{(q)}(t)$ 表示 $X_{\mathbb{R}}$ 在 t 处的 q 次均方导数, 则

$$E[X^{(q)}(t)\overline{X^{(r)}(s)}] = (-1)^r R^{(q+r)}(t-s), \quad 0 \leqslant r, q \leqslant p\,.$$

证明 由定理 7.2.8, 推论 7.2.9 及性质 7.2.11 易证. □

推论 8.1.7 如果 $X_{\mathbb{R}}$ 在 $\mathbb{R}$ 上 p 次均方可微, 则其 p 次均方导数过程 $X^{(p)}(t)$ 仍为平稳过程, 且

$$E[X^{(p)}(t)] = 0,$$

$$E\left[X^{(p)}(t)\overline{X^{(p)}(s)}\right] = (-1)^p R^{(2p)}(t-s)\,.$$

性质 8.1.8 $X_{\mathbb{R}}$ 是在 $\mathbb{R}$ 上均方连续的平稳过程, $f(t)$ 为连续函数, 则 $f(t)X(t)$ 在任意有限区间上均方可积, 且

$$E\left[\int_a^b f(t)X(t)\mathrm{d}t \overline{\int_a^b g(t)X(t)\mathrm{d}t}\right] = \int_a^b \int_a^b f(t)\overline{g(s)}R(t-s)\mathrm{d}t\mathrm{d}s\,.$$

证明 由定理 7.2.15 与性质 7.2.16 可得. □

§8.2 ARMA 模型

最常用的一类宽 (弱) 平稳过程是自回归滑动和过程 (autoregressive moving average process). 它的定义如下:

定义 8.2.1 称 $\{X_n, n \in \mathbb{Z}\}$ 是 (p,q) **阶自回归滑动和过程**, 简称 ARMA(p,q) 过程或 ARMA(p,q)模型, 如果存在白噪声过程 $\{\xi_n, n \in \mathbb{Z}\}$:

$$\sum_{k=0}^{p} a_k X_{n-k} = \sum_{j=0}^{q} b_j \xi_{n-j},$$

其中, $a_0 = 1, a_k, b_j$ 均为常数.

性质 8.2.2 如果 $\sum_{k=0}^{p} a_k z^k = 0$ 的根 (关于变量 z) 都在单位圆之外, 则相应的 (p,q) 阶自回归滑动和过程 $\{X_n, n \in \mathbb{Z}\}$ 为 (宽) 平稳过程.

一阶自回归模型 AR(1):

$$\begin{cases} X_n = aX_{n-1} + \xi_n, \quad |a| < 1, \\ X_{-\infty} = 0, \end{cases}$$

a 为实数. 由此可推出

$$X_n = \sum_{k=0}^{+\infty} a^k \xi_{n-k}.$$

此时,

$$\begin{aligned} R(n,m) &= E(X_n \overline{X_m}) \\ &= E\Big(\sum_{k=0}^{+\infty} a^k \xi_{n-k} \sum_{k=0}^{+\infty} a^k \overline{\xi_{m-k}}\Big) \\ &= \sum_{k=0}^{+\infty} \sum_{j=0}^{+\infty} a^{k+j} E\Big(\xi_{n-k} \overline{\xi_{m-j}}\Big) \\ &= a^{n-m} \sigma^2 \sum_{j=0}^{+\infty} a^{2j} \\ &= \sigma^2 \frac{a^{n-m}}{1+a^2} := R(n-m)\,, \end{aligned}$$

其中 $R(\tau) = \sigma^2 \dfrac{a^\tau}{1+a^2}$.

若定义推移算子 B：

$$B^0 = I, \quad BX_n = X_{n-1}, \quad B^k X_n = X_{n-k}$$

一般地，令 $\alpha(B) = \sum_{k=0}^{p} a_k B^k$，AR($p$) 模型可表示为 $\alpha(B)X_n = \xi_n$.

当 $p = 2$ 时，令

$$\alpha(z) = 1 + a_1 z + a_2 z^2 = (1 - \mu_1 z)(1 - \mu_2 z),$$

其中

$$|\mu_1| < 1, \quad |\mu_2| < 1, \quad \mu_1 \neq \mu_2.$$

则

$$\begin{aligned} X_n = \alpha(B)^{-1}\xi_n &= \frac{1}{(1-\mu_1 B)(1-\mu_2 B)}\xi_n \\ &= \frac{1}{\mu_1 - \mu_2}\left(\frac{\mu_1}{1-\mu_1 B} - \frac{\mu_2}{1-\mu_2 B}\right)\xi_n \\ &= \frac{1}{\mu_1 - \mu_2}\left(\mu_1 \sum_{k=0}^{+\infty} \mu_1^k B^k - \mu_2 \sum_{k=0}^{+\infty} \mu_2^k B^k\right)\xi_n \\ &= \frac{1}{\mu_1 - \mu_2}\sum_{k=0}^{+\infty}(\mu_1^{k+1} - \mu_2^{k+1})\xi_{n-k}. \end{aligned}$$

同理可以验证，AR(p) 中的 X_n 可表示成 n 时刻及之前的白噪声的线性组合.

对于一般的平稳的 ARMA(p, q) 过程：

$$\sum_{k=0}^{p} a_k X_{n-k} = \sum_{j=0}^{q} b_j \xi_{n-j},$$

当 $r \geqslant \max(p, q+1)$ 时，

$$\sum_{k=0}^{p} a_k E(X_{n-k}X_{n-r}) = \sum_{j=0}^{q} b_j E(\xi_{n-j}X_{n-r}) = 0,$$

从而有递推公式

$$\sum_{k=0}^{p} a_k R(r-k) = 0,$$

故

$$R(r) = -\sum_{k=1}^{p} a_k R(r-k).$$

我们可以通过上述递推公式求协方差函数 $R(\tau)$.

§8.3 平稳过程的谱分解定理

§8.3.1 相关函数的谱分解定理

令 $R(\tau)=E(X_{t+\tau}\overline{X_t})$. 当 $X_{\mathbb{T}}$ 为零均值的平稳过程时, $R(\tau)$ 表示协方差函数, 由于 $R(\tau)$ 为非负定的函数, 由 Bochner-Khintchine 定理与 Herglotz 定理 (见参考文献 [16]), 我们有如下协方差函数的谱分解.

定理 8.3.1 设 $\{X_n, n=0,\pm1,\pm2,\cdots\}$ 是平稳序列, 则

$$R(\tau)=\int_{-\pi}^{\pi}\mathrm{e}^{\mathrm{i}\tau\lambda}\mathrm{d}F(\lambda),$$

其中, $F(\lambda)$ 是 $[-\pi,\pi]$ 上的右连续单增函数. 通常也称 $F(\lambda)$ 为 $R(\tau)$ 的**功率谱分布**. 若 $\sum\limits_{\tau=-\infty}^{+\infty}|R(\tau)|<+\infty$, 则 $F'(\lambda)=f(\lambda)$ 存在, 称 $f(\lambda)$ 为**功率谱密度**, 且有

$$f(\lambda)=\frac{1}{2\pi}\sum_{\tau=-\infty}^{+\infty}R(\tau)\mathrm{e}^{-\mathrm{i}\tau r},$$

$$R(\tau)=\int_{-\pi}^{\pi}\mathrm{e}^{\mathrm{i}\tau\lambda}f(\lambda)\mathrm{d}\lambda.$$

定理 8.3.2 设 $\{X(t),-\infty<t<+\infty\}$ 是平稳过程, 则

$$R(\tau)=\int_{-\infty}^{+\infty}\mathrm{e}^{\mathrm{i}\tau\lambda}\mathrm{d}F(\lambda),$$

其中, $F(\lambda)$ 是 $(-\infty,+\infty)$ 上的右连续单增函数, 也称是 $R(\tau)$ 的**功率谱分布**. 若 $\displaystyle\int_{-\infty}^{+\infty}|R(\tau)|\mathrm{d}\tau<+\infty$, 则 $F'(\lambda)=f(\lambda)$ 存在, 称 $f(\lambda)$ 为**功率谱密度**, 且有

$$f(\lambda)=\frac{1}{2\pi}\int_{-\infty}^{+\infty}R(\tau)\mathrm{e}^{-\mathrm{i}\tau\lambda}\mathrm{d}\tau,$$

$$R(r)=\int_{-\infty}^{+\infty}\mathrm{e}^{\mathrm{i}\tau\lambda}f(\lambda)\mathrm{d}\lambda.$$

例 8.3.3 设平稳序列的相关函数为 $R(n)=a^{|n|}, n=0,\pm1,\pm2,\cdots$, 求谱密度函数.

解　由定理 8.3.1 可得

$$
\begin{aligned}
f(x) &= \frac{1}{2\pi}\sum_{n=-\infty}^{+\infty} \mathrm{e}^{-\mathrm{i}xn} a^{|n|} \\
&= \frac{1}{2\pi}\Big(\frac{1}{1-a\mathrm{e}^{-\mathrm{i}x}} + \frac{1}{1-a\mathrm{e}^{\mathrm{i}x}} - 1\Big) \\
&= \frac{1-a^2}{2\pi(1-2a\cos\ x + a^2)}.
\end{aligned}
$$

□

§8.3.2　正交增量过程

定义 8.3.4　设 $\xi_{\mathbb{T}} = \{\xi(\lambda), \lambda \in [a,b]\}$ 为二阶矩过程, a 可以是 $-\infty$, b 可以是 $+\infty$, 称 $\xi_{\mathbb{T}}$ 为**正交增量过程**, 如果

(1) $\xi_a = 0$, $E[\xi(\lambda)] = 0$;

(2) 增量正交: 对任意 $\lambda_1 < \lambda_2 < \lambda_3$, $E[(\xi(\lambda_2)-\xi(\lambda_1))(\overline{\xi(\lambda_3)-\xi(\lambda_2)})] = 0$;

(3) 均方右连续性: $(L^2)\lim\limits_{h\downarrow 0}\xi(\lambda+h) = \xi(\lambda)$, $\forall \lambda \in [a,b)$.

设 $\xi_{\mathbb{T}}$ 为正交增量过程, 记

$$
F(\lambda) := E(|\xi(\lambda)|^2),
$$

对 $\lambda_1 < \lambda_2$, 有

$$
\begin{aligned}
R_\xi(\lambda_1,\lambda_2) &= E(\xi(\lambda_1)\overline{\xi(\lambda_2)}) \\
&= E[\xi(\lambda_1)\overline{(\xi(\lambda_2)-\xi(\lambda_1)+\xi(\lambda_1))}] \\
&= E(|\xi(\lambda_1)|^2) \\
&= F(\lambda_1).
\end{aligned}
$$

一般地, 我们有如下性质:

性质 8.3.5　$F(\lambda)$ 为右连续的单增函数, 且

$$
E(\xi(\lambda_1)\overline{\xi(\lambda_2)}) = F(\lambda_1\wedge\lambda_2), \quad \forall\ \lambda_1,\lambda_2 \in \mathbb{T}\,,
$$

$$
E(|\xi(\lambda_2)-\xi(\lambda_1)|^2) = F(\lambda_2) - F(\lambda_1), \quad \forall\ \lambda_1 < \lambda_2\,.
$$

证明　对 $\lambda_1 < \lambda_2$, 有

$$
\begin{aligned}
&E(|\xi(\lambda_2)-\xi(\lambda_1)|^2) \\
&= E(|\xi(\lambda_2)|^2) - E(\xi(\lambda_2)\overline{\xi(\lambda_1)}) - E(\xi(\lambda_1)\overline{\xi(\lambda_2)}) + E(|\xi(\lambda_1)|^2) \\
&= F(\lambda_2) - F(\lambda_1\wedge\lambda_2) - F(\lambda_1\wedge\lambda_2) + F(\lambda_1) \\
&= F(\lambda_2) - F(\lambda_1) \geqslant 0,
\end{aligned}
$$

故 $F(\lambda)$ 为右连续的单增函数. □

♣ 由于 $\xi_{\mathbb{T}}$ 为二阶矩过程, 易知

$$F(b) = E(|\xi(b)|^2) < +\infty,$$
$$F(a) = E(|\xi(a)|^2) = 0.$$

如果令 $\widehat{F}(\lambda) := \dfrac{F(\lambda)}{F(b)}$, 则 $\widehat{F}(\lambda)$ 为 $[a,b]$ 上的分布函数.

定义 8.3.6 设 $\xi_{\mathbb{T}} = \{\xi(\lambda),\ \lambda \in [a,b]\}$ 为正交增量过程, $\varphi(\lambda),\ \lambda \in [a,b]$ 为确定性的函数. 任取分点 $a = \lambda_0 < \lambda_1 < \cdots < \lambda_n = b$, $\Delta\lambda_k = \lambda_k - \lambda_{k-1}$. 令 $\lambda_n = \max\limits_{1\leqslant k\leqslant n}\{\Delta\lambda_k\}$, 任取 $u_k \in [\lambda_{k-1}, \lambda_k)$, 作部分和

$$S_n = \sum_{k=1}^{n} \varphi(u_k)(\xi(\lambda_k) - \xi(\lambda_{k-1})),$$

若 $(L^2)\lim\limits_{\lambda_n\to 0} S_n$ 存在, 则称 $\varphi(\lambda)$ 关于正交增量过程 $\xi_{\mathbb{T}}$ **均方可积**, 称

$$\int_a^b \varphi(\lambda)\mathrm{d}\xi(\lambda) = (L^2)\lim_{\lambda_n\to 0} S_n$$

为 $\varphi(\lambda)$ 关于正交增量过程 $\xi_{\mathbb{T}}$ 的**均方积分**.

定理 8.3.7 令 $L^2(F) := \left\{\varphi(\lambda) : \int_a^b |\varphi(u)|^2\mathrm{d}F(\lambda) < +\infty\right\}$, 则对任意 $\varphi \in L^2(F)$, $\varphi(\lambda)$ 关于正交增量过程 $\xi_{\mathbb{T}}$ 均方可积, 且

$$E\Big(\int_a^b \varphi(\lambda)\mathrm{d}\xi(\lambda)\Big) = 0,$$
$$E\Big(\Big|\int_a^b \varphi(\lambda)\mathrm{d}\xi(\lambda)\Big|^2\Big) = \int_a^b |\varphi(u)|^2\mathrm{d}F(\lambda).$$

对任意 $\varphi_1, \varphi_2 \in L^2(\mathrm{d}F)$, 都有

$$E\Big(\int_a^b \varphi_1(\lambda)\mathrm{d}\xi(\lambda)\overline{\int_a^b \varphi_2(\lambda)\mathrm{d}\xi(\lambda)}\Big) = \int_a^b \varphi_1(\lambda)\overline{\varphi_2(\lambda)}\mathrm{d}F(\lambda).$$

证明 由关于正交增量过程的积分的定义、均方收敛的性质及正交增量性易证. □

推论 8.3.8 设 $\xi_{\mathbb{T}} = \{\xi(\lambda),\ \lambda \in [a,b]\}$ 为正交增量过程, $\varphi(\lambda) \in L^2(\mathrm{d}F)$, 则

$$\zeta(\lambda) := \int_a^{\lambda} \varphi(w)\mathrm{d}\xi(w)$$

也是 $[a,b]$ 上的正交增量过程, 且

$$F_\zeta(\lambda)=\int_a^\lambda |\varphi(w)|^2\mathrm{d}F(w)\ .$$

§8.3.3 平稳过程本身的谱分解定理

定理 8.3.9(离散时间的情形) 设 $\{X_n, n=0,\pm1,\pm2,\cdots\}$ 为零均值的平稳过程, 谱分布为 $F(\lambda)$, 则存在唯一的正交增量过程 $\{\xi(\lambda),\lambda\in[-\pi,\pi]\}$ 使得

$$X_n=\int_{-\pi}^{\pi}\mathrm{e}^{\mathrm{i}n\lambda}\mathrm{d}\xi(\lambda),$$

且

$$E(|\xi(\lambda)|^2)=F(\lambda).$$

事实上,

$$\xi(\lambda)=\frac{1}{2\pi}\Big(\lambda X_0-\sum_{n\neq0}\frac{\mathrm{e}^{-\mathrm{i}n\lambda}}{\mathrm{i}n}X_n\Big).$$

定理 8.3.10(连续时间的情形) 设 $\{X_t, t\in\mathbb{R}\}$ 为零均值的平稳过程, 谱分布为 $F(\lambda)$, 则存在唯一的正交增量过程 $\{\xi(\lambda),\lambda\in(-\infty,+\infty)\}$ 使得

$$X_t=\int_{-\infty}^{+\infty}\mathrm{e}^{\mathrm{i}t\lambda}\mathrm{d}\xi(\lambda),$$

且

$$E(|\xi(\lambda)|^2)=F(\lambda).$$

事实上,

$$\xi(\lambda)=(L^2)\lim_{T\to+\infty}\frac{1}{2\pi}\int_{-T}^{T}\frac{\mathrm{e}^{-\mathrm{i}t\lambda}-1}{-\mathrm{i}t}X(t)\mathrm{d}t.$$

如果 $\{X_t, t\in\mathbb{R}\}$ 为实过程,

$$\xi(\lambda)=(L^2)\lim_{T\to+\infty}\frac{1}{2\pi}\int_{-T}^{T}\frac{\sin(t\lambda)}{t}X(t)\mathrm{d}t,$$

或

$$\xi(\lambda)=(L^2)\lim_{T\to+\infty}\frac{1}{2\pi}\int_{-T}^{T}\frac{1-\cos(t\lambda)}{t}X(t)\mathrm{d}t.$$

§8.4 谱分解定理的应用

§8.4.1 平稳过程的均方遍历性

由强大数定理我们知道: 独立同分布的随机变量序列 $X_n, n \geqslant 1$, 其时间的平均 $\lim\limits_{N\to+\infty}\dfrac{1}{N}\sum\limits_{n=1}^{N}X_n$ 等于空间 (或统计) 平均 $E(X_1)=m$, 即

$$\lim_{N\to+\infty}\frac{1}{N}\sum_{n=1}^{N}X_n=E(X_1)=\int_{-\infty}^{+\infty}x\mathrm{d}F(x),\ \text{a.e.},$$

其中 $F(x)$ 是 X_n 的分布函数. 那么, 平稳过程 (序列) 是否也有类似的结果? 所谓平稳过程的遍历性问题就是指: 在什么条件下, 平稳过程时间的平均等于空间的平均, 而这里遍历性是指 $X_1(\omega), X_2(\omega), \cdots$ 可遍历 (或历经) 所有可能的状态.

若下述极限在均方收敛意义下存在, 则

$$\widehat{X}=(L^2)\lim_{N\to+\infty}\frac{1}{2N}\sum_{n=-N}^{N}X_n\left(\text{或}\ \ (L^2)\lim_{T\to+\infty}\frac{1}{2T}\int_{-T}^{T}X(t)\mathrm{d}t\right)$$

称为 $\{X_n\}$ (或 $\{X(t)\}$) 的均值的时间平均, 而

$$\widehat{R(\tau)}=(L^2)\lim_{N\to+\infty}\frac{1}{2N}\sum_{n=-N}^{N}X_nX_{n+\tau}$$

$$\left(\text{或}\ \ (L^2)\lim_{T\to+\infty}\frac{1}{2T}\int_{-T}^{T}X(t)X(t+\tau)\mathrm{d}t\right)$$

称为 $\{X_n\}$ (或 $\{X(t)\}$) 的相关函数的时间平均.

若均值的时间平均几乎处处等于均值的空间平均, 即, $\widehat{X}=E(X_1)=m$ a.e., 则称 $\{X_n\}$ (或 $\{X(t)\}$) 具有 **均值遍历性**; 若 $\widehat{R(\tau)}=R(\tau)$, a.e., 则称 $\{X_n\}$ (或 $\{X(t)\}$) 具有 **协方差遍历性**.

例 8.4.1 设 X 是服从 $[0,2\pi]$ 上均匀分布的随机变量, 则随机过程 $X(t)=\cos(t+X), -\infty<t<+\infty$ 是平稳过程, 并且它同时具有均值遍历性和协方差遍历性.

证明 易验证: $E(X(t))=0$, $R(\tau)=\dfrac{1}{2}\cos\tau$, 即 $X(t)$ 是平稳过程. 另一

方面,

$$\overline{X} = \lim_{T\to+\infty} \frac{1}{2T}\int_{-T}^{T} (\cos t\cos X - \sin t\sin X)\mathrm{d}t = 0,$$

且

$$\overline{R(\tau)} = \lim_{T\to+\infty} \frac{1}{2T}\int_{-T}^{T} \cos(t+X)\cos(t+\tau+X)\mathrm{d}t = \frac{1}{2}\cos\tau.$$

此说明, 它同时具有均值遍历性和协方差遍历性. □

很多平稳过程不满足均值遍历性, 如随机过程 $X(t)\equiv X$ 是一个平稳过程, 但它不是均值遍历的, 其中 X 是不为常数的随机变量.

下面给出判定满足均值遍历和协方差遍历的条件.

定理 8.4.2 (均值遍历性)

(1) 平稳序列 $\{X_n, n=0,\pm1,\pm2\cdots\}$ 满足均值遍历性的充要条件是谱分布 $F(\lambda)$ 在 $\lambda=0$ 处连续, 或等价地,

$$\lim_{N\to+\infty} \frac{1}{N}\sum_{n=0}^{2N}\left(1-\frac{n}{2N}\right)\Gamma(n) = 0;$$

(2) 均方连续的平稳过程 $\{X(t), -\infty < t + \infty\}$ 满足均值遍历性的充要条件是谱分布 $F(\lambda)$ 在 $\lambda=0$ 处连续, 或等价地,

$$\lim_{T\to+\infty} \frac{1}{T}\int_{0}^{2T}\left(1-\frac{\tau}{2T}\right)\Gamma(\tau)\mathrm{d}\tau = 0.$$

证明　下面只给出连续时间情形的证明, 离散情形可类似证明. 令

$$X_T = \frac{1}{2T}\int_{-T}^{T} X(t)\mathrm{d}t,$$

显然, $E(X_T)=m=E(X(t))$. 进一步地, 有

$$E[(X_T-m)^2] = \frac{1}{4T^2}\int_{-T}^{T}\int_{-T}^{T}\Gamma(t-s)\mathrm{d}t\mathrm{d}s = \frac{1}{T}\int_{0}^{2T}\left(1-\frac{\tau}{2T}\right)\Gamma(\tau)\mathrm{d}\tau.$$

由此可知 $m = (L^2)\lim\limits_{T\to+\infty} X_T$ 当且仅当

$$\lim_{T\to+\infty} \frac{1}{T}\int_{0}^{2T}\left(1-\frac{\tau}{2T}\right)\Gamma(\tau)\mathrm{d}\tau = 0.$$

由谱分解定理,

$$X(t)-m = \int_{-\infty}^{+\infty} \mathrm{e}^{\mathrm{i}t\lambda}\mathrm{d}\xi(\lambda),$$

于是

$$\begin{aligned}X_T - m &= \frac{1}{2T}\int_{-T}^{T}(X(t)-m)\mathrm{d}t\\&= \frac{1}{2T}\int_{-T}^{T}\Big(\int_{-\infty}^{+\infty}\mathrm{e}^{\mathrm{i}t\lambda}\mathrm{d}\xi(\lambda)\Big)\mathrm{d}t\\&=\int_{-\infty}^{+\infty}\Big(\frac{1}{2T}\int_{-T}^{T}\mathrm{e}^{\mathrm{i}t\lambda}\mathrm{d}t\Big)\mathrm{d}\xi(\lambda)\\&=\int_{-\infty}^{+\infty}\frac{\sin(T\lambda)}{T\lambda}\mathrm{d}\xi(\lambda).\end{aligned}$$

由定理 8.3.7 知

$$E(|X_T-m|^2) = \int_{-\infty}^{+\infty}\frac{\sin^2(T\lambda)}{(T\lambda)^2}\mathrm{d}F(\lambda).$$

因为 $\lim\limits_{T\to+\infty}\dfrac{\sin(T\lambda)}{T\lambda}=\delta(\lambda)=\begin{cases}0, & \text{if } \lambda\neq 0,\\ 1, & \text{if } \lambda=0,\end{cases}$ 故

$$\begin{aligned}\lim_{T\to+\infty}E(|X_T-m|^2) &= \int_{-\infty}^{+\infty}\lim_{T\to+\infty}\frac{\sin^2(T\lambda)}{(T\lambda)^2}\mathrm{d}F(\lambda)\\&=\int_{-\infty}^{+\infty}\delta(\lambda)\mathrm{d}F(\lambda)\\&=F(0)-F(0-).\end{aligned}$$

因此, $\lim\limits_{T\to+\infty}E(|X_T-m|^2)=0$ 的充要条件是 $F(\lambda)$ 在 $\lambda=0$ 处连续. □

例 8.4.3 设 $\{X(t), t\geqslant 0\}$ 是均值为 0, 协方差为 $\Gamma(\tau)=\mathrm{e}^{-2a|\tau|}$ $(a>0)$ 的平稳过程, 试讨论其均值遍历性.

解 由于

$$\lim_{T\to+\infty}\frac{1}{T}\int_0^T\Big(1-\frac{\tau}{T}\Big)\Gamma(\tau)\mathrm{d}\tau=\lim_{T\to+\infty}\frac{1}{2aT}\Big(1-\frac{1}{2aT}\Big)(1-\mathrm{e}^{-2aT})=0,$$

因此, $X(t)$ 是均值遍历的. □

定理 8.4.4(相关函数遍历性)

(1) 平稳序列 $\{X_n, n=0,\pm1,\pm2,\cdots\}$ 满足相关函数遍历性的充要条件是

$$\lim_{N\to+\infty}\frac{1}{N}\sum_{n=0}^{2N}\Big(1-\frac{n}{2N}\Big)[R_m(n)-(R(m))^2]=0;$$

(2) 平稳过程 $\{X(t), -\infty < t + \infty\}$ 满足相关函数遍历性的充要条件是

$$\lim_{T\to+\infty}\frac{1}{T}\int_0^{2T}\left(1-\frac{\tau}{2T}\right)[R_t(\tau)-(R(t))^2]\mathrm{d}\tau=0,$$

其中

$$R_m(n)=E(X_kX_{k+m}X_{k+n}X_{k+n+m}),$$
$$R_t(\tau)=E(X(s)X(s+\tau)X(s+t)X(s+t+\tau)).$$

*§8.4.2　采样定理

定理 8.4.5　设 $X_{\mathbb{T}}=\{X(t), t\in\mathbb{R}\}$ 是零均值的均方连续的平稳过程, $X_{\mathbb{T}}$ 的谱分布 $F(\lambda)$ 满足

$$\int_{|\lambda|\geqslant 2\pi B}\mathrm{d}F(\lambda)=0,$$

其中 B 为常数, 令 $\Delta=\dfrac{1}{2B}$, 则对任意 $t\in\mathbb{R}$, 有

$$X(t)=\sum_{k=-\infty}^{+\infty}X(k\Delta)\frac{\sin\left[\dfrac{\pi}{\Delta}(t-k\Delta)\right]}{\dfrac{\pi}{\Delta}(t-k\Delta)},$$

上述级数按均方收敛.

证明　条件 $\int_{|\lambda|\geqslant 2\pi B}$ 意味着 $X_{\mathbb{T}}$ 的谱分布 $F(\lambda)$ 在 $(-\infty,-2\pi B]$ 与 $[-2\pi B,+\infty)$ 上都为常数, 于是

$$E(|\xi(\lambda_2)-\xi(\lambda_1)|^2)=F(\lambda_2)-F(\lambda_1)=0,\quad \forall\lambda_1<\lambda_2\in(-\infty,-2\pi B],$$

从而 $\xi(\lambda_2)=\xi(\lambda_1)$, a.s., 故 $\xi(\lambda)$ 在 $(-\infty,-2\pi B]$ 上几乎处处为常数. 同理可得, $\xi(\lambda)$ 在 $[-2\pi B,+\infty)$ 上几乎处处为常数. 由平稳过程本身的谱分解知

$$X(t)=\int_{-\infty}^{+\infty}\mathrm{e}^{\mathrm{i}t\lambda}\mathrm{d}\xi(\lambda)=\int_{-2\pi B}^{2\pi B}\mathrm{e}^{\mathrm{i}t\lambda}\mathrm{d}\xi(\lambda).$$

对 $\mathrm{e}^{\mathrm{i}t\lambda}$ 用傅里叶级数展开, 得

$$\mathrm{e}^{\mathrm{i}t\lambda}=\sum_{n=-\infty}^{+\infty}a_n\mathrm{e}^{\mathrm{i}n\frac{\lambda}{2B}},$$

则

$$X(t)=\int_{-2\pi B}^{2\pi B}\Big(\sum_{n=-\infty}^{+\infty}a_n\mathrm{e}^{\mathrm{i}n\frac{\lambda}{2B}}\Big)\mathrm{d}\xi(\lambda)$$

$$= \sum_{n=-\infty}^{+\infty} a_n \int_{-2\pi B}^{2\pi B} \mathrm{e}^{\mathrm{i}n\frac{\lambda}{2B}} \mathrm{d}\xi(\lambda)$$

$$= \sum_{n=-\infty}^{+\infty} a_n X(n\Delta) .$$

我们再来求 a_n:

$$\begin{aligned} a_n &= \frac{1}{4\pi B} \int_{-2\pi B}^{2\pi B} \mathrm{e}^{\mathrm{i}t\lambda} \mathrm{e}^{-\mathrm{i}n\frac{\lambda}{2B}} \mathrm{d}\lambda \\ &= \frac{1}{4\pi B} \int_{-2\pi B}^{2\pi B} \cos\left[\left(t - \frac{n}{2B}\right)\lambda\right] \mathrm{d}\lambda \\ &= \frac{\sin\left[\left(t - \frac{n}{2B}\right) 2\pi B\right]}{\left(t - \frac{n}{2B}\right)\pi 2B} \\ &= \frac{\sin\left[\frac{\pi}{\Delta}(t - k\Delta)\right]}{\frac{\pi}{\Delta}(t - k\Delta)} , \end{aligned}$$

从而得证. □

*§8.4.3 白噪声与 ARMA(p,q) 的谱分布

设 $Z_{\mathbb{T}} = \{Z_n, n = 0, \pm 1, \pm 2, \cdots\}$ 为白噪声, $E(Z_n) = 0$, $\{Z_n, n = 0, \pm 1, \pm 2, \cdots\}$ 独立, 且 $E(|Z_n|^2) = \sigma^2$. 其相关函数 $R(\tau) = \sigma^2 \delta(\tau)$, 故谱密度

$$f_Z(\lambda) = \frac{1}{2\pi} \sum_{n=-\infty}^{+\infty} \sigma^2 \delta(r) \mathrm{e}^{-\mathrm{i}\lambda n} \equiv \frac{\sigma^2}{2\pi}, \quad \forall \lambda \in [-\pi, \pi],$$

其谱分布为

$$F_Z(\lambda) = \begin{cases} 0, & \lambda < -\pi, \\ \dfrac{\lambda + \pi}{2\pi} \sigma^2, & \lambda \in [-\pi, \pi], \\ \sigma^2, & \lambda > \pi. \end{cases}$$

由平稳过程本身的谱分解定理可知

$$Z_n = \int_{-\pi}^{\pi} \mathrm{e}^{\mathrm{i}n\lambda} \mathrm{d}\xi_Z(\lambda),$$

其中 $\xi_Z := \{\xi_Z(\lambda), \lambda \in [-\pi, \pi]\}$ 为一个正交增量过程 ($Z_{\mathbb{T}}$ 的随机谱) .

设 $\{X_n, n\in\mathbb{Z}\}$ 是 (p,q) 阶自回归滑动和过程 (ARMA(p,q)) ，且满足

$$\sum_{k=0}^{p} a_k X_{n-k} = \sum_{j=0}^{q} b_j Z_{n-j},$$

其中, $a_0=1, a_k, b_j$ 均为常数. 如果 $\sum\limits_{k=0}^{p} a_k z^k = 0, \sum\limits_{j=0}^{q} b_j z^j = 0$ 的根 (关于变量 z) 都在单位圆之外, 则相应的 (p,q) 阶自回归滑动和过程 $X_{\mathbb{T}} = \{X_n, n\in\mathbb{Z}\}$ 为 (宽) 平稳过程. 我们的问题是怎么求 $X_{\mathbb{T}}$ 的谱分布或谱密度?

由平稳过程本身的谱分解定理可知

$$X_n = \int_{-\pi}^{\pi} \mathrm{e}^{\mathrm{i}n\lambda}\mathrm{d}\xi_X(\lambda),$$

其中 $\xi_X := \{\xi_X(\lambda), \lambda\in[-\pi,\pi]\}$ 为一个正交增量过程 ($X_{\mathbb{T}}$ 的随机谱) . 于是

$$\begin{aligned}\sum_{k=0}^{p} a_k X_{n-k} &= \sum_{k=0}^{p} a_k \int_{-\pi}^{\pi} \mathrm{e}^{\mathrm{i}(n-k)\lambda}\mathrm{d}\xi_X(\lambda)\\ &= \int_{-\pi}^{\pi} \sum_{k=0}^{p} a_k \mathrm{e}^{\mathrm{i}(n-k)\lambda}\mathrm{d}\xi_X(\lambda)\\ &= \int_{-\pi}^{\pi} \mathrm{e}^{\mathrm{i}n\lambda}\sum_{k=0}^{p} a_k \mathrm{e}^{-\mathrm{i}k\lambda}\mathrm{d}\xi_X(\lambda) .\end{aligned}$$

同理可得

$$\sum_{k=0}^{q} b_k Z_{n-k} = \int_{-\pi}^{\pi} \mathrm{e}^{\mathrm{i}n\lambda}\sum_{k=0}^{p} b_k \mathrm{e}^{-\mathrm{i}k\lambda}\mathrm{d}\xi_Z(\lambda) .$$

于是对任意 n,

$$\int_{-\pi}^{\pi} \mathrm{e}^{\mathrm{i}n\lambda}\sum_{k=0}^{p} a_k \mathrm{e}^{-\mathrm{i}k\lambda}\mathrm{d}\xi_X(\lambda) = \int_{-\pi}^{\pi} \mathrm{e}^{\mathrm{i}n\lambda}\sum_{k=0}^{q} b_k \mathrm{e}^{-\mathrm{i}k\lambda}\mathrm{d}\xi_Z(\lambda).$$

由谱分解定理的唯一性知

$$\mathrm{d}\xi_X(\lambda) = \Psi(\lambda)\mathrm{d}\xi_Z(\lambda) ,$$

其中 $\Psi(\lambda) := \dfrac{\sum\limits_{k=0}^{q} b_k e^{-ik\lambda}}{\sum\limits_{k=0}^{p} a_k e^{-ik\lambda}}$. 即

$$\xi_X(\lambda) = \int_{-\pi}^{\lambda} \Psi(\omega) d\xi_Z(\omega) ,$$

从而

$$F_X(\lambda) = E(|\xi_X(\lambda)|^2) = \int_{-\pi}^{\lambda} \left|\Psi(\omega)\right|^2 dF_Z(\omega),$$

$X_{\mathbb{T}}$ 的谱密度为

$$f_X(\lambda) = \left|\Psi(\lambda)\right|^2 \frac{\sigma^2}{2\pi}, \quad \lambda \in [-\pi, \pi] .$$

*§8.5 线性系统中的平稳过程

线性系统是工程和物理中最常见的一类系统, 它由输入、输出与系统本身三部分组成. 设 $x(t)$ 表示输入信号, $y(t)$ 表示输出信号, L 表示线性系统, 则输入输出之间满足如下关系:

用数学语言, 即 $y(t) = L[x(t)]$.

定义 8.5.1 系统 L 称为**线性时不变系统**, 如果它满足

(1) 线性性: 设 $y_1(t) = L[x_1(t)]$, $y_2(t) = L[x_2(t)]$, 对任意常数 c_1, c_2, 都有

$$c_1 y_1(t) + c_2 y_2(t) = L[c_1 x_1(t) + c_2 x_2(t)];$$

(2) 时不变性: 对任意 τ 都有 $L[x(t+\tau)] = y(t+\tau)$.

在工程中, 线性时不变系统常用微分方程来描述.

§8.5.1 输入信号为确定性信号的情形

引理 8.5.2 设 L 为线性时不变系统, 如果输入信号为简谐振动 $x(t) = e^{i\omega t}$, 则输出为

$$y(t) = \Phi(\omega) e^{i\omega t},$$

$\Phi(\omega)$ 称为**频率响应**.

证明　设 $y(t)$ 为 $x(t)=\mathrm{e}^{\mathrm{i}\omega t}$ 的输出, 则

$$y(t)=L[\mathrm{e}^{\mathrm{i}\omega t}].$$

由时不变性知, 对任意 τ, 有

$$\begin{aligned}y(t+\tau)&=L[\mathrm{e}^{\mathrm{i}\omega(t+\tau)}]=L[\mathrm{e}^{\mathrm{i}\omega\tau}\mathrm{e}^{\mathrm{i}\omega t}]\\&=\mathrm{e}^{\mathrm{i}\omega\tau}L[\mathrm{e}^{\mathrm{i}\omega t}]=\mathrm{e}^{\mathrm{i}\omega\tau}y(t).\end{aligned}$$

令 $t=0$, $\varPhi(\omega)=y(0)$, 有

$$y(\tau)=\mathrm{e}^{\mathrm{i}\omega\tau}y(0)=\varPhi(\omega)\mathrm{e}^{\mathrm{i}\omega\tau},$$

由 τ 的任意性得证. □

注　若 L 为线性时不变系统, 如果输入是频率为 ω 的简谐振动 $x(t)=\mathrm{e}^{\mathrm{i}\omega t}$, 输出仍为同一频率的简谐振动. 如果把频率响应写成 $\varPhi(\omega)=A(\omega)\mathrm{e}^{\mathrm{i}\theta(\omega)}$, 则

$$y(t)=A(\omega)\mathrm{e}^{\mathrm{i}(\omega t+\theta(\omega))},$$

$A(\omega)$ 称为**振幅修正**, $\theta(\omega)$ 称为**相位修正**.

问题: 输入信号为一般的确定函数, 输出信号是什么? 输入输出的关系如何? 当输入信号 $x(t)$ 是平方可积函数, 即

$$\int_{-\infty}^{+\infty}|x(t)|^2\mathrm{d}t<+\infty,$$

设 $x(t)$ 的傅里叶变换下的像为 $X(\omega)$, 即

$$x(t)=\frac{1}{2\pi}\int_{-\infty}^{+\infty}X(\omega)\mathrm{e}^{\mathrm{i}t\omega}\mathrm{d}\omega.$$

一般线性时不变系统都是连续的系统, 而由上述积分可以看出是 $\mathrm{e}^{\mathrm{i}t\omega}$ 线性组合的极限, 于是有

$$\begin{aligned}y(t)&=L[x(t)]\\&=L\left[\frac{1}{2\pi}\int_{-\infty}^{+\infty}X(\omega)\mathrm{e}^{\mathrm{i}t\omega}\mathrm{d}\omega\right]\\&=\frac{1}{2\pi}\int_{-\infty}^{+\infty}X(\omega)L[\mathrm{e}^{\mathrm{i}t\omega}]\mathrm{d}\omega\\&=\frac{1}{2\pi}\int_{-\infty}^{+\infty}X(\omega)\varPhi(\omega)\mathrm{e}^{\mathrm{i}t\omega}\mathrm{d}\omega\\&:=\frac{1}{2\pi}\int_{-\infty}^{+\infty}Y(\omega)\mathrm{e}^{\mathrm{i}t\omega}\mathrm{d}\omega,\end{aligned}$$

其中 $Y(\omega)$ 为输出信号 $y(t)$ 在傅里叶变换下的像. 我们发现 $Y(\omega)$ 与 $X(\omega)$ 满足如下关系:

$$Y(\omega) = X(\omega)\Phi(\omega).$$

工程上称 $Y(\omega)$ 为 $y(t)$ 的**频谱**, 称 $X(\omega)$ 为 $x(t)$ 的**频谱**. 像这样分析输入、输出频谱之间关系的分析通常称为系统的**频域分析**, 而直接分析输入 $x(t)$ 与输出 $y(t)$ 关系的分析通常称为**时域分析**.

§8.5.2 输入信号为平稳过程的情形

如果一个线性时不变系统的输入信号是一个平稳过程, 其输出信号是否是平稳过程呢? 如果输入信号 $X_{\mathbb{T}} = \{X(t), t \in \mathbb{R}\}$ 是一个零均值的均方连续的平稳过程, 由平稳过程本身的谱分解定理知

$$\begin{aligned} X(t) &= \int_{-\infty}^{+\infty} \mathrm{e}^{\mathrm{i}t\lambda} \mathrm{d}\xi_X(\lambda) \\ &= (L^2)\lim \sum_j \mathrm{e}^{\mathrm{i}t\lambda_j}[\xi_X(\lambda_j) - \xi_X(\lambda_{j-1})], \end{aligned}$$

其输出信号为

$$\begin{aligned} Y(t) &= L[X(t)] \\ &= L\Big[\int_{-\infty}^{+\infty} \mathrm{e}^{\mathrm{i}t\lambda} \mathrm{d}\xi_X(\lambda)\Big] \\ &= L\Big[(L^2)\lim \sum_j \mathrm{e}^{\mathrm{i}t\lambda_j}(\xi_X(\lambda_j) - \xi_X(\lambda_{j-1}))\Big] \\ &= (L^2)\lim \sum_j L\big[\mathrm{e}^{\mathrm{i}t\lambda_j}\big][\xi_X(\lambda_j) - \xi_X(\lambda_{j-1})] \\ &= (L^2)\lim \sum_j \mathrm{e}^{\mathrm{i}t\lambda_j}\Phi(\lambda)[\xi_X(\lambda_j) - \xi_X(\lambda_{j-1})] \\ &= \int_{-\infty}^{+\infty} \mathrm{e}^{\mathrm{i}t\lambda}\Phi(\lambda) \mathrm{d}\xi_X(\lambda) \\ &:= \int_{-\infty}^{+\infty} \mathrm{e}^{\mathrm{i}t\lambda} \mathrm{d}\xi_Y(\lambda), \end{aligned}$$

其中

$$\xi_Y(\lambda) := \int_{-\infty}^{\lambda} \Phi(\omega) \mathrm{d}\xi_X(\omega)$$

是一个正交增量过程. 可以看出输出信号 $Y_{\mathbb{T}}=\{Y_t,t\in\mathbb{R}\}$ 仍为一个平稳过程.

定理 8.5.3　设 L 是一个线性时不变系统, 输入信号 $X_{\mathbb{T}}$ 是零均值的均方连续的平稳过程, 其谱分布为 $F_X(\lambda)$, 设频率响应 $\Phi(\omega)$ 满足

$$\int_{-\infty}^{+\infty}|\Phi(\lambda)|^2\mathrm{d}F_X(\lambda)<+\infty,$$

则输出信号 $Y_{\mathbb{T}}$ 也是平稳过程, 其谱分布为

$$F_Y(\lambda)=\int_{-\infty}^{\lambda}|\Phi(\omega)|^2\mathrm{d}F_X(\omega)+C.$$

若 $X_{\mathbb{T}}$ 存在谱密度 $f_X(\lambda)$, $Y_{\mathbb{T}}$ 存在谱密度

$$f_Y(\lambda)=|\Phi(\lambda)|^2f_X(\lambda).$$

$Y_{\mathbb{T}}$ 的随机谱为

$$\xi_Y(\lambda):=\int_{-\infty}^{\lambda}\Phi(\omega)\mathrm{d}\xi_X(\omega)\ .$$

例 8.5.4　设 $X_{\mathbb{T}}=\{X(t),t\in\mathbb{R}\}$ 与 $Y_{\mathbb{T}}=\{Y(t),t\in\mathbb{R}\}$ 为零均值的均方连续的平稳过程, 满足

$$Y'(t)+aY(t)=bX(t),$$

其中 a 为常数, $Y'(t)$ 表示 $Y_{\mathbb{T}}$ 在 t 处的均方导数. 试考察

(1) $X_{\mathbb{T}}$ 与 $Y_{\mathbb{T}}$ 随机谱之间的关系;

(2) $X_{\mathbb{T}}$ 与 $Y_{\mathbb{T}}$ 谱分布之间的关系.

解　把 $x(t)$ 看成输入, $y(t)$ 看成输出, 有

$$y'(t)+ay(t)=bx(t),$$

构成一个线性时不变系统. 由引理 8.5.2, 把

$$x(t)=\mathrm{e}^{\mathrm{i}t\omega}$$
$$y(t)=\Phi(\omega)\mathrm{e}^{\mathrm{i}t\omega},$$

代入得

$$\Phi(\omega)\mathrm{i}\omega\mathrm{e}^{\mathrm{i}\omega t}+a\Phi(\omega)\mathrm{e}^{\mathrm{i}\omega t}=b\mathrm{e}^{\mathrm{i}t\omega}$$

解得

$$\Phi(\omega)=\frac{b}{\mathrm{i}\omega+a}.$$

于是 $X_{\mathbb{T}}$ 与 $Y_{\mathbb{T}}$ 随机谱之间的关系为

$$\xi_Y(\lambda) := \int_{-\infty}^{\lambda} \frac{b}{\mathrm{i}\omega + a} \mathrm{d}\xi_X(\omega) .$$

$X_{\mathbb{T}}$ 与 $Y_{\mathbb{T}}$ 谱分布之间的关系为

$$\begin{aligned} F_Y(\lambda) &= E(|\xi_Y(\lambda)|^2) \\ &= \int_{-\infty}^{\lambda} \left| \frac{b}{\mathrm{i}\omega + a} \right|^2 \mathrm{d}F_X(\omega). \end{aligned}$$

□

*§8.6 补充与注记

设 $\mathbb{T} = \mathbb{R}$ 或 $\mathbb{T} = \mathbb{Z} = \{n, n = 0, \pm1, \pm2, \cdots\}$, $X_{\mathbb{T}} = \{X(t), t \in \mathbb{T}\}$ 是 $(\Omega, \mathscr{F}, P)$ 上的严平稳过程. 对任意 $s \in \mathbb{T}$, 记

$$X_{\mathbb{T}}^s := \{X(s+t), t \in \mathbb{T}\},$$

表示严平稳过程"推移"s 后的过程. 有如下结果:

定理 8.6.1 下列命题等价:

(1) $X_{\mathbb{T}}$ 为严平稳过程;

(2) 对任意 $s \in \mathbb{T}$, $X_{\mathbb{T}}$ 与 $X_{\mathbb{T}}^s$ 具有相同的有限维分布;

(3) 对任意 n 元博雷尔可测函数 $f(x_1, \cdots, x_n)$ 有

$$E[f(X(t_1), \cdots, X(t_n))] = E[f(X(t_1+s), \cdots, X(t_n+s))] .$$

定义 8.6.2 设 $(\Omega, \mathscr{F}, P)$ 为一完备的概率空间, $\mathscr{G} \subset \mathscr{F}$ 为 $\mathscr{F}$ 的子 σ-代数, T 为 $\mathscr{G}$ 到 $\mathscr{G}$ 的一个变换:

$$T : A \in \mathscr{G} \longrightarrow T(A) \in \mathscr{G},$$

T 称为 $\mathscr{G}$ 的一个**保测集变换**, 如果

(1) 设 B_1 与 B_2 都为 A 的像, 则 $B_1 \doteq B_2$, 即

$$P(B_1 \triangle B_2) = P\{(B_1 \cup B_2) \setminus B_1(\cap B_2)\} = 0;$$

(2) $\forall A \in \mathscr{G}$, $P(A) = P(TA)$;

(3) $T\left(\bigcup_n A_n\right) = \bigcup_n T(A_n)$.

♣ 设 T 为 $\mathscr{G}$ 上的一个保测集变换, 我们可以定义

$$T^k = T(T^{k-1}) = T^{k-1}(T), \quad T^0 = I,$$

I 表示单位变换, 则 T^k 仍为保测集变换.

♣ 记 $L_0(\mathscr{G})$ 表示 $\mathscr{G}$- 可测的随机变量的全体.

定理 8.6.3　设 T 为 $\mathscr{G}$ 上的一个保测集变换, 则存在 $L_0(\mathscr{G})$ 上的变换 T_1:

$$T_1 : X \in L_0(\mathscr{G}) \longrightarrow T_1(X) \in L_0(\mathscr{G}),$$

使得

(1) 如果 $Y = T_1(X)$, $Y' = T_1(X)$, 则 $P(Y = Y') = 1$;

(2) $\forall A \in \mathscr{G}$, $P(T_1(I_A) = I_{T(A)}) = 1$;

(3) 线性性: 对任意 $X_1, X_2 \in L_0(\mathscr{G})$ 及任意常数 k_1, k_2,

$$T_1(k_1X_1 + k_2X_2) = k_1T_1(X_1) + k_2T_1(X_2);$$

(4) 连续性: 如果 $\lim\limits_{n\to+\infty} X_n = X$, a.s., 则

$$\lim_{n\to+\infty} T_1(X_n) = T_1(X), \quad \text{a.s.}$$

我们把 T 与 T_1 等同起来, 统称为**保测变换**.

定理 8.6.4　(1) 设 T 为 $\mathscr{G}$ 上的保测变换, $X_0 \in L^0(\mathscr{G})$, 令

$$X_n = T^n(X_0), \quad n = 1, 2, \cdots,$$

则 $\{X_n, n = 0, 1, 2, \cdots\}$ 为严平稳过程;

(2) 如果 $\{X_n, n = 0, 1, 2, \cdots\}$ 为严平稳过程, 令 $\mathscr{G} := \sigma\{X_0, X_1, X_2, \cdots\}$, 则存在 $\mathscr{G}$ 上的保测变换使得对任意 $n = 0, 1, 2, \cdots$, 都有

$$X_n = T^n(X_0), \quad \text{a.s.}$$

关于保测变换的内容见参考文献 [17].

习　题　八

8.1　设随机电报信号过程 $\{X(t), t \in \mathbb{R}\}$ 只取 $+1$ 和 -1 两个状态, 且$\forall t \in \mathbb{R}$, $P(X(t) = 1) = P(X(t) = -1) = \dfrac{1}{2}$. 记 $X(t)$ 在 $(s, s+t]$ 上符号改变的次数为 $N(s+t) - N(s) = \triangle N(s, s+t)$, 设它服从参数为 μt 的泊松分布. 试证: $\{X(t), t \in \mathbb{R}\}$ 是宽平稳过程, 并求出其相关系数 $\rho(\tau)$ 及其功率谱密度.

*8.2　设 $\{X(t), t \in \mathbb{R}\}$ 为宽平稳的正态过程, $E(X(t)) = 0, \rho_X(\tau)$ 为其相关函数, 令

$$Y(t) = \begin{cases} 1, & X(t) \geqslant 0, \\ -1, & X(t) < 0\,. \end{cases}$$

试证 $\{Y(t), t \in \mathbb{R}\}$ 为宽平稳过程, 求其相关函数 $R_Y(\tau)$.

8.3 设 $\{X(t), t \in \mathbb{R}\}$ 为宽平稳的正态过程, $E(X(t)) = 0, \rho_X(\tau)$ 为其相关函数, 令

$$Y(t) = X(t+a) - X(t),$$

其中 a 为常数, 试证 $\{Y(t), t \in \mathbb{R}\}$ 为宽平稳过程, 求其相关函数 $R_Y(\tau)$.

8.4 设 $X_0, X_1, X_2, \cdots$ 是独立同分布的随机变量, 都服从 $N(0, \sigma^2)$. 又设 $N(t)$ 是强度为 λ 的泊松过程, 且 $N(t)$ 与 $X_0, X_1, X_2, \cdots$ 独立, $Z(t) := X_{N(t)}$. 证明: 过程 $\{Z(t), t \geqslant 0\}$ 是一个平稳过程, 并求其相关函数 $R_Z(\tau)$.

8.5 若平稳过程 $X_{\mathbb{T}} = \{X(t), t \geqslant 0\}$ 满足 $\forall t \geqslant 0$,

$$P(X(t+T) = X(t)) = 1,$$

则称 $X_{\mathbb{T}}$ 是周期为 T 的平稳过程. 证明: 平稳过程 $X_{\mathbb{T}}$ 是周期为 T 的平稳过程的充要条件是自相关函数 $R(\tau)$ 为周期 T 的周期函数.

8.6 试求平稳序列 $\{X_n, n \in \mathbb{Z}\}$ 的相关系数 $\rho(\tau)$ 及谱密度函数 $f_X(\lambda)$, 若 X 满足:

(1) $\mathrm{AR}(1): X_n + \alpha X_{n-1} = \xi_n, \quad |\alpha| < 1$;

(2) $\mathrm{AR}(2): X_n + \alpha_1 X_{n-1} + \alpha_2 X_{n-2} = \xi_n$, 其中 $\alpha(z) = 1 + \alpha_1 z + \alpha_2 z^2$ 的根在单位圆外;

(3) $\mathrm{ARMA}(1,1): X_n + \alpha X_{n-1} = \xi_n + b_1 \xi_{n-1}, \quad |\alpha| < 1, |b| < 1$.

*8.7 设 AR(2) 模型为 $X_n - 2aX_{n-1} + a^2 X_{n-2} = \xi_n$, 其中 $|a| < 1$.

(1) 试证 X_n 的显示表达式 (传递形式) 为

$$X_n = \sum_{k=0}^{+\infty} (k+1) a^k \xi_{n-k};$$

(2) 试求 $X_n - 1.2X_{n-1} + 0.36X_{n-2} = \xi_n$ 的 $\rho_X(r)$.

(提示: 当 $r > 0$ 时, $\rho(r)$ 是差分方程 $\rho(r) - 1.2\rho(r-1) + 0.36\rho(r-2) = 0$ 的解, 其一般解为 $\rho(r) = C_1 0.6^r + C_2 r (0.6)^r$, 再利用 $\rho(0) = 1, \rho(1) = \rho(-1)$ 确定系数 C_1, C_2.)

8.8 设 $\{X_n, n \geqslant 0\}$ 为宽平稳序列, $E(X_n) = 0$, 协方差 $R(r)$ 已知.

(1) 若取 $\widehat{X}_{n+1}(1) = aX_n$ 作为 X_{n+1} 的估计 (或预测), 试求最佳线性均方估计, 并求相应的均方误差 $\Delta_n = E[(X_{n+1} - \widehat{X}_{n+1})^2]$;

(2) 若取 $\widehat{X}_{n+1}(2) = bX_n + cX_{n-1}$ 作为 X_{n+1} 的估计, 试确定 b, c 使 $\widehat{X}_{n+1}(2)$ 是 X_{n+1} 的最佳均方估计.

8.9 设 $\{X_i(t), -\infty < t < +\infty\}$ $(1 \leqslant i \leqslant 3)$ 为宽平稳过程, 其协方差函数分别为

(1) $R(\tau)=\sigma^2\mathrm{e}^{-\alpha|\tau|}(1+|\tau|),\quad \alpha>0,\sigma>0$;
(2) $R(\tau)=\sigma^2\mathrm{e}^{-\alpha|\tau|}\cos\beta\tau,\quad \alpha>0,\beta>0$ 为常数;
(3) $R(\tau)=\mathrm{e}^{-\alpha|\tau|}\Big(1+\alpha|\tau|+\dfrac{(\alpha\tau)^2}{3}\Big),\quad \alpha>0.$
试分别求其功率谱密度函数.

8.10 设 $\{X_n,n\in\mathbb{Z}\}$ 是满足方程 AR(1):$X_n-aX_{n-1}=\xi_n$ 的平稳解 (其中 $|a|<1$, $\{\xi_n,n\in\mathbb{Z}\}$ 为白噪声序列. 试用 X_n,X_{n-1} 的线性函数作为 X_{n-1} 的估计, 试求其最佳线性均方预测.

8.11 设 X_0 的密度函数是 $f(x)=2x\mathbb{1}_{\{x\geqslant 0\}}$, 对 $n\geqslant 1,X_0,\cdots,X_n,X_{n+1}$ 是 $(1-X_n,1]$ 上的均匀分布. 试证 $\{X_n,n\geqslant 0\}$ 是满足均值遍历的平稳过程.

*8.12 设 $X_0=Z\sim U[0,1),X_{n+1}=2X_n\cdot\mathbb{1}_{\{X_n<\frac{1}{2}\}}+(2X_n-1)\cdot\mathbb{1}_{\{X_n\geqslant\frac{1}{2}\}}$.

(1) 试证: $\{X_n,n\geqslant 0\}$ 是平稳序列.

(2) 若 Z 用二进制小数表示, 即 $Z=\sum\limits_{k=0}^{+\infty}2^{-(k+1)}Z_k=0.Z_0Z_1Z_2\cdots$, 其中 Z_k 取值 0 或 1, 试证 $X_n=0.Z_nZ_{n+1}\cdots$;

(3) 利用遍历性定理证明:

$$\lim_{n\to+\infty}\frac{1}{n}\sum_{k=1}^{n-1}\{2^kZ\}=\frac{1}{2},\quad \text{a.s.},$$

其中 $\{x\}$ 表示 x 的小数部分, 即 $\{x\}=x-[x],[x]$ 表示不超过 x 的最大整数.

8.13 设 $\xi(t)=X\cos(\eta t+\theta)$, 其中 $\theta\sim U[0,2\pi]$, X 与 θ 独立, 取值为正, 且 $E(X^2)<+\infty,\eta>0$ 为常数. 试证 $\xi(t),-\infty<t<+\infty$ 为宽平稳过程, 并讨论 $\xi(t)$ 是否有均值遍历性.

8.14 随机过程

$$X(t)=A\sin t+B\cos t,\quad -\infty<t<+\infty,$$

其中, A,B 是均值为 0 且不相关的随机变量, 且 $E(A^2)=E(B^2)$. 试讨论 $X(t)$ 的遍历性.

8.15 设平稳过程 $\{X(t),-\infty<t<+\infty\},E(X(t))=0$,

$$R(\tau)=A\mathrm{e}^{-a|\tau|}\cdot(1+a|\tau|),$$

其中, A,a 是正常数. 试问 $X(t)$ 是否有均值遍历性.

8.16 设 $\xi_{\mathbb{T}} = \{\xi(\lambda), \lambda \in \mathbb{R}\}$ 为正交增量过程, $F(\lambda) = E(|\xi(\lambda)|^2)$. $\forall c(\lambda) \in L_2(\mathrm{d}F)$, 令

$$X(t) := \int_{-\infty}^{+\infty} \mathrm{e}^{\mathrm{i}t\lambda} c(\lambda) \mathrm{d}\xi(\lambda),$$

证明 $\{X(t), t \in \mathbb{R}\}$ 为平稳过程, 并求其谱分布.

8.17 设 $X(t)$ 为平稳过程, $X'(t)$ 均方连续, 证明:

$$Y(t) = \int_{-\infty}^{t} \mathrm{e}^{-\beta(t-s)} X'(s) \mathrm{d}s$$

也是平稳过程, 并求出 $Y_{\mathbb{T}}$ 的谱分布 (用 $X_{\mathbb{T}}$ 的谱分布表示) .

*8.18 简单反馈系统:

$$\begin{aligned} Y(n) &= a_0 + a_1 X(n-1) + \xi(n), \\ X(n) &= b_0 + b_1 Y(n) + \eta(n), \end{aligned}$$

其中 $\{\xi(n), n \in \mathbb{Z}\}$ 与 $\{\eta(n), n \in \mathbb{Z}\}$ 为相互独立的白噪声, 方差分别为 σ_ξ^2 与 σ_η^2, 试考察 $\{X(n), n \in \mathbb{Z}\}$ 与 $\{Y(n), n \in \mathbb{Z}\}$ 的谱密度之间的关系.

参 考 文 献

[1] Bhattacharya R N, Waymire E C. Stochastic processes with applications. New York: Wiley, 1990.

[2] Carmona P, Coutin L, Montseny G. Stochastic integration with respect to fractional Brownian motion. Annales Henri Poincaré, 2003, 39(1): 27-68

[3] Duncan T E, Hu Y Z, Pasik-Duncan B. Stochastic calculus for fractional Brownian motion. Siam journal on control and optimization, 2000, 38(2): 582-612.

[4] Durret R. Probability: theory and examples. 4th ed. Cambridge: Cambridge University Press, 2010.

[5] Karatzas I, Shreve S E. Brownian motion and stochastic calculus. New York: Springer-Verlag, 1988.

[6] Liptser R S, Shiryaev A N. Statistics of random processes Ⅰ: general theory. 2nd ed. New York: Springer, 2001.

[7] Newman M E J. Networks: an introduction. Oxford: Oxford University Press, 2010.

[8] Nualart D. Stochastic integration with respect to fractional Brownian motion and applications. Communications in contemporary mathematics, 2003, 336: 3-39.

[9] Petrov V V. Sums of independent random variables. Berlin: Springer-Verlag, 1975.

[10] Revuz D, Yor M. Continuous martingales and Brownian motion. 3rd ed. Berlin: Springer, 1999.

[11] Shreve S E. Stochastic calculus for finance Ⅱ: continuous-time models. Berlin: Springer, 2004.

[12] 何声武, 汪嘉冈, 严加安. 半鞅与随机分析. 北京: 科学出版社, 1995.

[13] 林元烈. 应用随机过程. 北京: 清华大学出版社, 2002.

[14] 钱敏平, 龚光鲁. 随机过程论. 北京: 北京大学出版社, 1997.

[15] 刘嘉焜. 应用随机过程. 北京: 科学出版社, 2000.

[16] 汪荣鑫. 随机过程. 西安: 西安交通大学出版社, 1987.

[17] 王梓坤. 随机过程通论. 3 版. 北京: 北京师范大学出版社, 2010.

[18] 严士健. 无穷粒子马尔可夫过程引论. 北京: 北京师范大学出版社, 1989.